中国科技创新中心发展报告

（2024）

巨文忠 等 著

科学技术文献出版社
SCIENTIFIC AND TECHNICAL DOCUMENTATION PRESS
·北 京·

图书在版编目（CIP）数据

中国科技创新中心发展报告 . 2024 / 巨文忠等著 . 北京 : 科学技术文献出版社 , 2024. 8. -- ISBN 978-7-5235-1799-4

Ⅰ. G322

中国国家版本馆 CIP 数据核字第 2024YR1875 号

中国科技创新中心发展报告（2024）

策划编辑：张　闫　　责任编辑：李　鑫　　责任校对：王瑞瑞　　责任出版：张志平

出 版 者	科学技术文献出版社
地　　址	北京市复兴路15号　邮编 100038
出 版 部	（010）58882952，58882087（传真）
发 行 部	（010）58882868，58882874（传真）
官方网址	www.stdp.com.cn
发 行 者	科学技术文献出版社发行　全国各地新华书店经销
印 刷 者	北京厚诚则铭印刷科技有限公司
版　　次	2024 年 8 月第 1 版　2024 年 8 月第 1 次印刷
开　　本	787×1092　1/16
字　　数	257千
印　　张	15
书　　号	ISBN 978-7-5235-1799-4
定　　价	58.00元

前　言
FOREWORD

2013 年 9 月 30 日，中共中央政治局在中关村举行集体学习时，习近平总书记提出加快建设具有全球影响力的科技创新中心的要求，标志着我国科技创新中心建设开始启动。十几年来，在习近平总书记的总体部署下，我国先后在北京、上海、粤港澳大湾区推动建设国际科技创新中心，在成渝、武汉、西安推动建设具有全国影响力的科技创新中心（又称“区域科技创新中心”），均取得了积极进展。

科技创新中心是城市在知识经济发展中出现的一种新形态。城市是人类活动、产业活动的聚集地，以知识为基础的科技革命自 20 世纪末在全球兴起以来，大量的人才、资本、技术开始向有科技创新基础的城市聚集，推动这些城市涌现出大量的科技成果，创新型企业、创新型产业不断涌现，科技创新功能演变成为许多城市的核心功能。随着科技革命的深化，全球诞生了一大批科技创新城市。这些科技创新城市因科技创新影响力的不同，而形成不同的能级。那些在全球产业创新网络中具有枢纽和节点地位的城市，被称为科技创新中心。关于科技创新中心的研究机构和平台日益增多，比较有影响力的有世界经济论坛（World Economic Forum）、麦肯锡咨询公司（McKinsey & Company）、世界知识产权组织、2thinknow 及清华大学等。但总体上看，这些机构和平台开展的研究大多是通过统计数据分析，或者建立在统计数据基础上进行的指数排名比较，但从科技创新中心建设，特别是从区域创新体系等角度，对科技创新中心进行的系统、全方位研究目前还很少。尤其对我国 6 个科技创新中心（3 个国际科技创新中心和 3 个区域科技创新中心）的系统研究目前还是空白。

中国科学技术发展战略研究院区域科技发展研究团队一直致力于区域创新体系、城市科技创新、科技创新中心的研究，2021 年以来，区域科技发展研究团队围绕北京、上海、粤港澳大湾区 3 个国际科技创新中心，以及成渝、武汉和西安等区域科技创新中心的建设、布局等问题，开展了大量研究工作，撰写了《中国科技创新中心发展报告（2024）》。本报告立足于区域创新体系建设和新质生产力提高，以技术进步、报酬递增、协同效应为主要分析框架，通过实地调研和数据文献资料分析，从科技水平和产出、创新型产业、战略科技力量、创新生态、创新的特色路径等方面，力图透过统计数据的表象，研究发现科技创新中心发展变化背后的原因，在此基础上力争提出有价值的战略思路和政策建议。这也是我国第一部全方位研究3个国际科技创新中心和3个区域科技创新中心的发展报告。

本报告认为，一个城市或区域发展的关键取决于3个变量。第1个变量为科技资源的丰富程度和知识创造能力；第2个变量为是否拥有一个或一批具有高报酬递增效应、高创新率、高壁垒的创新型产业；第3个变量为在高校、科研机构、企业、政府等创新主体之间是否形成了创新协同，创新链、产业链、资金链、人才链是否形成了系统协同效应。本报告通过大量的数据、资料分析和实地调研，提出我国6个科技创新中心正在形成各具特色的创新发展路径和模式，北京以原始创新策源地为发展路径，具有明显的科研供给驱动特征，科技创新成果的国际影响力大，形成了原始创新研究成果、源头技术向全国乃至全球扩散的态势；上海国际化开放创新走在前列，形成了全球科技创新资源聚集模式；粤港澳大湾区已形成多样化产业聚合系统效应，在5G、智能网联汽车等方面引领全球产业浪潮；武汉在光电子产业发展中独占鳌头，成为我国中部地区科技创新枢纽；成渝和西安是我国西部地区科技资源重镇，是我国不可或缺的战略大后方，其中新一代信息技术、航空航天、新材料、新能源等在我国科技创新和产业发展中具有举足轻重的地位。

本报告在理论构建、数据采集、研究深度等方面还存在一些不足，期望进一步围绕党中央、国务院区域发展重大战略，围绕推动我国高水平科技自立自强的需求，持续进行深入研究，也希望政府有关部门、各界专家学者提出宝贵意见。

在研究过程中，中国科学技术发展战略研究院刘冬梅书记给予了积极支持和重要指导。我们还得到中国人民大学应用经济学院区域与城市经济研究所孙久文教授、国务院发展研究中心发展战略和区域经济研究部刘勇二级巡视员、北京市社会科学院原副院长赵弘研究员、北京市科学技术研究院科学技术情报研究所所长张士运研究员的指导和帮助，我们与上海市科学学研究所副所长陈海鹏、广东省科学技术情报研究所刘毅研究员、陕西省科技资源统筹中心主任侯小林、湖北省科技信息研究院邹小伟副研究员等进行了沟通和交流，新疆大学赵成伟副教授、中国教育科学研究院郑小玉博士参加了前期研究，研究助理吴芳在写作、出版等方面进行了大量的辅助性工作，在此一并表示感谢。

本报告分为主报告和专题报告，主报告主要围绕我国6个科技创新中心进行研究，专题报告主要是汇集了近年来区域科技发展研究团队围绕科技创新中心建设撰写的一些研究成果。

主报告各章节分工如下：第一章由巨文忠、张淑慧完成，第二章由张淑慧、李莹、巨文忠完成，第三章由冉美丽、赵成伟完成，第四章由许竹青、李莹完成，第五章由于良完成，第六章由张淑慧、王罗汉、王伟楠、李莹完成，第七章由陈诗波、王雅兰、娄华伟完成，第八章由王伟楠完成。

专题报告各章分工如下：第九章由巨文忠、张淑慧、赵成伟完成，第十章由陈诗波、陈亚平完成，第十一章由巨文忠、张淑慧完成，第十二章由巨文忠、张淑慧、王伟楠完成，第十三章由张淑慧、巨文忠完成，第十四章由许竹青完成，第十五章由冉美丽、刘冬梅完成。

目 录
CONTENTS

主报告

▶ 专题报告 ◀

主报告

第一章 科技创新中心内涵

本章主要对科技创新中心的演变历史、特征与功能、成长路径与发展阶段等进行阐述，试图为后文我国科技创新中心的研究提供一个分析框架和理论逻辑。

第一节　演变历史

科技创新中心的演变历史，可结合创新活动空间演变及城市功能演变与创新层级两个方面来论述。

一、创新活动空间演变

早期关于科技创新中心的讨论主要是从国家层面出发的，也就是说，科技创新中心的空间载体是国家，这一观点最早可追溯到英国学者贝尔纳撰写的《历史上的科学》(1959 年)。该书首次提出了“世界科学活动中心”的概念。日本科学史学家汤浅光朝用定量化的方法界定了世界科学活动中心，他认为当一个国家在一定时期内，科学成果数超过全世界科学成果总数的 25% 时，该国就可成为世界科学活动中心。

20 世纪末，随着全球化的深化，产业分工不断打破国家的边界，将全球主要相关城市联系在一起，形成全球产业分工网络。城市成为科技创新的主角。特别是 20 世纪 80 年代后，硅谷、波士顿等一批具有世界影响力的科技中心在全球崛起，推动学术界将科技创新中心研究从国家层面转向区域和城市层面。2000年，美国《连线》杂志率先提出“全球技术创新中心”（global hubs of technological innovation）的概念，并评选出46个全球技术创新中心。

二、城市功能演变与创新层级

城市是政治、经济、文化等功能的聚集区，随着生产力的不断发展，城市的功能也在不断演进，科技创新城市或科技创新中心是城市演变过程中的一种形态。农业时代的城市基本上是政治或军事据点，也是商贸活动的集中区域。工业化后，城市的典型特征是形成某个产业的聚集地，形成了大量有特色的纺织城、石油城、汽车城等。进入后工业化时代，伴随着全球化发展和全球产业分工的深化，金融、研发、商贸等服务性经济不断向某些全球性的大城市聚集，崛起了纽约、伦敦、香港等以服务经济为核心功能的特大城市。自20世纪末起，以知识为基础的科技革命在全球兴起，大量的人才、资本、技术向有科技创新基础的城市聚集，大量的科技成果涌现，大量的创新型企业涌现，科技创新功能演变成为许多城市的核心功能。

伴随着产业分工的深化，全球在跨国公司的引领下构建形成一个产业创新网络，根据每个城市在产业价值链上的地位不同、影响力不同，不同的科技创新城市又划分为核心枢纽、枢纽、节点等。例如，2010年前后，由于硅谷在信息产业的全球影响力、技术控制力，其被认为是具有核心枢纽作用的全球科技创新中心。其他在产业价值链上地位稍逊的具有枢纽和节点作用的城市，影响力局限于一个国家或区域，也可称为科技创新中心。

值得注意的是，赋予某个城市“中心”这一名称，一定隐含着另一层含义，即“外围”。如果这个城市是科技创新“中心”，那么一定有若干城市或区域成为它的“外围”。这样，在产业链、创新链的作用下，“中心”“外围”协同作用，形成一个产业创新网络。这个网络，可以大到全球，也可以小到某个城市群或都市圈。也就是说，随着信息技术的持续发展，科技创新活动的地理边界不断淡化，突破了单一城市的地理界限，在城市群、都市圈等更大空间展开，表现为以一个或几个中心城市为核心，周边腹地环绕一批开放度高、有产业配套和技术吸纳能力、创新要素和产出密集的城市，与中心城市形成分工、协同的创新格局。

总之，科技革命的爆发，在全球诞生了一大批科技创新城市，这些科技创新城市由于科技创新影响力的不同，形成不同的能级。我们可以用相对学术的核心枢纽、枢纽、节点等对这些科技创新城市进行描述，也可以用国际、区域等概念赋予科技创新城市不同的功能地位。

第二节　特征与功能

工业化以来，全球经济爆炸式发展和扩张，但是各个国家和地区的发展程度、速度不仅不均衡，而且呈现出极大的差异性，有的成功有的失败。上百年来，经济学家不遗余力地探索一个国家或地区发展或相对落后的原因。基本上形成了两大理论流派：一个是建立在李嘉图贸易理论基础上的“自由贸易”理论，强调完全竞争和比较优势；另一个是建立在德国历史学派基础上的经济理论，强调不完全竞争、报酬递增、技术变迁等。李斯特、熊彼特等经济学家则更加重视经济发展中“质”的差异，主张通过强化技术创新来推动经济发生历史性变迁[①]。

从历史变迁分析，那些强调资源创造而非资源配置的经济学理论[②]，正是后发国家或地区进行赶超的最佳理论分析框架。赖纳特在《富国为什么富　穷国为什么穷》中，提出了实现产业的技术进步、报酬递增、协同效应是一个国家走向富裕唯一可行的道路。我们认为从这 3 个角度对知识经济条件下涌现出来的科技创新中心进行分析和研究，是非常有价值的。从这 3 个角度进行分析，有助于准确、深刻、深入地把握科技创新城市的动态变化和特征，而不是围绕一些表面的数据进行评论。例如，研发投入是常用的分析区域的一个统计指标，这一指标用于科技创新能力的排名分析是可行的，但这一指标无法反映城市科技创新能力强弱的内在原因。

本报告的出发点是，通过科技资源、产业发展、创新生态等方面的深入全面分析，发现统计数据背后的原因。只有找到城市发展的原因或逻辑，才能有针对性地发现问题、提出可行建议。北京的研发投入和研发强度居全国第一，远高于粤港澳大湾区，但综合分析会发现只有粤港澳大湾区培育出几个具有全球影响力乃至引领全球发展的产业。我们的研究在知识生产方面深入学科层面，在产业发展方面深入产品层面，在科技资源方面深入人才结构等层面，期望能够发现统计数据背后的动机和原因。

① 赖纳特 . 富国为什么富　穷国为什么穷 [M]. 杨虎，等译 . 北京：中国人民大学出版社，2013.

② 贾根良 . 演化经济学导论 [M]. 北京：中国人民大学出版社，2015.

一、主要特征

借鉴赖纳特所说的一个国家创造财富必须具备技术进步、报酬递增和协同效应3个要素，我们将从技术扩散能力、创新型产业、创新网络效应、创新要素、制度环境5个方面来描述一个科技创新中心的主要特征。在后面分析我国每个科技创新中心的案例中，我们进一步发现，一个城市科技创新能力的高低，与该城市的科学技术水平、产业创新能力和创新协同网络效应具有极为密切的关系。另外，创新要素和资源、创新的制度环境当然也非常重要，但对于一个城市的创新能力的发展，只是起到了资源供给、创新环境的作用，并不起决定性作用。因为创新要素、创新制度必须通过科学技术、产业发展和集群效应来发挥作用。

（1）能够持续产生重大科技成果并具有强大的技术扩散能力（溢出效应）。在以知识为基础的时代，能够持续产生重大科技成果是一个科技创新中心的基本特征。一个科技创新中心只有在基础前沿、关键共性、社会公益和战略高技术研究等领域不断取得重要突破，保证基础性、系统性、前沿性技术研究和技术研发持续推进，才能在科技创新网络中处于自主创新成果源头供给的高能级地位，才能形成高能级的技术溢出效应，才能推动技术扩散，带动周边都市圈、全国乃至全球形成一个产业创新网络。

（2）拥有具有高创新率、高附加值、高报酬递增、高壁垒、高技术溢出效应的创新型产业。第三次工业革命后，科学、技术和产业的关系呈现出互相渗透、依赖和促进的趋势，科技创新活动逐渐向“科学—技术—产业”一体化方向发展[①]，拥有报酬递增产业，并且在这一产业链中占据高端环节，是一个城市成为科技创新中心最核心的因素。只有拥有高报酬递增产业，城市才会在产业链中占据主动地位，才不会受制于任何组织、机构、国家。只有拥有高报酬递增产业，才有源源不断的利润产出，从而具备源源不断的创新投入能力。从国际比较、历史发展来看，只有制造业是具备该条件的产业。拥有高报酬递增、高创新率的产业科技创新中心，一定拥有一批在全国、全球领军企业。这些企业拥有完善的应用技术研发体系和大批富有创新精神的企业家。农牧业、能源资源产业属于报酬递减产业范围，不具备该条件，那些专注于农牧业、能源资源、原料加工产业的城市，在历史的长河中大多数

① 王涛，王帮娟，刘承良．综合性国家科学中心和区域性创新高地的基本内涵 [J]. 地理教育，2022（8）：7–14.

都衰落了。

（3）具有强大的科技创新网络效应。一个高报酬递增、高创新率的产业，才能实现科技成果的成功转化、不断转化，才有可能产生新突破，才能在产业的边缘地带产生新突变，创造出新的产业。这样的产业才能够聚集大量的相关企业，吸引企业设立研发中心或分支机构，形成创新型产业集群和创新网络效应。所谓建设“区域科技创新体系”，其核心内涵就是在某个地区打造具有创新网络效应的体系，形成良好的创新生态环境。创新的网络效应一定是开放的，高创新率的产业在一个区域集聚，形成强大能量，其技术必然向外扩散，形成更大范围的外溢效应。一个国际科技创新中心一定是在全球网络中占据核心地位的地区，能够影响、引领全球产业发展、科技发展。一个区域科技创新中心一定是在全国创新网络中占据枢纽地位的地区，能够影响、引领区域、国家的产业发展和科技发展。

（4）具备一流的创新要素资源与科技基础设施。科技创新资源聚集的规律表明，在市场条件下，科技创新资源总是集聚在少数区域，并随着时间的推移形成累积效应，且进一步助推该地区虹吸其他地区的科技创新资源。因此，丰富的科技创新资源是科技创新中心建设和发展的根本。科技创新中心必须拥有丰富的科学基础设施、科研仪器设备、网络科技资源、科学数据、科技文献和科技人才等，具有一流的重大科研基础设施和研究平台，国际化的科学研究人才、团队和机构，持续稳定的基础性投入，以及在国际科学研究、大科学工程和国际科技组织中的参与能力。

（5）拥有有利于创新创业的制度环境。创新活动的地理根植性表明，创新活动受所在区域制度环境的深刻影响，一个区域良好的制度环境可以促进并加速创新活动的产生，相反，则会抑制创新。因此，一个科技创新中心的发展离不开良好的制度环境，这不仅包括先进的创新理念、管理理念、原创思想和良好的创新创业文化，以及功能健全的创新创业生态，还包括有利于创新的公平开放的市场环境和自由、便利、透明的投资贸易体制，发达的科技创新服务业和多层次资本市场，以及与国际惯例接轨的人才流动机制。

二、主要功能

（1）引领功能。一个科技创新中心需要在两个方面具有引领功能：一是能够在科技领域引领科研方向，不断取得原始性突破，产生原创性、前沿性技术成果，成为重要的高端创新和原始创新基地；二是通过技术和成果的深入应用和扩散，成为新兴产业策源地，引领国家、国际产业创新的潮流。

（2）集聚功能。科技创新中心作为国内最高水平的创新高地，能够不断吸引国际顶尖研发机构、创新服务机构和产业组织落户，集聚全球高端创新创业人才。

（3）辐射功能。发挥创新高地的辐射带动作用，能够为周边区域和全球经济社会发展提供智力支持、技术服务、政策示范等，成为创新驱动地区经济转型发展的中坚力量。科技创新中心一般也是科技创新网络中心，具有辐射周边、协同和重塑地区创新格局的能力。

三、科技创新中心与区域创新体系

以一个城市为对象研究科技创新中心，不能不涉及区域创新体系。关于创新体系的研究和理论非常多，本报告的核心不在于此，所以具体内容不再赘述。我们借鉴美国学者亨利·埃茨科维兹[①②]提出的三螺旋创新模式，来强调分析一个城市的科技创新。埃茨科维兹在分析硅谷等产业创新集群的基础上，于1997年提出了三螺旋创新模式，强调创新体系建设的重点应放在以大学为代表的知识生产机构、产业部门、政府等创新主体，如何进行知识的生产与转化，形成相互影响的三螺旋关系。简言之，在一个区域创新体系中，大学和科研机构、企业、政府起着创新主体的作用。三螺旋创新模式简化了复杂的城市科技创新现象，让我们能够有一个简约的框架，高效地直接找到或剖析一个城市科技创新的核心问题。

在关于创新体系的各种研究中，又分为国家创新体系和区域创新体系，但就其核心内容和本质来看，逻辑是一致的。如果要对创新体系下一个定义的话，我们认为国家创新体系与区域创新体系都以创新为共同的理论逻辑起点，是围绕知识的生产、转化和产业化的创新系统。这个创新系统围绕大学和科研机构、企业、政府三大创新主体的融合协作而构成，以人才、资金、信息等创新要素为能量供给，由中介、融资、咨询、培训、平台等各类机构提供运行服务和资源配置，在政府所制定

① HENRY E, LEYDESDORFF L. The triple helix of university-industry-government relations: a laboratory for knowledge-based economic development[J]. EASST review, 1995, 14(1):14–19.

② 埃茨科维兹，美国纽约州立大学教授、三螺旋协会的创始主席，研究领域主要为创新领域，通过生物学DNA研究中的三螺旋模型分析大学、产业、政府间的关系，首次提出了创新系统中的三螺旋创新模式。

的一系列制度规则条件下运行。不论是国家创新体系还是区域创新体系，在这一点上，其含义都是相同的。在后面各章节中关于各个科技创新中心的研究，大致都遵循了这一逻辑。

第三节 成长路径与发展阶段

我们结合世界经济论坛（World Economic Forum）和麦肯锡咨询公司（McKinsey & Company）的研究成果，对科技创新中心的成长路径与发展阶段进行描述和分析。在描述过程中，我们尝试对中国相关城市进行分析和判断。虽然这些研究成果是20年前的，但还是有一定的借鉴意义和启示价值。在后面的章节中，我们还要对北京、上海、粤港澳大湾区、成渝、武汉、西安6个科技创新中心进行详尽的分析。

一、成长路径

世界经济论坛与麦肯锡咨询公司自2006年起发布全球创新热图，并依据城市科技创新发展的势能与多样性，对全球科技创新中心的成长路径和形态类型进行了研究。麦肯锡咨询公司认为，一座城市成长为科技创新中心，可有“英勇的赌注”（heroic bets）、“不可抗拒的交易”（irresistible deals）、“知识绿洲”（knowledge oases）3种不同的成长路径。

“英勇的赌注”指的是政府主导型。因为政府策划或推动一个地区成为科技创新中心的前景并不明朗，是有一定风险的，所以形象地称之为“赌注”。事实上也正是如此，政府推动下的科技创新中心，经过几十年的发展，有的取得了极大的成功，有的发展尚未达到预期目标。一般来讲，中国台湾地区的新竹、新加坡被称为成功的典型。但日本的筑波、韩国的大德、德国的德累斯顿等，由于各种原因，其发展并不如意。一个科技创新中心能否取得成功，政府的产业选择是一个关键变量。中国有些城市的政府具有前瞻性眼光，通过深入研究和不断试错，选择适宜本地发展的产业方向和模式，取得了较大成功，如合肥。

“不可抗拒的交易”指的是市场主导型的交易。在全球化、信息化时代，科技创新资源的流向决定了一个地区高科技产业的发展。那些受跨国公司青睐的地区往往具有成长为科技创新中心的潜质，如印度的班加罗尔。也有一些地区在市场推动下，产业结构不断升级，科技资源不断集聚，逐渐成长为科技创新中心。例如，深圳在 40 多年的时间里，产业结构由“三来一补”不断升级，从一个小渔村，成长为现在已经拥有一批如华为、比亚迪等领军企业的高科技密集区，其在 5G、智能网联汽车、无人机等领域引领全球产业发展浪潮。

“知识绿洲”主要指一个地区自身所拥有的科技创新资源，在多种因素的作用下，不断释放其潜能，逐渐成为科技创新中心。一流大学、科研机构密集的地区人才汇聚，如果有一批企业家带动架起知识和产业的桥梁，促进知识转化为产品，这个地区的高科技产业必将腾飞，如美国的硅谷和中国的合肥。在以知识为基础的社会中，一流大学和科研机构的集聚对一个城市的发展起着关键作用。没有中国科学技术大学、中国科学院的支撑，就很难形成今天合肥的人工智能、量子技术等数字产业技术高地。

二、发展阶段

麦肯锡咨询公司形象地用“初生的溪流”（Nascents）、“涌动的热泉”（hot springs）、“汹涌的海洋”（dynamic oceans）、“平静的湖泊”（silent lakes）和“萎缩的池塘”（shrinking pools）5 个阶段来形容科技创新中心不同发展时期的特点。我们可以进一步地归纳为种子期、扩张期、鼎盛期、平稳期、衰退期，来描述科技创新中心发展的 5 个阶段。

1. 种子期

科技创新中心成长初期，只有少量的创新产出，还没有产生突出的规模化创新型产业，科技创新基础设施和政策环境尚不完备，创新资源分散，对全国或全球科技创新格局的影响甚微。麦肯锡咨询公司指出的“初生的溪流”代表城市从播下“创新种子”直至发芽的过程，意味着该城市向科技创新中心迈进的初始阶段。诸如此类的城市目前大多分布在非洲和拉丁美洲，如埃及的开罗和墨西哥的墨西哥城，我国也有不少城市处于这一阶段。

2. 扩张期

当“创新种子”播下后，科技创新资源不断聚集，某一创新型产业开始崭露头角，显现出一定的竞争优势并领先世界，知识与产业开始建构新的模式，从而进入

“涌动的热泉”阶段，即扩张期。这一时期也是新兴科技创新中心的快速发展期。新兴科技创新中心出现少量领先世界的技术，涌现一个或少量集中在少数产业的竞争优势突出的领军企业，但大量的创新还属于商业模式的创新，产品本身的革命性创新很少。典型城市有中国的成都、重庆和印度的班加罗尔。

3. 鼎盛期

科技创新中心发展到这一阶段，大规模和多样化的产业集群形成产业创新协同效应，拥有大量关键核心技术，产品创新层出不穷，关键性产业引领世界产业浪潮。同时，由于技术溢出效应，新的创新在邻近地域或相似产业中产生，初创企业得到较好的发展，产业的乘数效应不断放大。在这一阶段，城市的创新投入与创新产出规模较大，创新生态系统的多样化程度较高。大企业与初创企业在城市中有机地组合在一起，在不断消亡和生长之中爆发出持续的创造力。鼎盛期是最具活力的发展时期，此类科技创新中心不仅关注商业模式的创新，还更加关注技术和产品的突破，从而不断地实现自我蜕变。典型的有美国的硅谷、中国的粤港澳大湾区等。

4. 平稳期

经过一个产业发展周期，如果一个新兴科技创新中心不去拓宽其产业门类和投资渠道、不建立鼓励知识溢出机制、不积极营造良好的创新环境，那么就会陷入低成长性的创新生态系统，成为“平静的湖泊”。此类科技创新中心长期依赖初期建立起来的大型公司，造成大量的创新资源集中在狭窄的行业门类，在无竞争环境下必然引起创新资源的低效率使用，甚至浪费。同时，由于缺乏初创公司生长的“土壤”，城市的创新活力不足，产出大多来自大型公司的渐进式、任务型创新，激进式的创新则趋于平稳和下降。处于平稳期的科技创新中心在全球科技创新格局中，地位逐渐下降。典型的城市有美国的西雅图、洛杉矶、芝加哥和日本的东京等。

5. 衰退期

当一个科技创新中心无法拓宽其创新领域，知识生产与产业发展脱钩，产品商业化不足，新的创新型企业活力降低时，伴随着逐渐萎缩的创新生态系统，其就会从全球创新价值链上慢慢滑落出去，沦为“萎缩的池塘”。结果是这些曾在全球科技创新格局中占据一席之地的城市，其“领地”就会被别的城市侵蚀，甚至全部“沦陷”，如美国的辛辛那提、英国的利物浦等。

三、全球创新网络与科技创新中心

在以知识为基础的经济全球化时代，需要从全球创新网络的角度，根据一个城市的创新能力，确立其在网络中的位置和能级。根据澳大利亚城市创新领域知名智库 2thinknow 的分类标准，科技创新中心可分为 4 个层级，其中顶级城市为核心（nexus），是全球创新城市的最高层次，是指在多种经济和社会创新要素中具有关键支配作用的城市，如美国的纽约、英国的伦敦、日本的东京、法国的巴黎等。另外，中国的上海、北京也属于这个层级，即国际科技创新中心。第二层级为枢纽（hub），是指在关键经济和社会创新要素中具有优势主导地位的城市，如印度的新德里、泰国的曼谷、阿联酋的阿布扎比，以及中国的成渝、武汉、西安等。第三层级是节点（node），是指在很多创新要素方面表现优异的城市，如菲律宾的马尼拉、西班牙的塞维利亚、奥地利的格拉茨等，中国大多数省会城市也属于这一层级。第四层级（最低层级）则是潜力（upstart），是指在部分创新要素方面具有竞争力的城市，如越南的河内、克罗地亚的萨格勒布等，中国的许多地级市，甚至如昆山、太仓、新昌等县域，也属于这一类别。

从产业科技创新网络的角度分析，一个科技创新中心至少有一个甚至数个企业处于产业链的龙头位置（处于“链主”地位），拥有高壁垒的核心技术，引领产业发展的浪潮和趋势。如果这个科技创新中心拥有多样化和规模化的创新型产业，已经形成产业创新协同效应和乘数效应，可以在全球整合科技资源，拥有引领全球产业发展浪潮的能力，那么就具有全球科技创新中心的潜力。如果具有少量的技术优势，少量创新型产业在国内具有领先地位但还不具备挑战国际巨头的能力，可以在国内和区域内整合科技创新资源，那么就具有区域科技创新中心的潜力。

简言之，一个城市是不是科技创新中心，主要取决于其在全球或全国科技创新网络中的位置。如果一个城市的创新资源集聚和辐射力跨越了地域范围，那么这个城市就是一个科技创新中心。我们把那些跨越了国界并具有全球影响力的城市称为“国际科技创新中心”；把那些跨越了地区边界并具有区域影响力的城市称为“区域科技创新中心”，本报告主要以这两种类型的城市为研究对象。党的二十大报告提出“统筹推进国际科技创新中心、区域科技创新中心建设”的要求，将国际科技创新中心和区域科技创新中心综合起来研究，具有一定的现实意义和政策参考价值。

第二章

我国科技创新中心建设现状

本章主要从建设历程、重大意义、主要进展、主要经验等方面，对我国三大国际科技创新中心及3个具有全国影响力的科技创新中心展开分析，以期全面阐述我国科技创新中心建设现状。

第一节　建设历程

中国提出建设科技创新中心起始于我国由投资驱动向创新驱动转型。2013年9月30日，中共中央政治局在中关村举行集体学习时，习近平总书记对中关村提出加快建设具有全球影响力的科技创新中心的要求，希望中关村为全国创新驱动发展战略更好地发挥示范引领作用；之后，习近平总书记两次视察北京，对北京先后提出建设全国科技创新中心、建设具有全球影响力的科技创新中心的要求。2016年9月，国务院发布《北京加强全国科技创新中心建设总体方案》，明确了北京加强全国科技创新中心建设的总体思路、发展目标、重点任务和保障措施。

2014年5月24日，习近平总书记在上海调研时指出，希望上海加快向具有全球影响力的科技创新中心进军。2015年5月，上海市委、市政府发布《关于加快建设具有全球影响力的科技创新中心的意见》（简称“科创22条”），形成上海建设具有全球影响力的科技创新中心的纲领性文件。2016年4月，国务院批准印发《上海系统推进全面创新改革试验加快建设具有全球影响力的科技创新中心方案》，上海全力以赴加快推进全面创新改革试验相关体制机制改革。

2017 年，国家发展改革委和粤港澳三地政府共同签署《深化粤港澳合作　推进大湾区建设框架协议》，明确提出了建设国际科技创新中心的战略目标。2018 年，粤港澳大湾区科技创新中心建设正式启动。同年，广东省推进粤港澳大湾区建设领导小组发布《广东省推进粤港澳大湾区建设三年行动计划（2018—2020 年）》，明确科技创新中心的建设目标和重点任务。2019 年 2 月，国务院发布《粤港澳大湾区发展规划纲要》，从国家层面对粤港澳大湾区建设国际科技创新中心做出了顶层设计。

近年来，习近平总书记高度重视并亲自谋划推动三大国际科技创新中心建设工作，多次赴北京、上海、粤港澳大湾区实地进行考察，先后做了一系列重要讲话和指示批示，深刻阐述了我国为什么要建设国际科技创新中心，建设什么样的国际科技创新中心、怎样建设国际科技创新中心等一系列重大理论和实践问题，为科学推进国际科技创新中心建设提供了根本遵循。2020 年以来，北京、上海、粤港澳大湾区先后出台了“十四五”期间建设具有全球影响力的国际科技创新中心规划，三大国际科技创新中心建设进入新阶段。

在启动国际科技创新中心建设后，2021 年，习近平总书记在“科技三会”上对区域科技创新中心建设进行了部署，提出：“各地区要立足自身优势，结合产业发展需求，科学合理布局科技创新。要支持有条件的地方建设综合性国家科学中心或区域科技创新中心，使之成为世界科学前沿领域和新兴产业技术创新、全球科技创新要素的汇聚地。”此后，国家先后在成渝、武汉、西安布局建设具有全国影响力的科技创新中心。

目前，北京、上海、粤港澳大湾区三大国际科技创新中心及成渝、武汉、西安 3 个具有全国影响力的科技创新中心的建设稳步推进，我国“3+3”科技创新中心的总体布局已经基本形成（表 2–1）。

表 2–1　我国“3+3”科技创新中心的总体布局

名称	批复时间	政策文件	目标定位	主要任务
上海	2016 年 4 月	上海系统推进全面创新改革试验加快建设具有全球影响力的科技创新中心方案	具有全球影响力的科技创新中心	建设上海张江综合性国家科技创新中心；建设关键共性技术研发和转化平台，实施引领产业发展的重大战略项目和基础工程；推进建设张江国家自主创新示范区加快形成大众创业、万众创新的局面

续表

名称	批复时间	政策文件	目标定位	主要任务
北京	2016年9月	北京加强全国科技创新中心建设总体方案	具有全球影响力的科技创新中心	强化原始创新，打造世界知名科技创新中心；实施技术创新跨越工程，加快构建“高精尖”经济结构；推进京津冀协同创新，培育世界级创新型城市群；加强全球合作，构筑开放创新高地
粤港澳大湾区	2019年2月	粤港澳大湾区发展规划纲要	具有全球影响力的科技创新中心	构建开放型区域协同创新共同体；打造高水平科技创新载体和平台；优化区域创新环境
成渝地区	2021年10月	成渝地区双城经济圈建设规划纲要	具有全国影响力的科技创新中心	建设成渝综合性科技创新中心；优化创新空间布局；提升协同创新能力；营造鼓励创新的政策环境
武汉	2022年4月	武汉具有全国影响力的科技创新中心建设总体规划纲要	具有全国影响力的科技创新中心	创建湖北东湖综合性国家科技创新中心；打造产业创新高地；打造创新人才集聚高地；打造科技成果转化高地；营造最优科技创新生态
西安	2022年12月	西安建设具有全国影响力的科技创新中心总体方案	具有全国影响力的科技创新中心	建设西安综合性国家科技创新中心，打造原始创新策源地；加强关键核心技术攻关，培育壮大新兴产业；加快建设秦创原创新驱动平台，推动区域协同创新发展；加强创新人才引进和培育，打造区域创新人才高地

第二节 重大意义

加快建设国际科技创新中心和具有全国影响力的科技创新中心，既是我国应对大国博弈采取的重要举措，也是我国实现高水平科技自立自强的内在需求，对于支撑我国各项重大战略的实施具有重要意义。

一、有助于构建形成世界科技强国建设的战略支柱

科技创新中心建设是面向国家战略目标、聚集国家战略科技力量打造的战略性创新区域。科技创新中心的布局和建设，有利于发挥“集中力量办大事”的新型举国体制优势，推动形成统筹有力、竞争有序、协调互动、共享共赢的创新协调新机制，引导和动员更广泛创新投入的增加，促进知识、技术、人才等创新要素资源的有序流动和高效配置，推动更广泛的创新平台、科技园区、一流大学与科研机构、各类创新型企业和创新服务机构加强分工合作、协同创新，形成“政产学研金服用”七位一体高效协同局面，提升国家和区域整体创新效率和创新能级，有效支撑世界科技强国建设。

二、有助于构建形成若干具有国际竞争力的战略性区域

开放创新是科技创新中心建设的核心要义之一，通过集聚全球科技创新要素、主动参与并引领优势领域的国际创新发展，提升国家和区域的对外开放水平和国际竞争力。科技创新中心的布局与建设，有助于凝聚力量提升我国某个领域、某个产业或某个环节的国际控制力，提高科技创新中心的国际化水平，推动我国更广泛区域、更高水平融入全球创新链、产业链和供应链，有助于形成更高水平开放型经济新体制，打造更高水平开放合作新局面，这是国家和区域提升国际竞争力的本质所在。

三、有助于探索发展和形成新质生产力的可行路径

科技创新中心是高素质劳动者、智能设备等先进和新型生产要素快速涌现、加速成长的区域，具备优先培育、整合和应用新质生产要素的有利条件，是我国发展和形成新质生产力的先行区域。加强科技创新中心建设，集聚各方力量，加快突破一批颠覆性技术和前沿技术，推动战略性新兴产业发展和未来产业培育，形成高科技、高效能、高质量的生产力，创造新的经济增长点，能够为其他区域培育和发展新质生产力探索可行路径，引领全国新质生产力发展。

四、有助于形成自主、安全、可控的创新网络

20世纪中期以后，特别是我国加入WTO以来，在国内市场一体化尚未充分发育的情况下，东部沿海地区加快融入全球产业网络，导致东部沿海地区与内陆特别是东北地区的产业链供应链关联度下降乃至断裂，东北地区强大的装备制造业“无用武之地”就是一个很好的例子[①]。这种沿海与内陆之间经济联系相脱离的现象在荷兰等国也发生过，最后的结果就是因为缺乏巨大内陆腹地市场的支撑，国家整体衰落[②]。新冠疫情、中美贸易冲突清晰地表明，沿海发达地区单打独斗面临巨大风险。“贸易应该由眼光向内的动态积累过程派生而来”[③]，以低成本为比较优势融入全球产业链的发展模式不可持续，脱离广大内陆的外向型发展也不可持续。加快建设三大国际科技创新中心，以及成渝、武汉、西安等区域科技创新中心，有助于形成我国自主、安全、可控的产业创新网络。

五、有助于形成构建新发展格局的重要支撑区域

世界经济发展史表明，贸易保护和自由贸易是接替出现的，以美国为主导的全球化已告一段落，我国经济应当由以出口导向为主向以内需导向为主转变。加强国际科技创新中心建设，在中西部地区打造若干区域科技创新中心，有利于形成新一轮科技革命条件下推动创新驱动高质量发展的重要引擎；有利于破除对外向型经济发展的路径依赖，构筑战略性市场空间，形成构建新发展格局进程中独立自主、自力更生（自立自强）的重要支点；有利于内引外联，形成若干“奇兵”，破解长期以来形成的“外向与内需相分割的‘二元经济’”[②]，激活广大内陆腹地科技创新潜能，发挥内陆地区人口、市场、区位等战略腹地作用，与国际科技创新中心形成协同创新网络，真正实现“双循环”新发展格局。

---

① 陈惠仁．中国机床工业40年[J].经济导刊，2019（2）：42-52.

② 贾根良．国内大循环：经济发展新战略与政策选择[M].北京：中国人民大学出版社，2020.

③ 森哈斯．欧洲发展的历史经验[M].梅俊杰，译．北京：商务印书馆，2015.

第三节　主要进展

几年来，在全球影响力的总体排名、重大原创科技成果产出、高端产业发展、科技资源汇聚、辐射带动能力等方面，我国科技创新中心建设均取得了积极进展。

一、成为世界创新版图的新高地

近年来，6个科技创新中心全球创新综合排名持续提升，国际影响力不断增强。《国际科技创新中心指数2023》显示，北京、上海、粤港澳三地已成为全球排名前10位的科技创新中心，成渝、武汉、西安等地也纷纷进入科创中心全球百强行列。《全球科技创新中心评估报告》同样表明，北京、上海、粤港澳大湾区在全球科技创新中心排名不断提升，分别从2017年的第9、第17、第18名上升至2023年的第5、第8、第15名，成渝、武汉、西安也由2017年的百名之外进入2023年的前100名行列①。在世界知识产权组织公布的《全球创新指数》全球领先科技集群的排名中，北京、上海、深圳—香港—广州分别从2017年的第7、第19、第2名上升至2023年的第4、第5、第2名，成都、重庆、武汉、西安也由2017年的百名之外，分别上升至2023年的第24、第44、第13、第19名。世界知识产权组织认为，以三大国际科技创新中心为核心，中国已经确立了全球创新领先者的地位。

二、成为世界领先的重大科技原创成果重要诞生地

6个科技创新中心原始创新能力不断提高，在前沿基础研究领域产出了若干世界领先的重大成果。《2023自然指数—科研城市》排名显示，6个科技创新中心排名均居前列，其中北京仍居世界第1位，贡献了中国在自然指数总份额的近20%②。北京涌现出马约拉纳任意子、新型基因编辑技术、“天机芯”、量子直接通信样机、长寿命超

---

① 资料来源：上海市信息中心发布的《2017全球科技创新中心评估报告》和《2023全球科技创新中心评估报告》。

② 《自然》增刊《2023自然指数—科研城市》研究显示，在全球领先科研城市及都市圈最新排名中，6个科技创新中心相关城市排名如下：北京（1）、上海（3）、广州（8）、深圳（19）、香港（21）、成都（24）、重庆（36）、武汉（10）、西安（20），括号内数字表示排名位次。

导量子比特芯片、“悟道 2.0”、“长安链”等世界级重大创新成果；上海实现全球领先的高性能纤维锂离子电池规模化制备，助力推动“九章二号”“祖冲之二号”量子计算原型机成功研制，参与国产大型水陆两栖飞机 AG600 关键核心技术攻关；粤港澳大湾区在集成电路、工业软件、高端装备等领域突破一批技术瓶颈，发明专利有效量、PCT 国际专利申请量保持全国首位；成渝研制交付了全国产化大型涡扇航空发动机反推装置、“华龙一号”、中国环流器二号 M 装置、世界首条高温超导高速磁悬浮工程化样车及试验线等重要成果；武汉在国际上首次发现面 - 体复合型的“幽灵”双曲极化激元电磁波，研制出我国首台铁路轨道在线强化与修复车辆、我国首台十万瓦级超高功率工业光纤激光器、国内唯一具有完全自主知识产权的可印刷介观钙钛矿太阳能电池等重要成果；西安研制出世界首台功率 30 W 蓝激光手术设备、国产首款体外膜肺氧合设备、重组人胶原蛋白生物制造技术、电动汽车群智能充电技术等首创成果，并在低温超导线材、大飞机发动机高温合金等领域填补多项国内空白。

三、成为世界级创新型产业集群高效培育地

6 个科技创新中心在新一代信息技术、集成电路、医药健康、航空航天、人工智能等领域，已经高效培育出若干具有全球竞争优势乃至引领能力的创新型产业集群。北京形成了集成电路、人工智能、医药健康等若干“高精尖”产业集群，其中，集成电路实现全产业链布局，一些领军型企业已进入与国际巨头厂商竞争的阶段，人工智能产业规模、相关企业数量均约占全国总数的 1/3，创新医疗器械、AI 三类医疗器械获批上市品种数量分别占全国总数的 1/4、1/3；上海在集成电路、生物医药、人工智能等重点领域关键核心技术加快突破，汇聚了集成电路产业全国 40% 的人才和 50% 的行业创新资源，创造了全国 1/4 的产值，生物医药产业企业总数及募资总额居全国第 1 位，创新药获批上市量约占全国总量的 1/3，在人工智能领域聚集了全国约 1/3 的产业人才；粤港澳大湾区已形成以华为、大疆、比亚迪、华大基因等为代表的占据全球产业价值链中高端的企业群体，在 5G、无人机、智能网联汽车、基因生物科技等领域，已成为产业发展和科技创新的世界领导者，超高清显示、手机、新能源汽车、无人机、工业机器人等产业规模稳居世界前列 ①；成渝形成了电子信息、装备制造、新能源汽车、先进材料四大万亿级产业集群，其中，电子信息产

① 资料来源：粤港澳大湾区科技创新发展报告 2023。

业规模占全国总规模的14%，新型显示产业规模占比超全国总规模的30%，已建成全球最大的OLED生产基地和中国柔性显示产业集聚地；西安已形成电子信息、汽车、航空航天、高端装备、新材料新能源五大千亿级硬科技产业集群，半导体产业规模居全国第4位，闪存芯片市场占有率居全球第一，新能源汽车产量居全国第一，航空航天产业拥有国内航空近1/4、航天1/3以上的科研单位及生产力量；武汉在全国乃至全球光电子领域拥有重要战略地位，汇聚了海思光电子、长飞光纤、烽火科技、锐科激光、华工激光等龙头企业，产业链完整且自主可控，已发展成全球最大的光纤光缆制造基地、全国最大的光电器件和设备基地、全国最大的中小尺寸显示面板基地，光纤光缆、光电器件国内市场占有率分别超过60%、40%，国际市场占有率分别超过25%、12%。

四、成为国家战略科技力量集中汇聚地

6个科技创新中心已基本形成由国家实验室、国家科研机构、高水平研究型大学、科技领军企业构成的体系化国家战略科技力量。目前，6个科技创新中心聚集了全国近九成的国家实验室，近一半的全国重点实验室，已建、在建和规划建设的国家重大科技基础设施数量在全国占比达到六成以上，已成为我国重大科技基础设施的集聚区。同时，这些地区也是我国高水平研究型大学最密集的地区，在国际高等教育研究机构QS（Quacquarelli Symonds）发布的2024QS世界大学排名中，6个科技创新中心有53所高校上榜，占中国上榜高校总数的50%，高水平研究型大学实力在全球名列前茅。此外，6个科技创新中心还聚集了一批世界级科技领军企业，这些企业成为创新的中坚力量。《2024全球独角兽榜》显示[①]，6个科技创新中心上榜的独角兽企业数占我国独角兽企业上榜总数的七成。科睿唯安发布的《2024年度全球百强创新机构》报告显示，中国大陆入选百强的5家企业中有4家来自北京和深圳[②]，这些企业拥有持续卓越的创新表现，处于全球创新生态系统的顶端。

---

① 2024年4月9日胡润研究院发布《2024全球独角兽榜》。

② 4家企业分别是华为、京东方、腾讯、瑞声科技。

五、成为带动全国发展的核心策源地

在带动周边区域和全国科技创新发展中，6 个科技创新中心已成为全国科技创新的源头和辐射中心。在辐射带动全国科技创新发展方面，2022 年，6 个科技创新中心全社会研发投入量占全国全社会研发投入总量的近四成，输出技术合同成交额约占全国总成交额的一半。其中，北京、上海、西安技术成果辐射全国的态势十分显著，北京、上海、西安技术交易合同额中，分别有 70%、50%、90% 输出到外地[①]。与此同时，三大国际科创中心还通过对口帮扶、共建园区、合作建设“科研飞地”等方式，建立了与中西部及东北地区的互助和帮扶机制，有力带动了欠发达地区的科技创新发展。在带动周边区域科技创新发展方面，北京与津冀协同创新水平不断提高，2013—2022 年，京津冀协同创新指数年均增速达 12.9%[②]。上海与长三角其他城市间的产业联系、科研合作、技术合作越来越紧密，2022 年，长三角区域协同创新指数综合得分较 2011 年增长近两倍[③]，高质量一体化创新格局初步形成。粤港、粤澳在“钱过境、人往来、税平衡、物流通”等方面取得重要进展，一批跨境科技合作项目落地推进，正在形成粤港澳融通创新新局面。成渝地区协同创新能力稳步提升，2023 年协同创新总指数较 2020 年增长 57.07%，成果共享带动区域间科技创新水平加速提升[④]。武汉正在形成“研发在光谷、配套在周边，孵化在光谷、加速在周边，引才在光谷、用才在周边”的协同发展新模式。西安以秦创原为总平台，先后在榆林等 11 个地市成立秦创原总窗口地市协同创新基地，形成以西安为中心的关中协同创新走廊。

第四节　主要经验

截至目前，国际科技创新中心和区域科技创新中心建设取得了许多好的经验。

① 辐射全国，北京技术合同成交额输出到京外的约占 70%[N]. 北京日报，2021-01-20（4）.

② 资料来源：北京大学首都发展研究院发布的《京津冀协同创新指数（2023）》。

③ 资料来源：上海市科学学研究所发布的《长三角区域协同创新指数 2023》。

④ 资料来源：重庆市科学技术研究院发布的《2023 成渝地区双城经济圈协同创新指数报告》。

一、强化战略引导和顶层设计

国际科技创新中心和区域科技创新中心建设是习近平总书记亲自谋划、亲自部署的重大战略，科技部及中央有关部委和地方成立联合推进工作组，坚持以习近平新时代中国特色社会主义思想为指导，认真学习贯彻习近平总书记历次视察北京、上海、粤港澳大湾区、成渝、武汉、西安等地时的重要指示精神和对科技工作的重要论述，以国家战略需求为导向，围绕未来科技发展和新兴产业发展趋势，强化顶层设计，形成系统性、整体性、协同性设计和安排。同时，各地也不断完善科技创新中心建设政策体系，强化规划政策引领，北京和上海以地方法规的形式，分别制定出台了《北京国际科技创新中心建设条例》《上海市推进科技创新中心建设条例》，将党中央的决策部署和国家重大战略要求，以立法形式明确为立法原则、制度规范，凝聚更广泛的社会共识，统筹全社会创新资源，形成加快建设科创中心的强大合力。

二、牢牢把握以科技创新为核心主线

坚持把科技创新摆在科技创新中心建设发展全局的核心位置，加快推动要素、投资驱动向创新驱动转型，培育内生创新动力，推动高质量发展。首先，加强基础研究，重点突破关键核心技术。以高标准、高质量、高水平建设重大科技基础设施为突破口，以体系化部署国家战略科技力量为重点，以承担国家重大任务为导向，以打赢关键核心技术攻坚战为目标，有力保障怀柔、张江、粤港澳大湾区、西安综合性科学中心建设。其次，强化高端产业在全球的创新地位。紧扣创新链，布局产业链，瞄准未来科技创新趋势，不遗余力促进具有高创新率、高附加值、高壁垒的高端产业发展，推动新一代信息技术、医药健康、人工智能、集成电路、生物技术等世界级创新型产业集群发展。

三、坚持以改革促发展

6个科技创新中心发挥制度、人才、产业等优势，通过不断深化体制机制改革，加快形成支持全面创新的基础制度。科技部和北京市对标世界领先科技园区，共同研究形成支持中关村先行先试改革的24项重大举措，推出一系列全国首创政策与先行先试政策改革措施。上海先后发布实施“科创22条”“科改25条”等系列政策，被国务院授权先行先试的10项重大改革举措已全面落地，12条上海经验在全国复制推广。粤港澳大湾区在职务科研成果管理、科研人员激励等领域推进多项重点改革任务，一批改革经验在全国示范推广。成渝两地不断优化协同创新合作机制，联合争取国家支持，积极探索科技政策异地共享机制，出台了协同科技人才招引和创新人才跨区域流动等政策措施。武汉在全国率先成立科技成果转化局，建立市、区、高校院所、中介机构“四位一体”的科技成果转化新格局。西安深化推广“一院一所一校”模式，推进“三项改革”走深走实，改革科技项目组织管理方式，激发科研人员创新创业创造活力。

四、强化形成协同工作机制

发挥社会主义集中力量办大事的作用，在国家实验室落地运行、综合国家科学中心建设、一流大学院所发展、产业创新基地建设、人才聚集、税收优惠、资金支持等方面，各部门加强协调配合，取得积极工作实效。中央与地方形成合力推动国际科技创新中心建设，科技部与北京建立部市合作机制，国家发展改革委、上海市会同科技部、中国科学院等部门成立合作办公室，国家发展改革委、科技部与粤港澳大湾区建立合作机制，央属企业与所在地也形成了良好的合作关系。在推进国际科技创新中心的建设中，政府与市场的关系不断优化。政府积极进行自我革命，按照“抓战略、抓改革、抓规划、抓服务”的定位，转变作风，提升能力，加强精准指导和服务。以市场作为配置科技资源的基础，把企业特别是领军企业作为推动科技创新的主力军，产业出题，政府协调，大学院所承担研发任务成为科技任务的主要管理模式之一，大幅提升了企业的话语权和参与度。

|第三章|

北京国际科技创新中心

2014 年 2 月习近平总书记在北京考察工作时提出，坚持和强化首都全国政治中心、文化中心、国际交往中心、科技创新中心的核心功能，明确了北京“四个中心”的城市战略定位，建设全国科技创新中心首次成为北京的核心功能。2020 年 10 月，《中华人民共和国国民经济和社会发展第十四个五年规划和 2035 年远景目标纲要》，进一步明确支持北京等地建设国际科技创新中心。北京从建设全国科技创新中心到建设国际科技创新中心，承载着国家更高层次参与全球科技合作的重要使命。作为国家政治、经济、文化、科技中心，北京锚定世界主要科学中心和主要创新高地的目标，发挥科技资源丰富、基础研究优势明显的特色，建设成效显著、优势突出，综合科技创新能力居世界前列，科学研究的国际影响力居全球前列，前沿领域原始创新取得一系列重大突破，正在成为全球重要的科技创新策源地和世界级原始创新承载区。

第一节　科学前沿和新兴技术创新策源地

北京充分发挥科教资源富集优势，全面加强基础研究和前沿探索，在基础理论、底层技术方面，持续产出重大原创成果，部分科技创新指标居全球前列，北京正在成为全球科技创新的“引领者”，朝着世界主要科学中心迈进。

一、科学研究的国际影响力位居全球前列

北京 6 次蝉联全球科研城市榜首。国内外多家机构评价显示，北京在科学研究方面位居全球前列。从科研水平看，英国施普林格 · 自然集团《2023 自然指数—科研城市》（*Nature Index–Science Cities* 2023）显示，北京位居全球科研城市第一，连续 6 年蝉联全球科研城市首位。科睿唯安发布的 2023 年全球高被引科学家名单显示，北京高被引科学家数量在全球创新城市中位居第一。世界知识产权组织（WIPO）发布的全球百强科技创新集群榜单显示，2022 年北京科技产出能力在全球顶尖科技创新集群中排第三，连续多年位居全球前列。从综合创新指数看，施普林格 · 自然集团、清华大学联合发布的《国际科技创新中心指数》（*Global Innovation Hubs Index*，*GIHI*）[①] 显示，北京连续两年位列全球第三，仅次于旧金山 – 圣何塞、纽约，2022 年在科学中心、创新高地、创新生态中科学中心得分最高，达 88.4。北京全社会研究与试验发展经费投入强度达 6.83%，位居国际知名创新城市前列。上海科学技术情报研究所联合科睿唯安基于“创新趋势、创新热点、创新质量、创新主体、创新合力”五大维度的评价指标体系发布了《2021 国际大都市科技创新能力评价》，报告中指出北京在人工智能、区块链、石墨烯、无人驾驶汽车、基因编辑、量子技术、沉浸式体验、氢能等 8 个新兴科技领域学术研究处于全球领先地位。

北京一批原始创新的重大成果获得国际认可。2020 年度北京共有 64 项成果获国家科学技术奖，其中国家自然科学奖 15 项（二等奖 15 项）、国家技术发明奖 10 项（一等奖 1 项、二等奖 9 项）、国家科学技术进步奖 39 项（一等奖 2 项、二等奖 37 项），占获奖项目总数的 30.3%。2023 年 10 月，清华大学薛其坤教授凭借拓扑绝缘体研究和在拓扑绝缘体中发现量子反常霍尔效应，获得国际凝聚态物理领域最高奖巴克利奖。北京获得科学技术奖项数量居全国之首。北京获得的全国科学技术奖项约占全国科学技术奖项总数的 1/3，主要集中在基础数学理论、人工智能算力与算法、蛋白质科学、半导体材料、低维碳纳米材料等诸多前沿领域。

二、新兴技术领域原始创新取得重大突破

北京发挥科教资源丰富优势，并发挥国家战略科技力量引领作用，系统性部署

① GIHI 从科学中心、创新高地和创新生态 3 个维度评估。

承担重大任务，形成面向新兴前沿、开创探索引领、聚焦重点、持续突破的整体科技创新体系格局。北京以清华大学、北京大学、中国科学院为代表的高校科研院所成立了以脑科学中心、智源研究院、量子院、微芯研究院为代表的一批新型研发机构，在前沿领域取得一系列开创性成果和自主可控技术的重大突破，主要包括设计研发出类脑芯片、全新基因编辑技术、无液氦稀释制冷机、区块链专用芯片、长寿命超导量子比特芯片等。

北京在脑科学、智能算法等的前沿探索正引领国内乃至全球的智能科学快速发展，在新兴技术领域取得全球开创性的重大突破。在类脑计算架构方面，清华大学在可重构计算架构、类脑计算架构和存算一体的创新研究处于全球领先水平，正在开展产业化探索。在存储器方面，清华大学、北京航空航天大学、中国科学院微电子所在 RRAM、SOT-MRAM 器件与集成技术方面取得突破，为我国存储器行业征战新的技术革命提供新方法与新思路，并于 2020 年完成了量子直接通信样机（quantum direct communication prototype）。在人工智能方面，北京率先发布《人工智能北京共识》，“天机芯”是国内唯一一款面向类脑芯片的软件工具链。北京大学团队基于碳纳米管电子学领域，发展了一整套碳管 CMOS 技术，在世界上首次实现工作在千兆赫兹频率的碳纳米管集成电路，推动碳纳米管技术在速度和功耗等方面全面超过硅基 CMOS 技术，推进了碳纳米管集成电路的发展。2021 年 6 月基于全球最大智能模型“悟道 2.0”诞生了中国首个原创虚拟学生“华智冰”。在芯片技术方面，2023 年 10 月清华大学团队实现全球第一的忆阻器存算一体芯片技术突破，在支持片上学习的忆阻器存算一体芯片领域取得重大突破，可促进未来人工智能、自动驾驶可穿戴设备等领域快速发展。

北京医药健康领域形成一批全球首创的原始创新成果。北京原始创新能力全国领先，每年诞生全国 40% 的生命科学成果。为应对新冠疫情北京组织优势力量开展疫苗、诊断试剂、药物研发攻关，强化大数据、人工智能和新材料等技术应用。北京研发的 5 款新冠疫苗获批附条件上市或紧急使用；国内首个新冠病毒中和抗体联合治疗药物获批上市并纳入第九版诊疗方案；17 个诊断试剂和设备获批上市，覆盖核酸、抗体、抗原类检测方法。支持开发了 AI 影像辅助诊断产品、新冠线上医生咨询平台等新产品。在生命科学的前沿领域，北京涌现出基因编辑技术、细胞焦亡抗肿瘤免疫功能、高精度个性化脑功能剖分技术等一批具有世界影响力的原创成果。北京百济神州的“泽布替尼”、诺诚健华的“奥布替尼”等一批中国原创新药走向世界，博雅辑因基因编辑药物、数坤科技心血管 AI 诊断软件等一批全球、全国首创产品陆续推出。

三、世界级重大科技基础设施集群正在形成

北京推进以大科学装置为代表的科技基础设施集群建设。聚焦能源、空间、生命、物质、地球科学和信息智能等重点领域，北京大力推动怀柔综合性国家科学中心建设，打造世界级原始创新承载区，聚集一批大科学装置，建设国家重大科技基础设施和前沿科技交叉研究平台。怀柔综合性国家科学中心初步形成重大科技基础设施集群，落地布局 37 个基础设施平台，成为全国设施平台集聚程度最高、创新资源最丰富的区域之一。高能同步辐射光源、综合极端条件实验装置、多模态跨尺度生物医学成像设施、地球系统数值模拟装置、子午工程二期、人类器官生理病理模拟装置、太赫兹科学技术中心等大科学装置加快建设和运行并重，北京成为继东京之后第二个世界著名的大科学装置集群，怀柔科学城形成重大科技基础设施集群。

完善科学设施开放共享机制，加强原创性引领性科技攻关，产出更多科学发现和科技创新成果。确保雁栖湖应用数学研究院入驻金隅科教园，推动干细胞与再生医学研究院搬迁入驻。深化院所与高校、企业合作，推动北京大学医学影像设备预研项目落地，突出企业科技创新主体地位，联合头部企业、平台公司组建工程研究中心和产业技术研究院，着力打通基础研究、应用研究和产业化通道。智能传感功能材料等 11 个国家重点实验室落户怀柔，多领域开展基础研究和应用研究。北京干细胞与再生医学研究院、启元实验室完成主体结构建设。

四、基础科研供给驱动的特征鲜明

北京基础研究投入强度已接近发达国家水平。从科研投入情况看，北京基础研究经费占比高、R&D 经费投入强度高、科研机构和高等院校占比高。《2022 年全国科技经费投入统计公报》显示，2022 年北京 R&D 经费投入强度达 6.83%，位居全国第一；R&D 经费投入规模为 2843.3 亿元，占全国 R&D 经费投入总量的 9.2%，居全国第三。从研发投入结构看，2022 年全社会 R&D 经费中，北京基础研究经费为 470.7 亿元，占全社会 R&D 经费的 16.6%，居全国第一，达到主要创新型国家水平。其中，科研机构、高等院校的基础研究经费分别为 347.0 亿元和 103.5 亿元，合计占基础研究经费总量的 95.7%。北京的研发活动以科研机构和高等院校为主。2022 年，全社会 R&D 经费投入中，企业、科研机构和高等院校 R&D 经费投入分别为

1240.0 亿元、1544.8 亿元，企业、科研机构和高等院校 R&D 经费投入分别占全社会 R&D 经费投入的 43.6%、54.4%。

北京科技成果的产出规模与国际影响力位居全球前列。从以科学论文为代表的科研产出看，2023 年，北京共有 411 人次入选全球“高被引科学家”，同比增长 21.2%，占全球“高被引科学家”总量的 5.8%，比上年提高 0.9 个百分点。爱思唯尔发布的《国际科学、技术和创新的数据和见解——全球 20 个城市的比较研究报告》显示，2016—2020 年北京发表了 72 万篇研究论文，被引次数居前 1% 的高被引论文超 14 万篇，高于同期纽约、伦敦、新加坡等国际城市，研究论文数量和质量均排在全球第 1 位。北京卓越科技论文[①]数量和质量排在全国第 1 位，《2022 年中国卓越科技论文产出状况报告》显示，2021 年中国共发表卓越科技论文 48.05 万篇，其中北京发表的数量最多，达 7.8 万篇。

北京发明专利总量和均量领先全国。《中国区域科技创新评价报告 2022》显示，北京 2022 年全年专利授权量 20.2722 万件，授权发明专利 8.8127 万件（全国 79.8 万件），PCT 申请量 11 463 件。北京技术市场优化创新生态、促进科技成果转移转化，北京每万人发明专利拥有量稳居全国首位，达到 218.3 件。2023 年北京认定登记技术合同总量达 106 552 项，首次突破 10 万项，成交额达 8536.9 亿元，远超过第二名的广东。

北京科技型初创企业估值位列全球城市第三。截至 2023 年底，北京独角兽企业的数量已达 114 家，连续多年保持全国第一。胡润研究院发布的《2024 全球独角兽榜》显示，按照全球成立于 2000 年之后、价值 10 亿美元以上的非上市公司排名，全球共有 1453 家独角兽企业，北京以 78 家独角兽企业稳居国内城市榜首、全球城市第三，仅次于旧金山的 190 家和纽约的 133 家。北京的独角兽企业涵盖了多个行业，包括但不限于互联网、人工智能、生物科技、新能源等，对全球科技创新做出了重要贡献。

① 卓越科技论文：卓越科技论文由中国科研人员发表的国际、国内论文共同组成。国际部分选取各学科领域内被引次数超过均值的论文，在此基础上，加入高水平国际期刊论文、高被引论文、热点论文、各学科最具影响力论文、顶尖学术期刊论文等不同维度选出的国际论文；国内部分取近 5 年在中国科技论文与引文数据库（CSTPCD）中发表在中国科技核心期刊，且“累计被引用时序指标”超越本学科期望值的论文。

第二节　全球主要科技创新高地

提升高精尖产业核心竞争力，打造全球创新高地是北京国际科技创新中心建设的重中之重。北京按照产业“换核、强芯、赋智、融合”、产业基础再造提升、产业链条优化升级的思路，发展“北京智造”“北京服务”，布局未来产业。北京加快底层核心技术攻关，以新一代信息技术、医药健康为双发动机，推动应用技术驱动的若干新兴产业集群发展，构建以高精尖产业为引领的现代产业体系，努力成为全球主要创新高地。

一、全链条布局集成电路产业

北京集成电路产业在全国起步早、底层技术研发优势明显。北京集成电路自主可控水平处于国家第一方阵。从授权专利看，截至 2023 年 2 月，北京集成电路产业发明专利授权数量为 47 189 件。截至 2023 年 8 月，北京集成电路企业授权专利共 6161 件，包括发明专利 3590 件、实用新型专利 2249 件、外观设计专利 322 件。北京集成电路企业参与起草标准 82 部，包括国家标准 38 部、团体标准 30 部、行业标准 14 部。北京集成电路企业的专利授权量最多，截至 2023 年 2 月，北京每百家集成电路企业专利授权量为 16 442 件。北京拥有国内首条 12 英寸集成电路晶圆生产线，一批代表性企业及研究机构承担了国家重大科技专项任务，在关键装备及材料、先进工艺的开发及产业化等方面取得一批代表国家最高水平的成果。

北京集成电路实现全产业链布局。北京集成电路产业规模从 2015 年的 606.4 亿元增加到 2020 年的超 900 亿元，年均复合增长率为 8.4%。2020 年产业规模占全国总规模的 10%，从细分产业看，2020 年北京市集成电路设计、集成电路制造、集成电路封装测试的市场规模分别占全国市场的 13%、7% 和 3%。其中集成电路设计对全产业的贡献度超过 50%。集成电路装备方面，实现除光刻机整机外，关键集成电路的国产化布局，包括设计、晶圆制造、封装测试、装备、零部件及材料等完备的集成电路产业链，形成了“芯片—软件—整机—系统—信息服务”大集成电路生态系统。在产业链前端，北京提升集成电路关键产品、集成电路工艺设备的自主可控能力，有效保证了产业链、供应链自主可控。从产业链延伸扩展看，北京形成涵盖

CPU/GPU、区块链、人工智能、无人驾驶、存算一体化、工业芯片等泛 IC 设计领域的众多细分产业集群。

北京形成“北设计、南制造”的产业空间布局。北京确立了海淀、大兴亦庄、顺义集成电路产业空间布局，主要集中在海淀中关村、亦庄开发区和顺义区。中关村集成电路设计园聚集了国内芯片设计企业总部。北京大兴亦庄（北京亦庄集成电路产业园）汇集了众多新兴的芯片企业，如 AI 芯片企业、物联网芯片企业和存储芯片企业等聚集了中芯国际、北方华创等龙头企业，形成设计、制造、封装测试、装备、零部件及材料等完备的集成电路产业链，产业规模占北京集成电路产业总规模的 1/2。顺义打造成第三代半导体创新型产业集聚区，形成以芯片、器件及模块等为主的产业聚集地。从产业领军企业看，目前北京主要的集成电路企业包括紫光集团、大唐电信科技、智芯微电子、中芯国际、北京华大、中国电子科技集团、威讯联合半导体、矽成半导体、华芯半导体、北方华创、天水华天等。集成电路设计业以中关村集成电路设计园为核心，集成电路制造业以大兴经济技术开发区、顺义区为核心，平谷、朝阳、通州、昌平等辖区也在积极培育集成电路产业集群。

北京涌现出一批集成电路领军型企业（表 3–1）。截至 2023 年 8 月，北京共有集成电路存量企业 516 家。北京龙芯高性能处理器产品全面应用于党政军用市场。从产业链分布的企业看，北京兆易创新的存储器和 32 位控制器产品进入与国际巨头厂商竞争的阶段。中芯国际、中芯北方等头部企业面向主流工艺节点，提升集成电路设备国产化验证效率 4 倍。北方华创、屹唐半导体的介质刻蚀设备、清洗机、退火 / RTP 等主要设备进入先进工艺节点验证阶段。在集成电路封装设备自主可控方面，北京中电科电子装备有限公司完成了 8 英寸全自动晶圆减薄机产业化机型的技术研发和改进，成功进入国内某 8 英寸集成电路生产线。电科装备 12 英寸全自动减薄抛光机，解决超薄晶圆加工领域“卡脖子”问题。存储方面，兆易创新在 Nor Flash 存储芯片的市场份额名列前茅。北京君正掌握嵌入式 CPU 核心技术并成功市场化，成为汽车芯片的龙头企业。龙芯中科的龙芯处理器在计算机、服务器、嵌入式系统、物联网设备等领域得到了广泛的应用，龙芯中科自主研发的 LoongArch 架构，摆脱了对国外厂商的依赖，2022—2023 年龙芯中科成功入选了 Bench Council（国际测试委员会）年度世界芯片成果榜和机构榜。值得注意的是，紫光展锐、豪威科技两家规模企业总部外迁，对北京经济、产业布局和人才流动等方面会产生一定的负面影响。

表 3–1　北京集成电路产业链企业分布

分类	材料与设计		制造与封装		
集成电路产业环节	产业集成电路原材料	集成电路设计	集成电路装备层	集成电路制造	集成电路封装
代表性企业	达博有色、有研亿金新材料	紫光股份、中芯国际、大唐微电子、智芯微电子、中星微电子、兆易创新	北方华创、中电科电子装备、屹唐半导体	中芯北方、集创北方、矽成半导体	中芯北方、威讯联合半导体（北京）

二、增强人工智能产业创新基础

当前北京是国内人工智能领域创新基础最好、人才资源最集中、研发创新能力最强、产品迭代最活跃的地区。人工智能产业发展依赖大数据管理和云计算等基础技术，北京的科技资源为此打下了基础。在专利授权数量全球排名前 100 的机构中北京共有 30 家①。北京拥有大模型创新团队 122 家，数量居全国首位，约占全国的一半，成为我国生成式人工智能（AIGC）发展的领先地区。北京人工智能领域核心技术人才超 4 万人，占全国的 60%②。2019 年 2 月，北京成立国家新一代 AIGC 创新发展试验区，该试验区成为我国首个国家新一代人工智能创新发展试验区。北京人工智能算力发展排名居全国第一。北京智源“悟道 2.0”成为全球最大的智能模型，参数规模达到 1.75 万亿。百度的“文心”大模型参数规模达到 2600 亿，是目前全球最大的中文单体模型。

2021 年北京 AIGC 产值规模达 2070 亿元，同比增长 11%；2022 年北京 AIGC 相关产值规模约 2270 亿元，同比增长 9.7%③。北京时间京融智库联合上奇产业研究院发布的《北京市产业分析报告人工智能篇》显示，北京人工智能产业在整体发展、创新要素、融资能力等方面的重要数据指标居全国之首。

---

① 中国网科技 . 北京人工智能核心企业达 1048 家　占全国总量 29% [EB/OL]. (2023-02-14)[2024-07-21]. https://new.qq.com/rain/a/20230214A02S6700.

② 同上。

③ 前瞻网 . 前三季度北京 GDP 出炉：同比增长 5.1%，数字经济赋能发展 [EB/OL]. (2023-10-26)[2024-07-21]. https://baijiahao.baidu.com/s?id=1780785437268157745&wfr=spider&for=pc.

北京人工智能产业企业占全国总量的27.67%①，产生了一批旷世、寒武纪、字节跳动、商汤等人工智能领域的领军企业。截至2022年9月30日，北京、广东和上海人工智能产业企业数位列全国前三，分别有2940家、1913家和1372家。《2022年北京人工智能产业发展白皮书》显示，截至2022年10月，北京拥有人工智能核心企业1048家，占我国人工智能核心企业总量的29%，数量位列全国第一。10家已获批建设国家新一代人工智能开放创新平台的企业总部均在北京。北京重视通用大模型产业发展，推动政务、金融、医疗、传统产业赋能、文化旅游、智慧城市等六大行业领域。《北京市人工智能行业大模型创新应用白皮书（2023年）》显示，衔远科技、360、瑞莱智慧、旷视、百度等成为人工智能大模型创新领头企业。衔远科技围绕北京一轻科技集团在市场需求跟踪、新型产品研发等方面的需求，打造面向消费者的品商大模型示范应用，形成商品智能反向定制、预测性生产、智能调度、智能营销等服务功能，加速消费制造领域全链路数智化升级。360围绕银行在数字化转型方面需求，打造金融领域大模型，实现员工平均办公文档处理时间减少40%等（表3–2）。

表3–2　人工智能产业链分布

产业环节	产业链分工	代表性企业
基础层	芯片、大数据、算法系统、网络等多项基础设施，为人工智能产业奠定网络、算法、硬件铺设、数据获取等	衔远科技、360、瑞莱智慧、旷视、百度、寒武纪、永洪科技
技术层	计算机视觉、语音语义识别、机器学习、知识图谱等	字节跳动、云知声智能、地平线、商汤科技
应用层	金融、安防、智能家居、医疗、机器人、智能驾驶、新零售等	镁伽机器人、格灵深瞳、百度、滴滴

北京探索制定人工智能法律责任与权益归属相关法律，为人工智能技术应用和产业发展提供明确的法律指导。2023年，北京连续发布了《北京市促进通用人工智能创新发展的若干措施》《北京市加快建设具有全球影响力的人工智能创新策源地实施方案（2023—2025年）》。当前，人工智能领域存在算力资源供不应求、高质量数

① 北京时间财经.《北京市产业分析报告人工智能篇》发布：多项指标全国第一　今年前三季度融资超千亿 [EB/OL]. (2022-10-28)[2024-07-21]. https://baijiahao.baidu.com/s?id=17479258538995086088&wfr=spider&for=pc.

据不足、难以规模落地和同质化等问题。

三、形成医药健康大产业创新集群

北京医药健康产业发展重点以创新药、新器械、新健康服务为方向，突出构建新型疫苗、下一代抗体药物、细胞和基因治疗、国产高端医疗设备的领先优势，并行发展医药制造与健康服务。

北京在医药健康领域形成了完整的产业链，涵盖生物医药、医疗器械、健康产业、药物研发服务等全链条。在高端化学药、抗体、疫苗、影像诊疗设备、骨科植（介）入物等细分行业领域引领全国，集聚一批围绕基础研究、药品研发生产、医疗器械、产业服务等方向的重点机构及企业。医药行业主要聚焦在化学药、生物药、中药、医药中间体等细分领域；器械行业主要聚焦在影像设备、医疗机器人、植入器械、体外诊断试剂等领域。同时，北京在基因技术、医疗人工智能、新材料 +、抗体药物等新业态，以及 CRO、CMO、CSO 等产业服务中，位居全国前列。2021 年北京医药健康产业全部企业营业收入为 4760.5 亿元，同比增长 116.7%。2022 年北京医药健康产业年产值已达到 8916 亿元，同比增长 87.3%[①]。

北京先后发布两轮《北京市加快医药健康协同创新行动计划》，推动医药健康产业做大、做强。中关村生命科学园创新要素集中、产业链条完整，已成为北京医药健康产业发展的创新引擎，正加快打造全球领先水平的“生命谷”。北京生命科学研究所、北京脑科学与类脑研究中心、国家蛋白质科学中心等一批高水平研发机构汇聚在中关村生命科学园，汇集了 300 多名国内外高层次人才，已经成为中国生命科学领域创新资源最为集中的园区之一，是北京医药健康产业发展的创新引擎（表 3–3）。

表 3–3 北京生物医药领域国家重点实验室

序号	名称	载体
1	植被与环境变化国家重点实验室	中国科学院植物研究所
2	分子动态与稳态结构国家重点实验室	中国科学院化学研究所、北京大学
3	动物营养学国家重点实验室	中国农业科学院畜牧研究所、中国农业大学

① 2023 卫生健康与医药工业科技创新服务大会报告。

续表

序号	名称	载体
4	农业生物技术国家重点实验室	中国农业大学、香港中文大学
5	环境化学与生态毒理学国家重点实验室	中国科学院生态环境研究中心
6	系统与进化植物学国家重点实验室	中国科学院植物研究所
7	植物生理学与生物化学国家重点实验室	中国农业大学
8	蛋白质与植物基因研究国家重点实验室	中国人民解放军军事医学科学院
9	肾脏疾病国家重点实验室	中国人民解放军总医院
10	植物病虫害生物学国家重点实验室	中国农业科学院植物保护研究所
11	天然药物及仿生药物国家重点实验室	北京大学

北京医药健康产业"北研创，南造制"错位发展。北京以生物医药产业为核心，形成北部基础研发、南部高端制造"一北一南"聚集区，规模占全市总规模的80%。北部（海淀区、昌平区）以中关村生命科学园为核心，发挥中关村科学城科研优势，以国家生物领域重大项目为依托，突出医药健康基础研究和前沿技术对产业发展的支撑，形成完备的项目申请—筛选—孵化—毕业机制，打造约 440 家企业的创新研发集群，规模贡献占比近 20%，成为国家级生命科学和新医药高科技产业的创新基地。南部的北京经济技术开发区在高端化学药、抗体、疫苗、影像诊疗设备、骨科植（介）入物等细分行业领域引领全国。引导企业和项目集中布局，提升医药健康高端制造聚集优势，形成约 1300 家企业的高端制造集群，医药制造工业产值约占全市的 50%（表 3–4）。

表 3–4　北京医药健康领域重点机构和企业

重点机构 / 企业	所属领域	主要研究方向 / 产品
国家蛋白质科学中心（北京）	蛋白质组学	蛋白质功能、医学转化、生物信息学等
北京脑科学与类脑研究中心	脑科学与类脑科学	重点围绕共性技术平台和资源库建设、认知障碍相关重大疾病、类脑计算与脑机智能、儿童青少年智力发育、脑认知原理解析 5 个方面开展攻关，实现前沿技术突破
北京生命科学研究所	生命科学技术	抗体、生物制品、代谢组学、核酸测序等

续表

重点机构 / 企业	所属领域	主要研究方向 / 产品
北京诺华制药有限公司	化学药 / 生物药	新型化合物药物，新型抗癌药物，新型心脑血管药，新型神经系统用药及内分泌系统用药，消化系统用药，抗感染药，解热镇痛药，采用缓释、控释、靶向、透皮吸收新技术的新产品等
拜耳医药保健有限公司	化学药 / 生物药	生产片剂、乳膏剂、进口药品分包装（片剂）、化学药制剂、抗生素、生物制品等
百济神州（北京）生物科技有限公司	生物药	基础医学研发、临床医学研发、药学研发、新型抗肿瘤药物研发、新型抗肿瘤药物临床研发、小分子药物合成研发、临床生物标记研发、基因测序用于药物评价的研发、基础药物研究与临床医学研究结合的研发、小分子制剂的研发等
北京双鹭药业股份有限公司	生物药	生产片剂、重组产品、小容量注射剂、冻干粉针剂、胶囊剂、颗粒剂、原料药（鲑降钙素、司坦夫定、奥曲肽、三磷酸胞苷二钠、萘哌地尔）等
北京天坛生物制品股份有限公司	生物药	乙型肝炎疫苗、脊髓灰质炎疫苗、麻腮风疫苗、乙型脑炎疫苗、流感疫苗、水痘疫苗、人血清白蛋白、静脉注射用人免疫球蛋白等

四、释放优势潜能，加快布局未来产业和新兴产业

北京坚持高位统筹、系统谋划、前瞻布局，紧抓未来产业领域，布局商业航天、低空经济等未来产业，加快智能制造发展。

北京发挥基础设施资源丰富、创新资源丰富、前沿科学创新的优势，以前沿技术能力供给引领新场景、创造新需求，工程化推进“技术—产品—标准—场景”联动迭代，系统构建技术产品化、产品产业化、产业规模化的全链条未来产业生态。2023年9月，北京印发《北京市促进未来产业创新发展实施方案》，主要围绕未来信息、未来健康、未来制造、未来能源、未来材料、未来空间等六大领域，构建未来产业形成的基础技术、前沿技术和创新发展生态。2024年1月，北京出台《北京市加快商业航天创新发展行动方案（2024—2028年）》，从多个方面推进商业卫星和火箭建设，攻克可重复使用火箭等关键技术难题，加速卫星星座的构建，推动科技成果到商业化闭环，加快商业航天领域创新发展，扩展空天地产业链。2023年4月，北京相关企业实现首枚液体发动机运载火箭成功入轨；10月研制并验证了液氧甲烷可重

复使用火箭发动机。北京聚集了航空航天、航发、电科等央企研究院及清华大学、北京航空航天大学、北京理工大学、中国科学院等相关高校及研究院所科研力量，智能蜂群、交叉双旋翼、大载重系留等多项先进技术成果在京转化落地。2024 年北京市延庆区人民政府制定了《关于促进中关村延庆园无人机产业创新发展行动方案（2024—2026 年）》（京科材发〔2024〕56 号），有助于做强低空经济、加快发展新质生产力。发挥北京市延庆区“民用无人驾驶航空试验区”的作用，着力在无人机高能化、智能化及通用化等方面开展关键核心技术攻关，促进高水平科技成果不断涌现。同时高效配置创新要素资源，加大科技创新人才服务保障力度，搭建适航试飞等专业技术服务平台，支持领军企业发挥链长作用，牵头组建产学研协同、上下游衔接的创新联合体。

面向未来制造高端化、智能化、绿色化和融合化需求，北京加快数字制造与装备制造、医疗器械、物流、安防、交通等领域深度融合，形成轨道交通智能控制产业集群（丰台区）、医疗器械产业集群（大兴区）、第三代半导体产业集群（顺义区）、安全防护装备产业集群（房山区）及仪器装备产业集群（怀柔区）等多个先进制造业集群。北京加快数字化装备与机器人产业发展，推动形成智能工艺设计、智能生产、智能物流、智能管理、集成优化等在行业内可复制的场景级解决方案，北京完成 103 家数字化车间和智能工厂的建设[①]。福田康明斯、三一重工北京桩机工厂、小米智能工厂等世界级“灯塔工厂”，成为先进智能制造领域的示范。北京推动骨科植入物增材制造数字化车间的信息化、自动化[②]；箱式物流传输系统智能化，可在全医院范围内实现物品跨楼宇、跨楼层、跨区域的自动化运输；聚集中国中铁、中国通号、交控科技等 150 家重点企业，推动交通智能控制产业发展，形成从规划设计到工程建设、装备研制、运营服务的全产业链。

① 北京日报．年产千万台高端手机 生产装备 100% 自主研发 小米智能工厂在京投产 [EB/OL]. (2024-02-19)[2024-03-04]. https://www.ncsti.gov.cn/kjdt/scyq/wlkxc/wldt/202402/t20240219_149256.html.

② 京报网．预计“十四五”末先进制造业将实现产值超 2400 亿元，昌平“智造”发力抢占产业高地 [EB/OL]. (2023-08-22)[2023-12-15]. https://news.bjd.com.cn/2023/08/22/10538056.shtml.

第三节　体系化国家战略科技力量

布局和强化国家战略科技力量是北京建设国际科技创新中心的使命担当，北京不断完善以国家实验室、全国重点实验室、研究型大学和高水平高校院所及科技领军企业为主体的战略科技力量体系化布局，形成了“上下衔接、差异布局、协同联动、体系发展”的国家战略科技力量格局。

一、建立日趋完善的国家实验室体系

按照“四个面向”要求，发挥国家实验室作为国家战略科技力量的引领作用。北京拥有中关村、昌平、怀柔 3 个国家实验室，目前均已进入高质量运行阶段，分别聚焦网络信息、生命健康、能源科技领域，体现国家意志、实现国家使命、代表国家最高水平。北京全国重点实验室数量达 80 家，排名居全国第一。围绕重点领域协同开展基础研究和应用基础研究，深化“开放、流动、联合、竞争”机制建设，提升在京国家重点实验室原始创新能力、国际学术影响力、学科发展带动力、国家需求和社会发展支撑力，打造国家重点实验室“升级版”。

北京提升跨领域、大协作、高强度的现代工程和技术科学研究能力。北京拥有 1 个综合性国家技术创新中心——京津冀国家技术创新中心，为推动重大基础研究成果加速转化，分别在天津、燕郊、通州和雄安建立了分中心。北京推动国家级技术创新中心、制造业创新中心等发展，加快国家新能源汽车技术创新中心、国家玉米种业技术创新中心、国家区块链技术创新中心发展，开展智能网联车、玉米种业、国家区块链网络等领域共性技术的攻关，促进产学研深度融合，优化产业技术创新体系。国家区块链技术创新中心主要进行国家级区块链网络的建设，同时支持一批重点城市建设数字基础设施，促进绿色转型，发展特色产业，提升城市治理水平，改善民生福祉。北京有教育部重点实验室 35 个、高精尖创新中心 22 个、北京实验室 19 个、北京市重点实验室 457 个，成为国家战略科技力量的重要组成部分。推进在京国家重点实验室体系化发展。北京已形成从基础研究、关键共性技术到工程和技术科学研究的优势，形成了体系化技术研发的供给体系。

二、建设规模化高水平科研机构

北京拥有以中国科学院为代表的1000多所科研院所①，主要研究方向集中在物理、生物、化学、信息等基础研究学科。北京拥有8所世界一流的新型研发机构。北京的新型研发机构主要聚焦量子科技、脑科学、区块链、人工智能等尖端领域研究。自2017年以来，北京支持建设了一批高水平新型研发机构。在基础研究领域，成立北京雁栖湖应用数学研究院、北京量子信息科学研究院；在数字智能领域，成立北京智源人工智能研究院、北京微芯区块链与边缘计算研究院；在新材料领域，建设北京纳米能源与系统研究所、北京石墨烯研究院；在生命前沿基础研究领域，建立北京脑科学与类脑研究中心、正旦国际、北京生命科学研究所、北京干细胞与再生医学研究院等国家重大基础研究平台，加大基础创新与源头创新。新型研发机构吸引集聚一批战略性科技创新领军人才及其高水平研究团队，培育抢占国际科技竞争制高点的战略科技力量。

北京科研机构在前沿科技创新领域取得重大突破。北京以全新机制建设北京生命科学研究所、北京量子信息科学研究院、北京脑科学与类脑研究所、北京智源人工智能研究院等8所世界一流新型研发机构（表3–5），聚焦重大基础前沿学科研究、关键核心技术攻关，与高校、科研院所、科技领军企业协同创新，统筹推进人工智能、量子信息、关键新材料等领域的研发工作。北京脑科学与类脑研究中心、北京干细胞与再生医学研究院、北京雁栖湖应用数学研究院等新型研发机构已有一批科研成果涌现，多项原创突破已经产生，其中不乏“全球首次”突破。

表3–5 北京新型研发机构简介

序号	新型研发机构	成立时间	领域
1	北京生命科学研究所	2001年5月	现代生命科学交叉研究中心，进行原创性基础研究，同时培养优秀科研人才，探索新的与国际接轨且符合中国发展的科研运作机制
2	北京量子信息科学研究院	2017年12月	在量子物态科学、量子通信、量子计算等领域开展基础前沿研究，并推动量子技术实用化、规模化、产业化

① 92所高校、1000多所科研院所……北京加快建设科技创新中心和高水平人才高地[EB/OL].(2024-03-19)[2024-07-27].http://news.cnr.cn/native/gd/20240319/t20240319_526632011.shtml.

续表

序号	新型研发机构	成立时间	领域
3	北京脑科学与类脑研究所	2018 年 3 月	瞄准世界脑科学前沿和国家在脑科学研究领域的战略急需，通过创新体制机制，整合脑科学领域优势资源，搭建脑科学研究综合性实验和研发平台，汇聚全球顶尖人才和优秀科研团队，开展科技攻关，在脑科学领域产出一批重大原始创新成果，推进国际交流合作
4	北京智源人工智能研究院	2018 年 11 月	聚焦原始创新和核心技术，建立目标导向与自由探索相结合的科研体制，营造全球学术和技术创新生态，推动北京成为全球人工智能学术思想、基础理论、顶尖人才、企业创新和发展政策的源头，支撑人工智能产业发展
5	北京纳米能源与系统研究所	2018 年 5 月	以纳米能源与纳米系统核心技术为研发目标，在压电电子学、压电光电子学及纳米发电机等相关领域开展基础和应用基础研究。以重大原始创新为驱动，以自驱动微纳系统等重大核心技术突破以及其在传感网络、环境基础设施监测、便携式电子产品、健康医疗等领域的应用为牵引，带动和促进相关技术的转移转化与产业化，并成为实现原始创新和关键技术突破的源头、高水平创新人才培养的基地、科技体制创新和改革的试验田
6	北京干细胞与再生医学研究院	2019 年 10 月	面向干细胞与再生医学领域的重大前沿科学问题和共性关键技术需求，以服务国家创新战略和北京经济社会发展需求为使命，通过前瞻性科研布局、鲜明的多学科及大学科交叉、灵活的体制机制及运行模式等管理创新
7	北京雁栖湖应用数学研究院	2020 年 6 月	开展数学与应用数学及其相关领域的科学研究与技术开发、人才培养、交流合作、专业培训、成果转化
8	北京石墨烯研究院	2018 年 10 月	打通产学研协同创新链条，强化“应用导向型”的石墨烯高技术研发

新型研发机构被赋予新充分自主权，围绕关键技术方向和问题，集中力量开展科学研究和技术攻关，实施“军令状”“里程碑考核”机制，为产生原创科研成果提供制度保障。2023 年，北京出台《北京市支持世界一流新型研发机构高质量发展实施办法》，推动新型研发机构主动适应科研范式变革，实施有组织科研，为支撑国家科技高水平自立自强增添新动力。支持新型研发机构引进全职战略科学家、科技领军人才及其创新团队、有潜力的科研人才，靶向吸引具有创新潜力的博士后人才。相关机构发挥引人用人灵活，以及经费匹配、人员配置等方面保障优势，集聚了一批国内外高水平人才。北京干细胞与再生医学研究院在干细胞与再生医学研究方面取得了多项原创突破。在全球首次实现了哺乳动物完整染色体的可编程连接，

为深入认识哺乳动物染色体大规模重构等结构变异，了解其生长发育、繁殖演化乃至物种形成等的分子机制提供了相应的技术平台。首次揭示脑血管内皮细胞调控神经前体细胞命运决定的新机制，帮助更全面地理解大脑发育进程和基本规律，为神经系统疾病诊断提供理论基础。北京干细胞与再生医学研究院已申请发明专利 44 件，高价值发明专利率达到 43%（共 19 件），其中 4 件专利已获得授权。基于自主知识产权技术开展的临床研究项目有 3 项，其中 1 项已启动并进入受试者入组阶段。

三、增强研究型大学的国际影响力

高水平研究型大学是国际科技创新中心建设的主力军。北京少数研究型大学的学科全球影响力进入前十。北京拥有 90 多所高校，其中 34 所高校、162 个学科入选国家“双一流”建设名单。从整体来看，北京在能源科学与工程、航空航天工程、交通运输工程、冶金工程、环境科学与工程、纳米科学与技术、食品科学与工程、农学领域处于全球顶尖水平，在计算机科学、材料科学、化学工程、电力电子、兽医学、水资源工程、矿业工程、生物工程、遥感技术等学科处于世界前列。

2023 年 10 月，2023“软科世界一流学科排名”发布，清华大学的建筑学与建造环境、化学、材料科学、环境科学，北京大学的古典文学与古代史、语言学进入全球 10 强学科。进入全球 50 强的学科中，清华大学有 29 个，北京大学有 38 个，中国人民大学、中国科学院大学、北京师范大学各有 2 个，北京外国语大学、中国农业大学、中国矿业大学、中央美术学院、中央戏剧学院各有 1 个学科入榜。2023 年 11 月，*Nature* 相关文章显示，清华大学（第 5 名）、北京大学（并列第 25 名）、北京理工大学（并列第 40 名）和中国农业大学（并列第 96 名）4 所高校入选全球机构 Top 100[①]。

部分高校学科进入全球顶尖学科行列，跻身全球万分之一学科行列。清华大学有 4 个全球最强学科，分别是计算机科学与技术、化学、材料科学与工程、机械工程等，这些学科在学术领域具有极高的影响力，为推动全球科技进步做出了突出贡献。中国科学院大学有化学、环境科学与生态学、材料科学等 3 个全球领先学科，这些学科领域的突破性研究成果，对于提升国家的科技实力和国际地位至关重要。清

① 北京国际科技创新中心 . 2023 北京科技获得了这些“第一”[EB/OL]. [2024-01-27]. https://mp.weixin.qq.com/s?__biz=MzkyNjM4MTUxNw==&mid=2247607556&idx=1&sn=f15ab.

华大学有 8 个学科、北京大学有 12 个学科、中国科学院大学有 13 个学科进入全球千分之一的学科。

四、规模化培育科技领军企业

北京的科技领军企业以中央企业为主，民营企业的全球影响力不断提升。世界 500 强企业中，北京主要集中在银行、能源、基建等领域。中国制造业 500 强企业中，北京有石油化工、兵器集团、航空、铝业、汽车等领域的央企。截至 2023 年 7 月底，北京共有国家高新技术企业 27 444 家。从全球企业研发投入 2500 强榜单看，中国建筑集团（第 30 位）进入 50 强。北京独角兽企业占全国独角兽企业的四成左右，累计估值占全国总估值的六成以上，主要集中在文旅传媒、生活服务、交通出行和金融科技等领域。2023 年北京独角兽企业数量达 114 家，近 5 年来保持平稳增长态势，数量始终位居全国第一。《2023 年全球独角兽企业 500 强发展报告》显示的 2023 年全球独角兽企业 500 强城市 Top 10 中，北京有 2 家独角兽企业，分别为字节跳动、京东科技，估值合计为 1.68 万亿元，字节跳动估值高居全球第一，达到 14 840 亿元。北京 37 家排第三，旧金山 65 家排第一，上海 38 家排第二；另外，深圳 24 家，杭州 14 家。北京民营企业近三成为“高精尖”，分别是京东、联想、小米等，超四成属于信息技术、金融和科技服务业的企业。

第四节　高层次创新创业生态

面向全球打造开放创新创业生态是北京科技创新中心建设的重要方向。北京打通从基础研究、应用研究、小试中试到产业化全链条，持续优化一流创新生态。在完善立法体系、优化科技创新人才队伍、加强金融支持、推动产学研合作等方面取得显著成效，构建具有国际吸引力的开放活跃的创新生态。全球创业研究机构发布的《2022 年全球创新生态指数报告》显示，在创新生态城市中北京排在全球第 6 位。北京连续 5 年居全球金融科技中心城市总榜榜首，在“全球城市创业孵化指数”中位列第四。

一、集聚全球高端人才

北京集聚从战略科学家到顶尖产业领军人才，再到青年科技人才的高水平人才队伍，活跃研究人员数量近 50 万人，位列全球第一。2023 年，北京共有 411 人次入选全球“高被引科学家”，同比增长 21.2%，占全球“高被引科学家”总数的 5.8%，比上年提高 0.9 个百分点。北京创新人才优势居全国首位，正在集聚全球高端人才。北京共有两院院士 830 人，占全国两院院士总人数的将近一半。2020 年，北京人才总量达 781.3 万人，人才密度为 62%，劳动者中研究生学历人员数量约 120 万人。2022 年北京研究人员数量近 50 万人①，居全球前列。北京入选各类国家级人才项目者超过 3000 人，占全国入选总人数的近 1/4，全市专业技术人才总量达 395 万人、技能人才总量达 370.1 万人，其中高技能人才总量达 114.4 万人。北京高端人才约占全国的 1/4。每年的国家科技奖励一等奖和中国十大科技进展中约一半来自北京。2023 年北京高校硕士、博士毕业生约为 16.08 万人，本科毕业生约为 13.61 万人，硕博士毕业生人数首次超过本科毕业生，北京硕博士毕业生占全国硕硕士毕业生的 12%，为北京提供了大量的新生科研力量。

深入落实“首都科技领军人才培养工程”与“北京市科技新星计划”，形成“领军人才—青年优秀人才”的发展梯次结构，“首都科技领军人才”达 240 人，“科技新星”青年科技人才达 2393 人。2022 年北京留学归国及外籍从业人员年均增长 12%。统筹兼顾一流的科技领军人才、青年科技人才、卓越工程师及大国工匠、高技能人才等四类人才，北京让各类人才各得其所、各展所长。

2023 年北京发布《北京市境外职业资格认可目录（3.0 版）》和《国家服务业扩大开放综合示范区和中国（北京）自由贸易试验区建设人力资源开发目录（2023 年版）》（简称《“两区”建设人力资源开发目录（2023 年版）》），《北京市境外职业资格认可目录（3.0 版）》涵盖 122 项境外职业资格，并筛选出 7 项“高含金量”境外职业资格形成急需紧缺目录。《“两区”建设人力资源开发目录（2023 年版）》中，芯片设计、金融科技服务等 15 个核心领域被评为 5 星级（综合紧缺程度最高）；药物制剂工、光学仪器检查工等 18 个职业（工种）属于非常急需紧缺。《“两区”境外职业资格认可目录》中首批认可金融、教育、科技服务等领域 82 项“含金

① 北京市统计局．北京统计年鉴 2016—2021[M]. 北京：中国统计出版社，2017，2018，2019，2020，2021，2022.

量高”的境外职业资格；“一业一策”制定专项政策，立足集成电路、科技服务、医药健康等重点产业发展需要精准引才，5年来为20余万名急需紧缺人才提供了人才引进服务。

二、科技与金融深度融合

北京处于全球金融科技发展最迅速的城市行列。《2023全球金融科技中心城市报告》显示，北京连续5年居全球金融科技中心城市榜首①，旧金山、纽约分列第2、第3位。《全球金融科技中心城市报告》采用金融科技发展指数，从产业行业角度分金融科技公司数字化转型，以及传统金融服务（如银行、保险公司）的数字化转型进展；从消费者角度看金融科技转型，如消费者体验等；从政府角度看如何创建更好惠及所有人的生态系统，包括经济基础、GDP增长、人口年轻化、前500名金融服务公司市场排名、前500名金融科技公司表现、数字基础设施、网络安全、风险管控能力、研发能力、政策环境等。

2023年6月，北京发布《关于支持国家级金融科技示范区建设若干措施》（简称“金科十条”2.0版），支持对象包括金融科技企业、专业服务机构及空间载体运营机构，形成支持金融科技机构入驻发展、支持金融科技前沿技术创新、支持金融科技应用场景示范、支持创新监管工具及成果转化、支持金融科技产业链相关企业挂牌上市、支持金融科技特色孵化载体建设、支持金融科技人才发展、支持高层级国际开放合作、支持打造金融科技创新发展生态体系等科技与金融方面相关政策，并明确了具体支持措施。

金融科技企业加强底层关键技术创新。推动金融科技企业联合金融机构、科研院所开展人工智能、大数据、互联技术、分布式技术、安全技术等底层关键技术创新，对创新性强、技术突破显著的项目给予资金支持。给予承担国家、北京市科技重大专项的企业配套资金支持。给予自建金融科技领域研发机构并获得国家级、市级工程（技术）研究中心、重点实验室等创新平台资质的企业，或获得国家级、市级金融创新或金融科技奖项的企业一次性资金奖励。在吸引金融科技企业入驻落户方面，设立了开办费用补贴、购租房补贴、增资和新设立子公司补助等政策。对新设

① 人民网—北京频道．北京连续五年居全球金融科技中心城市榜首[EB/OL]. (2023-11-13)[2024-01-27]. http://bj.people.com.cn/n2/2023/1113/c14540-40638088.html.

立或迁入的具有重大行业影响力的金融科技企业及专业服务机构，按照实收资本规模给予一次性开办费用补贴，最高补助可达 5000 万元。给予购买办公用房的企业和机构每平方米 1500 元补贴。选择租用办公用房的，则根据评定情况分 30%、50% 两档给予资金补贴，3 年累计补贴上限为 5000 万元。截至 2023 年 6 月，已新引入头部或重点金融科技企业和专业服务机构 166 家，注册资本超过 1100 亿元，2022 年金融科技机构实现税收超过 30 亿元。3 个项目列入市“两区”全国标志性项目，3 个项目列入市“两区”建设功能聚集型、综合服务性平台，分别占全市入选总量的 12.5%、8.5%。1 家企业入选胡润研究院《2022 全球独角兽榜》，6 家企业入选毕马威 2021 年中国金融科技企业“双 50”榜单，23 家企业入选北京市“专精特新”名单。

科技金融推动科技与产业深度融合，形成“科技—产业—金融”互促发展格局。2022 年 12 月，北京银行助力科创企业，在业内首次提出打造“专精特新第一行”，点燃了金融服务专精特新的市场热潮。银行扩大信用贷款对科创企业的覆盖度，推出面向“专精特新”企业的线上信用类贷款产品“领航 e 贷”，该产品全线上操作、无须抵押担保、资金随借随还，有效满足了“专精特新”企业的融资需求。围绕科创企业发展特点，北京银行不断丰富产品谱系，打造“线上 + 线下”“商行 + 投行”的全生命周期产品矩阵，有效满足初创期、成长期、成熟期、上市期、腾飞期等不同发展阶段企业的金融需求。

三、布局建设重大平台载体

聚焦产业共性技术需求，布局建设产业共性技术平台。北京统筹谋划与分类推进相结合、技术创新与机制创新相结合、盘活存量与培育增量相结合，立足本市科技资源优势，瞄准当前发展所需，着眼未来产业发展，积极布局建设高精尖产业领域共性技术平台，加快汇聚高端创新要素，着力补齐创新生态短板，不断贯通产学研用链条，推动构建多层次、宽领域、功能型、开放式的新型共性技术平台支撑体系。2023 年，北京出台《北京市共性技术平台建设工作指引》（京科发〔2023〕25 号）[①] 支持和鼓励各类创新主体积极参与共性技术平台建设，成立了精密加工、工业芯片核心软硬件、工业级核酸药物设计研发和生产、光场共性技术等共性技术平台

① 北京市科委，中关村管委会．一图读懂《北京市共性技术平台建设工作指引》[EB/OL]. (2023-12-30)[2024-03-21]. https://kw.beijing.gov.cn/art/2023/12/30/art_2396_14566.html.

（表 3-6），着力优化创新生态环境，持续提升产业竞争力，加快建设现代化经济体系，更好地支撑北京国际科技创新中心建设。北京量子信息科学研究院发布的新一代量子计算云平台，是目前国内规模最大、单芯片比特数最高的云平台，实现了完全自主研发与国产化。

表 3-6　北京建设重要共性技术平台

牵头单位	平台名称	主要方向	领域
北京中关村精雕智造科技创新中心有限公司	精密加工共性技术平台	面向医疗器械、汽车、精密仪器仪表、光学仪器等领域，开展新产品精密加工工艺研发和小批量产品试制等服务	精密制造共性技术问题
中关村芯海择优科技有限公司	工业芯片核心软硬件共性技术平台	服务国产工业芯片进入行业应用的平台，构筑芯片设计、芯片应用、标准与产业检测联盟、产业服务 4 个子生态圈	构筑工业芯片产业生态
北京荷塘生华医疗科技有限公司	工业级核酸类药物设计研发和生产共性技术平台	为核酸药物提供研发、生产服务	聚焦我国核酸药物领域缺少工程化平台这一关键问题
凌云光技术股份有限公司和咪咕文化科技有限公司	光场共性技术平台	为科幻、元宇宙等产业提供光场共性技术服务，解决国内光场系统数据质量差、计算效率低、成熟应用少等问题	光场技术产业

各具特色的科技园区成为国际科技创新中心的重要载体。中关村国家自主创新示范区采取“一区多园”模式，聚焦生物医药、人工智能、高端智能制造等前沿产业，引进天智航、格灵深瞳、腾盛博药等创新型企业，构建大中小企业融通发展格局。京津冀国家技术创新中心是我国第一个综合类国家技术创新中心，坚持提升科技创新增长引擎能力战略定位，坚持打造成为国家创新体系战略节点、京津冀协同创新共同体战略枢纽、高质量发展重大动力源的战略目标，构建技术研发、产业培育、人才培养“三位一体”全球化协同创新体系，加速重大基础研究成果产业化、发展前沿性创新，服务“国家颠覆性技术创新”“国家卓越工程师教育培养计划”“京津冀协同发展”国家战略，加快形成大学“育种”、中心“育苗”、企业“育材”、区域“成林”的“有核无边”协同创新格局。

积极推进“三城一区”主平台联动发展。经开区深化与“三城”常态化对接机制，推动科技成果转化，通过强化与中国科学院合作，落地中科网威、中科源芯等优势项目，用好国科科仪成果转化平台，推动国科装备扫描电镜等高端装备项目落地。2023 年，共计承接“三城”科技成果转化项目 173 项。经开区设立首期规模 100 亿元政府投资引导基金，形成“1+6+N”产业金融体系。发挥科创专项资金效能，采用股权投资形式支持衍微科技等 10 家创新型企业加快发展。持续完善企业上市服务体系，高效助推区内企业挂牌上市发展，实现北交所上市企业“零的突破”，新增上市企业数量居全市第 3 位。

四、创业孵化体系持续优化

北京创业孵化发展水平排在全球前列。全球城市创业孵化发展的晴雨表和指南针——全球城市创业孵化指数，从孵化潜力、孵化绩效、孵化生态等方面对主要创新创业城市进行综合评价。北京的综合得分位列全球第 4，纽约、伦敦、旧金山位列前三。北京创业孵化绩效分指数排名居第一位，其后是伦敦、纽约和旧金山；创业孵化潜力排在第 3 位，前四名分别是波士顿、纽约、北京和洛杉矶；北京创业孵化生态指数排在第 4 位，前三名分别是纽约、伦敦、旧金山。北京推动“四链融合”，加快企业孵化。2023 年 12 月 19 日，北京发布《北京市关于推动科技企业孵化器创新发展的指导意见》（以下简称《意见》）。《意见》提出，到 2027 年底在全市形成标杆孵化器示范引领、市级科技企业孵化器骨干支撑、其他科技企业孵化器功能齐全的梯度接续创业孵化体系；孵化器专业化、价值化、国际化程度实现整体提升，基本形成与北京国际科技创新中心建设相匹配的创业孵化能力；一批国家高新技术企业、专精特新企业、独角兽企业等高水平硬科技企业持续涌现，有力推动北京成为全球硬科技创新创业高地。北京形成科技创新、转化孵化、企业培育、产业集聚的全链条，促进创新链、产业链、资金链、人才链深度融合，加快形成与科技创新体系、产业发展体系密切结合的创业孵化体系。

形成全链条创业生态服务。北京 HICOOL 峰会构建了大赛、峰会、商学院、基金、管家、产业园等“六位一体”的创业生态服务体系，集聚全球创业者，面向全球引才，对标国际领先，聚焦“高精尖缺”，提供奖金、服务、支持、保障“四轮驱动”，为海内外创业人才保驾护航，建设国际一流人才高地。北京加快培育独角兽和“隐形冠军”企业。《关于支持发展高端仪器装备和传感器产业的若干政策措施实施细则》启动国家高端科学仪器装备产业示范区规划建设，实施“十百千”工程，培育独角兽和“隐形冠军”企业，设立北京市知识产权保护中心怀柔科学城分中心，成立硬科技和智能传感器产业基金，统筹 1.63 亿元政策资金，支持 21 个仪器传感器项目建设。集聚仪器传感器企业 256 家，预计实现规上企业产值 12.5 亿元，同比增长 8.7%。2023 年支持科技成果概念验证项目 39 个、高新技术成果转化项目 24 个。北京打造首批 23 家标杆孵化器，分布在海淀、怀柔、朝阳和经开区等 8 个区，重点聚焦原创新药、智能硬件、航空航天和高端装备关键材料、元宇宙等高精尖产业细分领域。聚焦企业软硬件开发、样品样机试制和示范应用等需求，有效连接学术与产业，贯通科技创新链条。鼓励孵化器提升创业孵化效能，加快孵化出一批国家高新技术企业等硬科技企业。

第五节　高水平开放创新

北京持续吸引更多国际科技组织落地，积极参与国际标准研究和制定，开展国际科技学术交流，拓展全球科技合作网络，链接国际创新资源，扩大国际朋友圈，讲好中国故事、发出中国声音，正在构建覆盖全球的科技创新合作网络，成为国际科技创新网络的重要枢纽。

一、构建覆盖全球的科技合作网络

北京加快建设国际科技组织总部集聚区。通过“请进来”积极发挥“磁石效应”，引进优质国际组织落户，吸引高水平国际资源。吸引重要国际科技组织落户北京。北京联系国际科技组织，开展高水平国际学术交流，建立国际科技组织联络机制，联络国际摄影测量与遥感学会、国际计算力学协会等 20 余家重点国际科技组织，促进政策传达、信息共享和业务合作。2023 年 5 月，国际动物学会、国际数字地球学会、国际氢能燃料电池协会、国际智能制造联盟、国际介科学组织等 8 家国际组织入驻北京，为国际科技创新中心建设注入新动能。北京吸引一批优质科技类境外非政府组织在京设立代表机构，积极融入全球创新网络。

北京建立全覆盖的科技交流合作网络。北京通过“走出去”，支持首都科学家在重要国际科技组织任职履职，把科技自立自强与开放合作充分有机地结合起来，与国际同行共同搭建科技交流合作的新舞台。以北京为“圆心”，建立“一带一路”国际科学组织联盟（The Alliance of International Science Organizations，ANSO），该联盟是由中国科学院联合相关国家科研机构、高校、国际组织等共同发起成立的国际科技组织，广泛连接国内外科研机构、高校、国际组织、政府部门、企业、金融机构等，搭建起促进国际科技合作的交流平台，聚焦环境变化、绿色发展、人类福祉和可持续经济社会发展等领域，依托中国科学院优势，搭建起国际防灾减灾科学联盟（ANSO-DRR）、跨大陆交流与丝路文明联盟（ATES）等19个国际专题联盟。依托北京良好的国际交往环境和科技人才基础，促进国际科技合作，推动构建人类命运共同体，服务“一带一路”高质量建设，促进共同发展和实现联合国可持续发展目标。借助中关村论坛等平台，北京积极打造国际科技交流“大舞台”，促进与“一带一路”共建国家和地区的科技交流合作。2023年，国内外科技园区、孵化器及创新创业服务机构联合发起成立了北京“一带一路”国际孵化联合体，联合体已拥有43家国内外会员，业务涉及移动互联、生物医药等多个战略性新兴产业，覆盖了国际创新创业服务全链条。

北京在基础研究和世界科技前沿领域牵头开展国际项目。北京持续与国际顶尖科研机构共同开展大科学计划和大科学工程合作，推动科技与产业、经济深度融合，形成面向全球的技术转移集聚区，延伸了科技开放合作的广度与深度。以园区为载体，北京主动搭建国际性的交流平台，注重产业孵化与开放式创新。开拓国际合作区域与领域，中关村东升国际科学园、全球健康药物研发中心、北京市医疗机器人产业创新中心、巢生实验室落地东升科技园。

北京加大对外资研发机构的吸引力度，是外资研发机构进入中国的首选地。集聚高能级主体、推动高水平科技创新，北京集聚了一批国际知名科技企业设立的研发机构，行业分布主要集中在生命科学与医药、新一代信息技术、先进制造、新材料、新能源与节能等领域。外资研发机构包括研发创新中心和开放创新平台两类，研发内容包括基础研究、产品应用研究、高科技研究和社会公益性研究。2022年3月出台《北京市关于支持外资研发中心设立和发展的规定》，2022年6月，北京启动首批“外资研发激励计划”，先后支持诺和诺德、空客等6家外企扩大研发投入。2023年8月出台的《北京市关于进一步支持外资研发中心发展的若干措施》指出，对知名跨国公司和国际顶级科研机构首次在京落地实体化外资研发中心给予最高不超过5000万元资金支持；对升级为大区级、全球级研发中心，给予最高不超过2000万元资金支持；对外资研发中心在京落地的重大优质项目，按照“一项目一议”方式予以支持。截至 2023 年 7 月，北京分两批认定空客、微软、西门子、苏伊士等 49 家外资研发中心，分布在海淀（16 家）、朝阳（9 家）、经开区（7 家）、顺义（6 家）、昌平（4 家）、石景山（3 家）、大兴（2 家）和怀柔（2 家），北京外资研发中心的布局显示出较强的产业关联性和集聚性。

二、辐射全国高质量发展的引擎

北京成为全国重要的技术供给地和成果转化的策源地。北京中关村与全国 26 个省（自治区、直辖市）的 77 个地区（单位）建立战略合作关系，共建 27 个科技成果产业化基地。北京充分发挥人才、技术、市场等方面优势，在科技领域与内蒙古深度合作，促进区域创新能力提升。京蒙科技合作让科技成为推动内蒙古经济高质量发展的新引擎。2020—2023 年，京蒙合作科技项目 294 项，引进技术 298 项，共建创新平台 73 个，共享高层次专家 500 余人，通过京蒙合作引进技术成果的数量、交易金额均居内蒙古外来技术交易首位。京蒙高科利用孵化器及内蒙古科创中心（北京）在研发、孵化、转化、人才引进等方面的核心职能，按照“内蒙古所需、北京所能、内蒙古所盼、北京所有”的原则，深挖载体优势，探索成果转化项目全周期服务模式，提升孵化服务能级，促进更多更好的科技合作项目落地生根。2023 年 2 月，北京与内蒙古签署“京蒙协作 政协助力”框架协议，加强优势互补、全面深化科技合作，共同推动京蒙协作“科技创新倍增计划”组织实施。2023 年，呼和浩特市推动与北京 13 家主体共建创新平台 15 个，与 29 家主体组建创新联合体 24 个；与北京 30 家创新主体开展科技合作项目 53 项，依托项目、平台支持重点领域柔性引进北京高层次人才团队 100 余人（个），依托京蒙协作在重点领域取得一批突破性创新合作成果。

三、带动京津冀区域协同发展

区域创新驱动力明显增强。全面推广首都科技条件平台区域合作站和北京技术市场服务平台（一站一台）合作模式，开展“线上 + 线下”对接服务，为企业提供测试检测、联合研发、技术转移等各类服务。北京高校原创成果开始在河北布局，清华大学在固安建设中试孵化基地，北京科技大学在唐山建设成果转化基地，为科技成果转化提供落地基础。随着创新驱动战略的实施，京津冀创新成果不断丰富，创新质量稳步提升。三地科技主管部门积极引入社会资本，与国投创业投资管理有限公司合作，共同争取国家科技成果转化引导基金总规模10亿元，累计完成17个项目投资。设立京津冀科技成果转化投资基金，引导社会资本投入，整体规模10亿元，京津冀协同发展取得新进展。建设协同创新平台，京津冀三地共同确定了武清京津产业新城、白洋淀科技城、曹妃甸循环经济示范区、石家庄正定新区等协同创新重点平台，推动各类创新资源加速流动。以北京中关村科技园为引领，与天津滨海，河北秦皇岛、保定、承德、石家庄、雄安新区等津冀多地共建多个跨区域科技合作园区，探索出一区多园、总部-孵化基地、共建共管等科技园区合作模式，对京津冀科技园区共建进行了体制机制创新和探索。

推动科研成果在京津冀地区转化应用。京津冀三地签订了《关于共同推进京津冀协同创新共同体建设合作协议（2018—2020年）》，共促区域科技资源共享和成果转移转化。2016年9月，河北·京南示范区成为全国首批国家科技成果转移转化示范区，2019—2020年，示范区共实施省重大成果转化专项70多项，直接带动企业研发投入6亿元，以加快科技成果转化落地。北京与津冀共建中国国际技术转移中心河北分中心、张家口创新创业孵化中心、京津滨海科技成果转化基地等机构载体，推动区域创新链和产业链完善贯通。

京津冀推进人才培养合作。2017年，京津冀三地联合发布《京津冀人才一体化发展规划（2017—2030年）》。这是我国首个跨区域的人才规划，提出到2030年基本建成“世界高端人才聚集区”，增强创新要素支撑。在高等教育方面，深入推进京津冀高校联盟建设，三地高校协同推进人才培养、学科建设、学分互认。在职业教育方面，三地组建了各类职业教育京津冀协同发展联盟，开展多种形式的职业院校合作、校地合作和产教对接①。2023年，北京技术市场保持平稳增长态势，认定登记技术合同总量首次突破10万项，达106 552项，同比增长12.1%；成交额达8536.9亿元，同比增长7.4%。2023年，北京流向津冀技术合同成交额达748.7亿元，同比增长109.8%，占流向外省份额的15.1%，持续发挥北京对津冀的辐射带动作用。流向津冀的技术合同主要集中在城市建设与社会发展、新能源与高效节能及现代交通领域，为推动京津冀区域形成更为完整的产业链、创新链提供创新动力。

北京加快产业疏解，加强与津冀的产业对接。2022年，北京创新成果溢出效应明显，输出到天津、河北的技术合同成交额达347.5亿元，比上年增长22.9%。2021年，

① 李晓琳，李星坛．高水平推动京津冀协同创新体系建设[J].宏观经济管理，2022（1）：60-67.

河北全年承接京津转入单位 5616 家，其中法人单位 3475 家、产业活动单位 2141 家。截至 2021 年末，河北累计转入京津基本单位超过 4 万家，其中转入法人单位占比超七成[①]。滨海新区引进北京项目 1095 项，协议投资额 2821.5 亿元，落地央企二三级公司和项目 61 家（项），注册资金 667 亿元。京津冀协同发展向纵深拓展。2014—2020 年，中关村企业在津冀两地设立的分支机构累计超 8000 家，科创园区链加快形成。产业升级转移扎实推进北京现代汽车沧州工厂建成投产以来，累计产销整车超过 50 万辆，北京・沧州生物医药园共吸引 95 家北京医药企业签约落户，北京大数据产业链部分环节加快向张北云计算产业基地集聚。北京通过京津冀人才一体化发展、“首都专家中西部行”系列活动和“人才京郊行”项目的辐射带动，促进区域和城乡协同发展。

第六节　体制机制改革先行先试

北京统筹推动教育、科技、人才一体发展，支持在人才引育、项目管理、经费使用、成果转化、科技金融等方面大胆探索，成为科技体制改革的“试验田”和我国全面深化科技体制改革的“开拓者”。

一、出台建设条例，强化制度保障

北京加快形成创新要素集聚、创新主体活跃、创新活动密集、创新生态优良、引领科技创新和产业变革的世界主要科学中心和创新高地，为实现高水平科技自立自强、建设科技强国提供战略支撑。以“鼓励创新、放权赋能、稳定预期”为主基调，2024 年 3 月《北京国际科技创新中心建设条例》实施，围绕制约科技创新发展的制度性障碍，北京推动科技体制改革全面发力、多点突破。依托中关村加快推进高水平科技自立自强先行先试改革，实施 24 项重大改革措施，出台 50 多项配套改革措施；出台科研项目经费“包干制”、技术攻关“揭榜挂帅”等政策；中关村科创金融改革试验区、中关村综合保税区获批建设。

① 中国雄安. 河北高质量发展取得显著成效 [EB/OL].(2022-01-26) [2024-04-28]. http://www.xiongan.gov.cn/2022-01/26/c_1211543538.htm.

二、实施人才改革，建设全球人才高地

围绕引进和服务海外高层次人才、支持国际科技创新中心建设，北京陆续出台人才政策。北京中关村加大战略科学家、科技领军人才和创新团队的引进力度，吸引更多国际一流人才。强化对青年科学家的政策倾斜，让青年人才成为科学城的源头活水。加大对高层次人才创新创业的支持力度，引进培养高级技工、工程师等科研辅助人才。有序布局商业文化等生活服务配套，建立多元住房保障体系，加快雁栖小镇国际人才社区、雁栖国际人才社区（二期）、国际青年公寓、国科大雁栖湖集体宿舍建设。

实施人才机制改革，改革高端人才培养、引进及评价制度，完善人才激励机制，优化人才流动环境，加快建设层次合理、结构优化的人才高地。具体实践中，北京建立了人才梯度培育与奖励制度，创新高端人才引进与职称评聘机制，并建立了人才流动不内卷的多层次人才体系等。北京注重破除人才培养、使用、评价、服务、支持、激励等方面的体制机制障碍，向改革要动力，出台《新时代推动首都高质量发展人才支撑行动计划（2018—2022年）》。领军人才对优秀青年人才一对一指导，设立人才“伯乐奖”、培养进步奖，成立青年人才培训基金，组织实施优秀人才培养资助项目，实施“青年北京学者计划”“市杰青基金项目”“卓青计划”。改革高端人才培养、引进及评价制度，不断完善人才激励机制和人才有序流动环境。

打造“北京英才计划”品牌，推动高校、中学联合开设科技创新后备人才前置培养课程。实施外籍学者“汇智”项目，吸引各国优秀人才来京开展基础研究。北京怀柔实施硬科技领域“苗圃计划”，征集培育符合怀柔区产业发展方向、具有核心技术且有落地怀柔意向的项目团队，已有近400个硬科技项目或初创团队纳入“苗圃计划”项目种子库。全面优化创新人才服务体系。北京经开区出台“人才十条”2.0政策，设立10亿元科技人才发展专项资金，打造具有一流竞争力的人才制度创新高地。2023年，博士后科研工作站总数达83家，新进站博士后49人，同比增长58.1%。

三、推动支持全面创新的基础制度建设

北京率先出台“京校十条”“京科九条”“科创30条”等突破性政策。北京充分发挥中关村“试验田”作用，推进“1+6”“新四条”等系列先行先试改革。2020

年 1 月，《北京市促进科技成果转化条例》（以下简称《条例》）率先明确给予科研人员职务科技成果所有权；实施科技成果处置、使用、收益“三权”、改革，设置科技成果转化专门岗位。《条例》围绕科技成果“三权”加强科技人员激励、引导企业研发投入、科研项目管理、高新技术企业认定等领域持续深化改革，开展科技金融创新、人才管理政策创新。北京建立了由 35 家单位共同参与的成果转化议事协调机制，形成了从部委司局联络到市级层面统筹到各区配套实施再到高校院所成果落地的工作路径。

中关村探索有益经验，持续释放创新驱动效能。随着中关村新一轮先行先试改革任务持续落地，北京陆续发布中小企业承接高校院所科技成果“先使用后付费”、完善技术经理人培养激励制度、深化科技成果评价改革等配套政策。2022 年 1 月，北京出台《关于打通高校院所、医疗卫生机构科技成果在京转化堵点若干措施》，促进各类创新要素顺畅流动，全面打通科技成果转化的政策路径。

支持企业加快核心技术实现再突破。为加快形成高端科学仪器装备产业集群、加强科学仪器装备方面基础研究的人才队伍建设，需不断提升企业的技术创新能力。北京市自然科学基金 – 怀柔创新联合基金合作期为 5 年（2024—2028 年），分为重点项目与前沿项目。怀柔创新联合基金面向全市企业科研人员，对服务于怀柔科技设施平台和重点产业的企业科研人员优先支持。怀柔科学城重大科技基础设施平台向全球开放共享。2023 年 9 月，《关于进一步培育和服务独角兽企业的若干措施》发布，北京设立 4 支科技创新基金，注重投早、投小，持续为企业提供更加精准的人才政策保障。

2023 年 12 月，发布的《北京市共性技术平台建设工作指引》（京科发〔2023〕25 号）指出，打通从基础研究到应用研究、中试放大、工业化生产的链条，支持和鼓励各类创新主体积极参与共性技术平台建设。2023 年 12 月，发布的《北京市关于推动科技企业孵化器创新发展的指导意见》指出，充分发挥科技企业孵化器在推动科技成果转化、加速硬科技创业和服务高精尖产业发展等方面的重要作用，形成与北京国际科技创新中心建设相匹配的创业孵化能力。

四、推动科研院所机构改革

建立“五新”机制，高标准建设新型研发机构。北京围绕完善科研体制机制、激发人员创新活力、下放科研自主权，探索建立“无行政级别、无固定编制、无固定财政经费支持”事业单位性质的新型研发机构，2018 年出台了《北京市支持建设世界一流新型研发机构实施办法（试行）》，并相继设立了一批高水平新型研发机构，在原始创新和突破关键核心技术、引进和培养高水平人才方面取得了明显进展。北京深化科技领域“放管服”改革，加快建设与国际接轨的世界一流新型研发机构，激发科研人员积极性和创造性。《北京市支持建设世界一流新型研发机构实施办法（试行）》指出，改革体现在运行体制“新”、财政支持政策“新”、绩效评价机制“新”、知识产权激励“新”、固定资产管理“新”。新型研发机构实行理事会领导下的院长负责制，探索打破研究单位之间、研究与产业之间、学科之间的“三堵墙”，不定机构规格、不核定人员编制，实行自主确定研究课题、自主选聘科研团队、自主安排经费使用等灵活开放的管理运行机制，科学家有充分自主权。

北京推动设立科技类民办非企业单位性质的新型研发机构，先后出台《北京市外籍人才担任新型研发机构法定代表人登记办法（试行）》《关于北京市面向战略科技人才及其团队放权改革的若干措施》等政策，深化科研自主权、职务科技成果权属等改革，实行更加开放的人才政策，面向全球吸引集聚战略科技人才，完善科技人才在住房、医疗、子女入学等方面的配套保障制度。

第七节　进一步强化国际影响力和区域带动力

习近平总书记指出，“要加快建设北京国际科技创新中心和高水平人才高地，着力打造我国自主创新的重要源头和原始创新的主要策源地”。建设北京国际科技创新中心，对于实现高水平科技自立自强、加快形成新发展格局具有重要意义。北京国际科技创新中心建设取得很大进展，为适应新的国际国内环境，要充分发挥北京教育、科技、人才优势，推动北京国际科技创新中心建设迈上新台阶，进一步提高国际影响力和区域带动力，有力支撑科技强国和中国式现代化建设。

一、主要挑战

目前，北京国际科技创新中心建设主要面临着国际资源集聚难、四链融合度不够、产业协同不足、区域带动弱等挑战和困难。

（一）国际竞争对国际化高端创新资源的密集带来不利影响

国际科技创新中心通常集聚国际化科技资源和创新要素，具有活跃、开放的创新环境。由于全球科技、经贸往来等不利因素，北京在吸引海外高端人才、建设国际人才社区、加强国际科技合作方面遇到一定的困难。对标美国纽约、硅谷，英国伦敦，日本东京等全球有影响力的科技创新中心，北京集聚人才、资金、技术的数量和质量，在创新要素国际化、高端化方面，有待进一步提升。

（二）创新链对产业链的引领作用有待加强

北京研发投入主要在高校、科研院所及央企，新产业、新业态需要与创新链紧密对接。当前，北京的科技创新资源优势有待进一步充分释放，以提高科技创新的产业化水平，提升创新链对产业链的融合度和引领力。北京的资源禀赋、创新要素比较优越，通过搭平台、促合作，能够加强高新区之间协同发展，推动京津冀创新链、产业链、供应链深度融合。

（三）以企业为主体的协同创新体系有待强化

北京央企多、初创科技型中小企业多，在进一步发挥优势特点、增强企业创新主体作用方面，仍大有作为。北京在建设国际科技创新中心、激发市场主体积极性方面，仍面临3个挑战：企业创新水平整体不高，技术创新主体地位有待强化；基础研究投入仍相对不足，研发实力有待增强；产学研合作有待深化，产学研协同创新体系亟待完善。北京积极探索产学研深度融合机制，促进上中下游衔接、大中小企业融通，共同培育具有核心竞争力的科技领军企业和有世界级影响力的产业集群。

（四）辐射带动区域发展能力和扩大国际影响力有待增强

国际科技创新中心需要腹地支撑，隐性知识传播需要面对面交流，北京建设国际科技创新中心要与邻近性地区加强联系，形成对京津冀更强大的辐射带动力。京津冀三地创新梯度悬殊，“核心－外围”特征明显，且城市群各城市间的创新交流与合作有待加强。北京创新资源服务津冀的能力有待提升。在京津冀域内流动及对全国辐射方面，北京还有很大的余量可以提高。北京的技术输出与扩散遍及全国，但京津冀区域内的科研成果和产业的关联度不高。北京流向津冀技术合同成交额从2013年的71.2亿元增长至2023年的748.7亿元。然而，横向比较显示，2023年北京流向津冀技术合同成交额占全部成交额的比例仅为8.77%，且北京流向河北的技术合同存在“三多三少”特点，即小额合同多、大额合同少，城建环保类合同多、产业发展类合同少，传统产业类合同多、高新产业类合同少①。北京对京津冀周边区域的带动作用有待进一步加强，需加强和京津冀地区的城市合作，输出科研成果，建立高效协同创新网络。

二、发挥优势、补齐短板，增强国际影响力和区域带动力

（一）发挥基础前沿优势，增强创新链对产业链的引领力

北京国际科技创新中心要提升在原始创新能力、科技引领力方面的水平。落实国家基础研究十年行动，发挥大院大所聚集优势，加强战略领域的基础科学研究，提升原始创新能力。推动重大原理、理论、方法等基础研究。加快北京怀柔国家综合性科学中心与“三城一区”建设的有效衔接，支持各类创新主体依托重大科技基础设施开展科学前沿问题研究，提升科学发现和原始创新能力。围绕背景优势明显的生命科学、量子信息、人工智能、新材料等领域，构建跨领域、跨学科、大协作的科学研究体系，鼓励原创科学前沿问题探索，提升原始创新能力、基础科学国际影响力，为实现国家高水平科技自立自强提供基础支撑。

（二）加快京津冀协同创新和产业创新互补联动

以新质生产力培育为契机，构建京津冀创新链、产业链、人才链、资金链“四链融合”，推动京津冀现代化产业体系构建。加大对资本密集型、高技术密集型智能制造业的支持力度，利用京津冀区域发展基础，促进制造业智能化、轻量化、绿色化发展。在增材制造、数字制造、半导体制造、柔性电子和传感器制造、空天制造、生物制造等先进制造领域，加强京津冀协同创新的深度、广度，构建具有全球影响力的先进制造业集群，带动京津冀区域高质量发展。

① 冉美丽，刘冬梅．以科创走廊为纽带，促京津冀协同创新 [N]. 科技日报，2024-08-27（8）.

（三）激发企业创新活力，打造原创技术策源地

发挥北京大院大所多的优势，加强科技与产业深度融合，破解科研供给驱动型科技创新中心存在的科研成果到产业化应用周期长的困境，在政策层面深化体制机制改革，通过科技、产业、人才、财税、金融等多种政策协调多管齐下，扩大政策叠加效应。依托新型研发机构、概念验证中心、技术经理人制度，促进科研成果产业化，弥补市场对具有正外部性的公共品投资的不足，跨越从科学技术到产业的死亡之谷。优化创新创业生态，提升研发人才、技术人才、商务人才、科技服务人才的团队协作能力。完善财政、金融支撑体系，优化政府引导基金对种子期、初创期、成长期与成熟期各阶段的支持模式，营造协同融合发展的创新生态。

（四）要用好大科学平台和绿卡制度，集聚国际科技领军人才和创新团队

北京应聚焦集成电路、生物医药、人工智能、新材料等领域的前沿技术方向，充分发挥大科学装置等平台对全球高端科技人才的聚集作用，广纳国际顶尖科学家团队、科研管理团队，围绕原创性研究方向持续开展国际科技合作。增强北京在前沿科学研究、技术研发方面的国际影响力。发挥中关村论坛等平台的效应和集聚效应，探索更多全球开放协作模式，扩大中国科技创新的全球影响力。

第四章

上海国际科技创新中心

2019 年 11 月，习近平总书记在上海考察时提出上海科技创新中心建设“四个第一”的新要求。经过不懈努力，2020 年上海已经建成全球科技创新中心的基本框架。“十四五”时期是科技创新中心实现功能强化的重要阶段，其中强化科技创新策源功能是这一阶段的建设主线。2021 年 9 月《上海市建设具有全球影响力的科技创新中心“十四五”规划》（以下简称《规划》）发布，明确了未来五年的方向和任务。总目标为，到 2025 年努力成为科学新发现、技术新发明、产业新方向、发展新理念的重要策源地。

上海国际科技创新中心引领“五大中心”建设，推动上海国际科技创新中心策源功能加快凸显，科技创新综合能力位居全球前列，加速成为全球科技创新网络核心枢纽，在服务国家参与全球经济科技合作与竞争中发挥核心作用。根据世界知识产权组织、清华大学、Nature Reasearch、Nature 等权威机构发布的报告，上海国际科技创新中心综合指标全球排名不断提升（表 4–1），创新增长速度全球领先[①]，与旧金山 – 圣何塞、纽约等国际科技创新中心的差距正在逐步缩小。

表 4–1　上海国际科技创新中心综合指标全球排名

指数报告名称	机构	2021 年排名	2022 年排名	2023 年排名
全球创新指数	世界知识产权组织	8	6	5
国际科技创新中心指数	清华大学与 Nature Reasearch	14	10	10

① 根据上海市研发公共服务平台管理中心与爱思唯尔在 2023 年浦江论坛上合作发布的《2022 全球热点城市科技创新能力指数报告》，2022 年上海创新增速居全球第 1 位。

续表

指数报告名称	机构	2021 年排名	2022 年排名	2023 年排名
自然指数—科研城市	Nature	6	5	3
全球热点城市科技创新能力指数报告	上海市研发公共服务平台管理中心、爱思唯尔	7	6	—

第一节　全球重要的科技创新策源地

强化科技创新策源功能是 2019 年习近平总书记在上海考察时提出的重要要求。近年来，上海围绕“强化科技创新策源功能，提升城市核心竞争力”，推动国际科技创新中心建设，取得了突出成效。习近平总书记指出，“要强化科技创新策源功能[①]，努力实现科学新发现、技术新发明、产业新方向、发展新理念从无到有的跨越”，明确了科技创新策源功能的 4 个重要方面。从基础研究重大原创成果产出、关键核心技术研发、新产业创新发展等方面看，当前上海科技创新策源能力稳步提升，全球重要的科技创新策源地建设取得突破性进展。

一、基础研究水平跻身全球第一方阵

上海取得多项具有世界水平的基础研究重大原创成果，在科学中心建设方面排在全球第 9 位，首次进入全球前十[②]，跻身全球第一方阵。在《2022 自然指数—科研城市》榜单中，上海升至全球第 3 位。近年来，上海科学家在脑科学、量子科技、纳米材料等领域取得多项具有国际影响力的成果。2020 年，上海基础研究成果获国家自然科学奖一等奖；2021 年，上海获国家科学技术奖 48 项，占全国获奖总数的 17.5%，首次同时摘得国家“三大奖”一等奖。2022 年度中国科学十大进展中有 3 项是由上海科学家主导或参与完成的，分别为 FAST 精细刻画活跃重复快速射电暴、

① 2019 年 11 月 2—3 日，习近平总书记在上海考察时，要求上海强化全球资源配置、科技创新策源、高端产业引领、开放枢纽门户四大功能。

② 根据清华大学产业发展与环境治理研究中心和 Nature Reasearch 联合发布的《国际科技创新中心指数 2023》。

新原理开关器件为高性能海量存储提供新方案、实验证实超导态“分段费米面”。根据《2023上海科技进步报告》，2023年上海科学家在*Science*、*Nature*、*Cell*三大国际顶尖期刊上发表论文120篇，占全国总数的26.2%。近5年来上海获国家自然科学奖31项、国家技术发明奖42项，分别占全国总数的15%和13%。

二、关键核心技术取得突破性进展

上海突破关键核心技术，在体细胞克隆猴、空间红外探测、新药研发、大飞机、国产大邮轮、高温超导、肿瘤免疫治疗等方面取得一批重大科技成果。与此同时，上海持续围绕集成电路、生物医药、人工智能三大先导产业推进关键核心技术攻关。在集成电路领域，上海芯片制造技术从14 nm提升至“N+1”工艺，特色制造工艺和高端先进封装工艺继续扩展，多种特色技术不断涌现并进入量产。以CPU、5G、超高清音视频芯片为代表的核心大宗芯片产品实现从无到有。7 nm和5 nm刻蚀机进入国际先进生产线，刻蚀机、光刻机等战略产品已达到或接近国际先进水平。在生物医药领域，2023年上海新增获批1类国产创新药4种，通过国家创新医疗器械特别审批通道获批器械8件，另获得1类创新药临床批件133件，创新药械数量保持全国领先。结直肠癌新药呋喹替尼等创新药物，先进分子成像设备全景PET/CT、首个国产心脏起搏器等原创医疗器械获批注册上市。在人工智能领域，上海人工智能实验室发布的新一代书生·视觉大模型以不到1/3的参数量超越视觉模型标杆谷歌ViT–22B，依图科技发布全球领先国内首款AI训练芯片云端推理“求索”芯片。

三、新产业新赛道加速布局

科技创新策源能力从长远看是新技术造就新产业的能力①。目前，上海围绕数字经济、绿色低碳、元宇宙、智能终端4个“新赛道”打造未来产业成效显著。在数字经济领域，布局22个子赛道，发布张江科学城产业大脑、阿里云飞天智算平台，推动制造业数字化转型。在智能终端领域，发展智能新能源汽车、智能机器人、虚拟现实交互终端、智能穿戴、智能家居等终端产品，夯实硬件、软件两大基础支撑体

① 上海科技报．科创策源，比科技创新要求更高的一种能力[EB/OL]. (2021-01-26)[2024-01-21]. https://news.ecust.edu.cn/2021/0128/c160a158052/page.htm.

系，引进和培育50家以上“隐形冠军”企业、“小巨人”企业、专精特新企业。一批面向未来产业细分赛道的企业已抢占了技术制高点，并崭露头角，如重塑能源、司南导航等。2022年，上海潜在独角兽企业118家，排名居全国第2位[①]，大数据领域独角兽企业共计47家，其中新能源、智慧城市、元宇宙公司各1家，上海元宇宙领域的魔珐科技获得1.1亿美元的C轮融资，排在潜在独角兽企业第4位。

第二节 体系化战略科技力量

上海肩负国家使命，以强化国家战略科技力量为引领，推动国际科技创新中心建设，取得积极进展，体系化战略科技力量加速形成。聚焦国家重大战略目标，加快建设国家实验室、全国重点实验室、地方实验室，打造上海国家实验室体系；创建高能级科技创新平台、高水平研究机构等重要科学平台；推动高水平研究型大学创新能力不断增强，科技领军企业创新引领能力全面提升。

一、国家实验室体系已具雏形

2023年，上海共有3家国家实验室，牵头完成全国重点实验室重组26家，新建9家，参与外省市实验室重组，涉及新一代信息技术、生命健康、人工智能、先进制造等领域。2023年，在沪国家实验室体系建设呈现“3+4”的总体格局，即张江实验室、临港实验室和浦江实验室3家国家实验室高质量运行，4家国家实验室上海基地中，合肥实验室上海基地、广州实验室上海基地揭牌成立，上海长兴海洋实验室、上海吴淞材料实验室正在积极筹建中。

2022年，上海出台《关于支持在沪全国重点实验室建设发展的若干举措》，通过优化人才计划、学科建设、国资国企、科研资金、市重点实验室培育等资源配置，全方位服务保障重组工作，探索建设上海实验室体系。已建成以在沪国家实验室和国家实验室上海基地为引领、全国重点实验室为支撑、上海市重点实验室为补充的国家实验室体系（表4–2）。其中，张江实验室主要依托以上海光源为代表的光子

① 长城战略咨询.2023中国潜在独角兽企业研究报告[R].江苏，2023.

科学科技基础设施集群，是面向生命健康科学、集成电路信息技术、类脑智能等领域的跨学科、综合性、多功能的国家实验室。临港实验室聚焦生物医药与脑科学领域；浦江实验室聚焦人工智能领域。国家实验室成为上海三大主导产业发展的硬核力量。

表 4–2　上海国家实验室体系

类别	数量 / 家	名称
国家实验室	3	张江实验室、临港实验室、浦江实验室
国家实验室上海基地	4	合肥实验室上海基地、广州实验室上海基地、上海长兴海洋实验室（筹建）、上海吴淞材料实验室（筹建）
全国重点实验室	35	微生物代谢国家重点实验室、上海市疾病与健康基因组学重点实验室等
上海市重点实验室	184	上海市智能制造及机器人重点实验室、上海市激光制造与材料改性重点实验室等

数据来源：上海市科委，《上海科技进步报告 2023》。

二、多样化科研机构促学科交叉融合

上海科研机构创新实力雄厚，多样化特征鲜明。根据《国际科技创新中心指数 2023》，上海以 8 所 200 强科研机构、3 所世界领先大学居全球第 4 位①。近年来，上海多样化的高能级科研机构加速集聚，国家科研平台、前沿领域新型研发机构、高水平创新平台等已成为上海科创主力军。从国家科研机构与平台建设情况来看，上海占全国总权重的 10.5%，全国领先，仅次于北京②。2022 年，上海拥有国家技术创新中心 1 家、国家制造业创新中心 2 家、国家科技资源共享服务平台 1 家、国家临床医学研究中心 6 家、国家基础科学中心 9 家、国家工程技术研究中心 21 家、国家工程研究中心（新序列）14 家、国家企业技术中心 100 家、国家野外科学观测研究站 7 个。

多样化的科研机构在推动学科交叉融合、培育全球顶尖科研人才方面作用突

① 清华大学产业发展与环境治理研究中心，Nature Reasearch. 国际科技创新中心指数 2023[R/OL]. (2023-11-02)[2024-01-27]. http://www.naturechina.com/pdf/h5?file=/public/upload/pdf/2023/11/20/655b09693485d.pdf.

② 邸月宝，赵立新 . 我国主要科技创新平台分类特征及总体分布 [J]. 今日科苑，2020（3）：17–24.

出。中国科学院共有 19 家在沪研究院，在脑科学、分子植物科学、光学精密机械等领域持续发挥引领作用。上海前沿领域新型研发机构吸引全球顶尖创新人才。上海积极设立前沿领域新型研发机构，为国内外顶尖人才提供国际一流的创新平台，培育多样性、协同性的创新生态，推进重大前沿基础科学研究、关键核心技术突破和系统集成创新。相继成立了上海前瞻物质科学研究院、上海浦芯未来互联网技术研究院、上海合成生物学创新中心、上海科学智能研究院、上海数学与交叉学科研究院等一批高水平研发机构。另有李政道研究所、上海脑科学与类脑研究中心、上海量子科学研究中心、上海期智研究院等高水平研发机构正在加速建设中。与此同时，上海打造一批由顶尖科研人员领衔的高水平创新平台机构，建设协同创新交叉研究平台，推进跨学科创新融合，如上海分子植物前沿科学及逆境生物学创新平台、营养与健康技术协同创新平台、先进红外技术协同创新平台等。

三、高水平研究型大学创新实力全面提升

上海高校百强数量全国领先，高质量科研产出成果丰硕。上海有普通高等学校 68 所、两院院士 187 人、优秀学术 / 技术带头人 2316 人。近年来，上海加快建设世界一流高水平研究型大学，15 所高校 64 个学科入选第 2 轮“双一流”建设高校及建设学科名单，仅次于北京（34 所）和江苏（16 所）。根据 2023 软科全国百强高校排名，上海 11 所高校进入百强高校名单，数量位列全国第三，仅次于北京和江苏。高质量科研尤其是自然科学领域成果丰硕。根据 2023 年 6 月发布的自然指数（Nature Index），上海交通大学、复旦大学分列全球第 10 名和第 13 名，在中国高校中排第 7 名和第 9 名，引领能力突出。根据爱思唯尔 2021“中国高被引学者”榜单[①]，上海高校排名靠前，上海交通大学、复旦大学“中国高被引学者”数量分别排第 4 名和第 5 名。

部分高校和学科全球表现卓越。根据 2024 年 QS 世界大学排名，上海有 2 所大学进入全球前 100 名，复旦大学（第 50 名）、上海交通大学（第 51 名），排在北京大学、清华大学、浙江大学之后。基本科学指标数据库（Essential Science Indicators，ESI）2024 年 3 月的数据显示，中国内地 8 所高校进入全球前 100 名，上海交通大学全球排第 47 名，居全国第三；复旦大学全球排第 94 名，居全国第七，均有 21 个学

① 该榜单以全球权威的引文与索引数据库——Scopus 作为中国学者科研成果的统计来源。

科进入全球前1%。上海交通大学、复旦大学在生物与生化、船舶与海洋工程、材料学等学科领域全球表现卓越，上海交通大学材料学科入围ESI全球前万分之一，同时在具有全球影响力的QS、US News等榜单中平均位列前二十，材料学的国际水平和影响力不断提升。根据软科公布的2023世界一流学科排名，同济大学的土木工程、上海交通大学的船舶与海洋工程、东华大学的纺织科学与工程①这3个学科占据全球榜首，显示出超强科研实力。

积极承担重大科研任务和创新平台建设任务。近年来，上海高校年均获国家自然科学基金资助项目总数超4000项，约占全市总数的85%。上海高校在深海重载作业装备、C919大飞机研制、嫦娥三号、嫦娥四号、嫦娥五号及火星“天问一号”着陆悬停避障和着陆缓冲等多个国家重大战略工程中发挥重要作用。依托高校牵头建设科学大装置和科创平台，聚焦科技创新策源，开展科学前沿研究。上海持续推进6个国家重大科技基础设施，2个集成攻关大平台，5个前沿科学中心，50余个国家重点实验室、国家工程研究中心等国家级科研平台和350余个省部级科研平台建设。在复旦大学、上海交通大学等5所高校开展“基础研究特区”改革试点，围绕基础学科领域，支持高校建设数学中心、李政道研究所、费林加诺贝尔奖科学家联合研究中心等高水平基础研究机构。

四、科技领军企业在部分领域占据价值链高端

上海高度重视科技领军企业培育，在集成电路、船舶制造、商用大飞机、生物医药等产业领域形成了一批以中芯国际、上海微电子、中微半导体、中国船舶、中国商飞、上海医药、联影医疗等为代表的科技领军企业，不断促进技术快速成熟与迭代升级，掌握关键核心技术，占据价值链高端。

科技领军企业突破“卡脖子”技术。中芯国际拥有中国大陆最大最先进的光掩模制造设施，覆盖0.5 μm至14 nm工艺，2023年第四季度营收季增3.6%，约16.8亿美元，居全球晶圆代工厂第5位②。上海微电子90 nm光刻机研制成功，28 nm光刻机研制进展顺利。中国船舶围绕“卡脖子”关键技术，在高端装备、核心零部件方

① 根据高等教育评价专业机构软科2023年10月27日发布的2023“软科世界一流学科排名”所得。

② 全球前十大晶圆代工厂最新排名出炉：中芯国际第五 [EB/OL]. (2024-03-13)[2024-06-28]. https://finance.sina.com.cn/tech/mobile/n/n/2024-03-13/doc-inanaarp0511527.shtml.

面持续攻关，2023 年首个国产大邮轮“爱达 · 魔都号”顺利建成并交付运营，上海也成为全球唯一具备建造大邮轮、LNG（液化天然气）运输船、航空母舰能力的城市，船舶工业高端制造水平全球领先，部分领域技术已达到世界级水平。上海医药连续 4 年登上“全球制药企业 50 强”榜单，截至 2023 年第一季度末，上海医药申请获得受理及进入临床研究阶段的新药管线已有 64 项，持续巩固创新药龙头地位。联影医疗攻克了一系列关键核心技术，实现了 PET 数字光导探测器、MR 超导磁体等全线高端医学影像及放疗产品核心部件的自主研发，向医疗器械产业链高端跃升。

未来科技龙头企业成长迅速。上海加大高新技术企业、科技“小巨人”企业培育力度，推动一大批“硬核科技”企业在科创板上市，一批行业领域的未来科技龙头企业加快成长。2023 年，上海新认定高新技术企业超 8000 家，有效期内高新技术企业共计 2.4 万家，同比增长 9%。2023 年，上海新增科技型中小企业 21 298 家，比上年增长 25.8%；科创板企业培育库新入库企业 254 家，累计达 2004 家；新立项支持科技“小巨人”企业 155 家，累计支持 2808 家；国家级专精特新“小巨人”企业达 685 家，国家重点支持专精特新“小巨人”企业达 123 家。2023 年，上海独角兽企业数量和估值均领先全国，根据胡润研究院发布的《2023 全球独角兽榜》，中国 316 家独角兽企业中，上海共有 66 家企业上榜，仅次于旧金山、纽约、北京，总估值 11 147 亿元，占全国独角兽总估值的 20.8%。上海科创板上市企业 89 家，数量居全国第 2 位，总市值居全国第 1 位，累计首发募集资金居全国第 1 位[①]。

五、重大科技基础设施建设全国领先

上海重大科技基础设施建设排名全球靠前。截至 2023 年底，上海已建、在建和规划建设的设施多达 20 个，设施数量和投资金额均全国领先，大科学设施集群效应逐步凸显，在支撑前沿基础研究、关键核心技术攻关、人才培养方面发挥了重要作用。根据《国际科技创新中心指数 2023》，2023 年上海大科学设施世界排名居第 7 位。上海超算中心实力持续增强，在“全球超级计算机 500 强榜单”中居第 6 位。上海交通大学“思源一号”高性能计算机在全球顶尖高校的高性能计算机中排第 5 位，

① 清华大学产业发展与环境治理研究中心，Nature Reasearch. 国际科技创新中心指数 2023[R/OL]. (2023-11-02)[2024-01-27]. http://www.naturechina.com/pdf/h5?file=/public/upload/pdf/2023/11/20/655b09693485d.pdf.

仅次于麻省理工学院，算力超剑桥大学、哈佛大学，已支撑多个研究团队在强子物理理论研究、生命科学研究、深海科学研究上取得新突破。

重大科技基础设施成果丰硕。上海光源是目前我国用户最多、开放度最高、综合成果最显著的重大科技基础设施，已为近700家科研机构和6.3万名企业科研人员提供服务，年均服务人次达4500人次，与欧美同类光源相当。此外，光源二期现已全面建成，2024年用户预计可达近万人次。在重大成果方面，我国科学家利用上海光源全球首次实验发现外尔费米子等3种新费米子态；助力华堂宁、民得维等多款国产创新药上市；支撑解决了单原子催化、纳米限域催化、高性能碳纤维等研究中的关键科学问题，有力推动了重大成果产业化。

第三节 世界级新兴产业集群

上海是我国近代民族工业的发祥地，20世纪50年代我国国民经济的143个工业门类中上海有141个，是我国体量最大、门类最齐全的工业城市。雄厚的工业基础造就了上海在汽车制造、船舶制造、集成电路、生物医药、新能源等领域的强大先发优势，叠加国际科技创新中心建设机遇，上海向世界级新兴产业集群迈出了坚实步伐。上海着力提升科技创新和产业融合能力，打造以关键核心技术为突破口的世界级新兴产业集群，围绕集成电路、生物医药、人工智能三大先导产业领域落地实施"上海方案"，在维护产业链供应链安全、提高产业自主创新能力等方面成果突出。根据《国际科技创新中心指数2023》，目前上海在新兴产业领域入围全球Top 20城市（都市圈），创新企业的规模和增长活力均居世界前列，其中创新领先企业68家，居全球第7位；独角兽企业89家，居全球第4位。

目前，三大世界级新兴产业集群已初具规模，成为上海国际科技创新中心建设的强大产业内核。2023年，上海市集成电路、生物医药、人工智能三大先导产业规模达到1.6万亿元，比上年增长12.5%。从企业研发投入看，上海生物医药领域表现突出。《欧盟工业研发投资记分牌》分析了全球2500家研发投入最多的企业，展示了全球工业技术竞赛的现状。2023年全国共有679家企业入选，上海入选49家，占比7.2%。从领域来看，生物医药及设备企业数量（11家）最多，其次为电子与电气设备企业（9家）、工业工程和软件与计算机服务企业（5家）。从各领域的研发投入规模来看，上海生物医药及设备企业（27.14 亿美元）仅次于汽车制造企业（42.1 亿美元）。

一、集成电路世界级产业集群初见规模

上海是我国集成电路产业链最完整、技术水平最高、综合能力最强的地区，集成电路产业引领全国，在 2022 年工业和信息化部公布的 45 家国家先进制造业集群中排名第三。根据上海市集成电路行业协会统计，2022 年上海集成电路产业销售额超 3000 亿元，同比增长 20%，全国市场占比超 25%。从知识产权看，截至 2022 年 3 月 14 日，上海集成电路企业申请专利 36 746 件，排名居全国第一，其中以发明专利居多，占专利总数的 90% 以上。从产业链发展情况看，核心三业（设计、制造、封装）占全国总量的 21.9%，且在每一环节都拥有行业龙头企业。

集成电路领域企业集聚度高，芯片设计产业领先。上海聚集了集成电路领域 1200 多家重点企业，汇聚了全国 40% 的产业人才，集聚了国内 50% 的行业创新资源。上海芯片设计产业较为领先，2022 年全国十大芯片设计企业中上海独占 4 家，前道工艺设备、EDA 领域主要企业占国内半数以上。芯片设计占 2020 年上海集成电路产业总销售收入的 46%，出口 1690 亿元，占销售总额的 81.6%。

集群产业链完备，科技领军企业锻造“长板”技术。上海着力推动集成电路自主创新与规模发展，加快核心关键技术攻关、先进制造工艺研发、生产能力升级，提升装备材料、芯片设计、制造、封装测试全产业链能级，每个领域都拥有在中国甚至世界市场上具有充足竞争力的本土企业，形成国际一流、技术先进、产业链完整、配套完备的集成电路产业体系。从产业链来看，上海不仅已在晶圆制造、集成电路设计、汽车芯片等领域具有优势，在半导体材料、电子设计自动化（EDA）、半导体设备制造等需要“补短板”的领域也诞生了标杆企业，锻造了一批全球领先的“长板”技术。在材料领域，上海硅产业集团打破了我国 300 mm 半导体硅片国产化率几乎为 0 的局面，推进了我国半导体关键材料生产技术“自主可控”的进程。在设计领域，紫光展锐的手机基带芯片市场份额居世界第 3 位。在制造领域，中芯国际、华虹集团进入了全球晶圆企业前 10 名，在技术上，28 nm 先进工艺已量产，14 nm 工艺研发基本完成。在装备材料领域，中微半导体处于国内领先水平，刻蚀机、光刻机等战略产品已达到或接近国际先进水平[①]（表 4–3）。

① 商闻 . 上海集成电路产业，强化基础研发，实现产业飞跃 [EB/OL]. (2021-07-16)[2024-01-21]. http://business.china.com.cn/2021-07-16/content_4 1618305.html.

表 4–3　上海集成电路产业链布局情况

集成电路领域	上海代表企业
半导体材料	上海新徽、上海新昇、上海合晶、上海新安纳、上海新阳、上海硅产业集团、台积电、陶氏化学等
芯片设计	积塔、华力微电子、韦尔半导体、紫光展锐、华宏
半导体设备制造	盛美半导体、中晟光电、中微半导体、凯世通
芯片封装测试	日月光、星科金朋、上海微电子、中芯国际、先进半导体
芯片制造	华力微电子、台积电、积塔半导体、华润微电子

高校、科研院所实力雄厚，领域科技创新人才集聚。根据软科发布的“2023 年中国大学微电子科学与工程专业排名”，上海交通大学、复旦大学分别位列全国第三、第四，复旦大学成立芯片与系统前沿技术研究院，上海交通大学成立微纳系统中心，着眼培养国际一流的芯片设计和微纳器件高级研究人才。上海集成电路领域两院院士、国家青年人才等领军人才有 27 名。2021 年 6 月的统计数据显示，上海集成电路领域科技创新人才总数为 13 030 人，其中企业拥有的科技创新人才数量占比高达 55%，为 7183 人。同时，注重卓越工程师培养，高校、科研院所与德州仪器、台积电、华力微电子、英特尔、泰瑞达、中芯国际、IBM 等多个跨国企业和行业龙头企业开展多样化的人才联合培养。

创新生态领先，政策环境优越。上海集成电路产业形成“一核多极”的发展布局，以张江高科技园区为核心，联动杨浦区、嘉定区、青浦区、漕河泾开发区、松江经开区及金山区，同步推进国家集成电路综合性产业创新基地（东方芯港）、上海集成电路设计产业园、上海智能传感器产业园、上海化工区电子化学品专区、电子信息国际创新产业园 5 个集成电路特色产业园区建设，全面构建芯片设计、芯片制造、芯片封装测试、设备材料于一体的全产业链生态。上海集成电路融资市场相比于深圳、北京更加活跃。上海近 5 年融资事件总数达到了 670 件，高于深圳和北京，2023 年上海半导体投融资规模达 586 亿元，占全国半导体投融资规模的 25.8%。2022 年上海发布《新时期促进上海市集成电路产业和软件产业高质量发展的若干政策》，提出 25 条政策措施，围绕集成电路制造、装备、材料等核心环节进一步加大支持力度，有力推动了世界级产业集群迅速成长。

国外领先企业集聚，全球创新要素交汇。高通、博通、AMD、Nvidia、联发科等国际领先集成电路设计企业在上海设立分公司；EDA 提供商 Cadence、Synopsys、装备巨头AMAT、Lam Research、ASML、TEL、KT等也在上海布局；晶圆代工台积电、联电，存储器制造商海力士，封测龙头日月光、安靠等都在上海设立研发中心或分公司，为上海世界级集成电路产业集群的发展壮大做出了贡献。

二、生物医药产业全球创新高地势能凸显

上海生物医药产业全国领先，在细胞与基因治疗、合成生物学、医疗机器人、AI+制药、高端医疗影像等重大垂直领域，都已形成集群发展优势，世界级生物医药产业集群已见雏形。根据《2023年欧盟工业研发投资记分牌》，从国内研发竞争现状来看，中国生物医药企业研发投入Top 20（表4–4），上海入选企业最多，共6家，北京4家。其中，复星国际在全球生物医药领域排第251位，国内排第2位，研发投入为8.56亿美元。

表4–4 《2023年欧盟工业研发投资记分牌》中国生物医药企业研发投入Top 20

序号	企业名称	所属	研发投入规模 / 百万美元	全球总排名
1	百济神州	北京	1494.17	153
2	复星国际	上海	856.16	251
3	中国生物	北京	585.11	362
4	石药集团	石家庄	538.85	389
5	科兴生物	北京	414.50	482
6	微创医疗器械	上海	386.10	507
7	信达生物制药	苏州	385.30	508
8	深圳迈瑞生物	深圳	384.43	510
9	金斯瑞集团	南京	365.74	526
10	上海医药	上海	341.88	553
11	合黄医药	香港	340.00	557
12	华润医药	北京	310.13	601
13	上海君实生物	上海	304.56	612
14	再鼎医药	上海	268.52	689
15	先声药业	南京	230.45	785
16	四川科伦药业	成都	225.28	798
17	豪森药业	连云港	216.00	818

续表

序号	企业名称	所属	研发投入规模 / 百万美元	全球总排名
18	药明康德	上海	208.94	846
19	长春高新	长春	202.98	869
20	健康元药业	深圳	191.47	908

创新成果不断涌现。上海生物医药聚焦细胞免疫疗法、生物制剂、靶向药物、疫苗及血制品、创新药等最前沿领域，创新成果突出。就创新药来说，全国每 4 种Ⅰ类创新药就有 1 种来自上海。2023 年上海共获批Ⅰ类创新药 4 种、Ⅲ类创新医疗器械 9 件，创新药械数量保持全国领先。从知识产权看，截至 2022 年 3 月 14 日，上海生物医药企业申请专利达到 7365 件，在全国各省（自治区、直辖市）中排名第四，其中发明专利 6020 件，占到了专利申请数量的 80% 以上。上海首创“探索者计划”。上海市科学技术委员会（简称“市科委”）引导高校和科研院所开展应用基础研究，邀请重点行业的领军企业“出题”，并与企业共同出资，依托市科委进行项目遴选和管理，搭建企业与高校和科研院所的合作平台。在参与计划的企业中，联影医疗是一名先行者，携手多家高校、科研院所和三甲医院协同创新，推动产品核心性能达到国际领先水平，为我国医疗影像设备从“并跑”到“领跑”提供有力支撑。

产业规模持续扩大。2018 年以来，上海生物医药产业规模持续增长（表 4–5），2022 年达 8000 亿元，其中，生物医药制造业产值达 1849.76 亿元，化学药品制剂制造业、医疗仪器设备及器械制造业已成为支撑上海生物医药制造业稳步增长的重要支柱。

表 4–5　2018—2022 年上海生物医药产业规模　　单位：亿元

年份	2018	2019	2020	2021	2022
产业规模	3435	3833	6000	7617	8000

全产业链强势布局。上海生物医药产业历经 30 年发展，已经形成了产业体系完备、创新能力领先、产业人才富集、临床资源丰富、国际化程度高等显著优势。上海已经实现了从“研发、临床试验、制造，最终到销售应用”的生物医药全产业链发展（表 4–6）。相关企业数量占全国的近 15%，规模以上生物医药工业企业数量超过 500 家。上海生物医药产业科创板上市企业数量占全国总量的 1/4。

表 4–6　上海生物医药产业链布局情况

产业链布局		上海代表企业
上游	原料药	迪赛诺、艾力斯
	制药设备	东富龙科技、多宁生物、汉钟精机、奥星制药
	医药包装	维实洛克、西氏医药包装、上海海顺
	生物技术	科华生物
生物技术制品	单克隆抗体	君实生物、三生国健、罗氏、安进生物
	疫苗	默克、联合赛尔、斯威
	重组蛋白	礼来、罗氏、联合赛尔、拜耳
	诊断试剂	百特、新兴医药
	血液制品	星耀医学、荣盛生物、上海医药、药明康德
其他相关产业	CRO（合同研发机构）	桑迪亚、维亚生物、美迪西
	CMO（合同生产机构）	合全药业、三生国健、药源药物
	CSO（合同销售机构）	泰凌、优锐医药、信中医药
	医疗器械	联影科技、复星医药、飞利浦、微创医疗器械、上海微创医疗机器人

产业人才培养高地。上海拥有众多一流的高校和科研院所，已成为培养人才、集聚人才和发展人才的高地。从临床研究资源来看，上海汇聚高水平的研究型医院，如复旦大学附属中山医院、瑞金医院、仁济医院等。这些医院的研究者经验丰富，为行业创新带来源泉。上海已建立 6 个国家级和 17 个市级临床医学研究中心，在心血管病、肿瘤学等 16 个优势临床学科中居全国前三。

高端创新平台支撑产业发展。上海拥有同步辐射光源、国家蛋白质科学设施等大科学装置集群，以及一批国家实验室、国家医学中心、国家部委重点实验室和生物医药技术创新平台，同时布局有长三角国家技术创新中心、上海市高端医疗装备创新中心、上海市生物医药技术功能型平台、上海市重大传染病和生物安全研究院等生物医药技术创新平台，支撑“全生命周期”生物医药创新研发。

投融资市场活跃。上海生物医药资本活跃，管理规模、管理基金数量、基金管理人数量均居全国第一，成为中国医疗健康投融资事件发生最密集的区域。PE/VC 规模居全国第一；融资事件超过 306 件，总额高达 517 亿元，其中包括 26 件过 1 亿美元融资事件。目前，累计已有 30 家科创板上市企业，上市企业总数及募资总数居全国第一，涉及创新药研发、CXO、体外诊断、医学影像等多个领域，并创造多项“第一”。

国际化特色明显。全球药企前 20 强的 18 家和医疗器械前 20 强的 17 家都已落户上海，纷纷设立中国区总部、研发中心或生产基地。根据《2023 年欧盟工业研发投资记分牌》，生物医药领域研发投入全球前十的罗氏制药、强生、默克、辉瑞、阿斯利康、百时美施贵宝、诺华、礼来、赛诺菲、拜耳均在上海设立研发中心。2022 年，上海生物医药全球创新链增强，医药外资投资增长居全国首位，外资生物医药研发总部数量居全国第一，外资生物医药企业占比达 57.3%，充分利用全球生物医药创新资源，有效促进前沿技术交流创新，提升上海生物医药产业发展综合质量。

三、新一代人工智能产业具备领先优势

上海新一代人工智能产业已形成从基础算法、核心芯片、智能软硬件产品到行业应用的全产业链发展态势，汇聚产业资本、高端人才、行业组织，构建全生态平台，在全球具备一定领先优势。从《中国新一代人工智能科技产业区域竞争力总体评价指数 2023》来看，上海仅次于北京、深圳，排在全国第 3 位，上海在各分项中，企业能力总评分、资本环境总评分、国际开放度总评分均位居全国前三[①]。AMiner 联合智谱研究发布的“全球人工智能创新城市 500 强分析报告”显示，北京、上海人工智能创新指数进入全球前十，上海排在第 8 位，得分为 87.93[②]。

产值规模与企业数量稳步增长。近年来，上海人工智能产业迅速发展，人工智能规上企业数量已从 2018 年的 183 家增至 2022 年的 348 家，产值从 1340 亿元跃至 3821 亿元[③]，实现了倍增目标，初步形成了多层次的优势企业集群。2023 年，上海共有 4792 家相关企业，其中优质企业数量较多，共有 88 家上市公司、51 家新三板企业、819 家总部企业，创新主体中高新企业共有 1916 家，约占总企业数量的 40%[④]。从产业链分布来看，上海人工智能技术层的重点企业较少，人工智能基础层

① 南开大学经济研究所 . 中国新一代人工智能科技产业区域竞争力评价指数 2023[R]. 天津：南开大学经济研究所，2023.

② 中国新闻网 . 全球人工智能创新城市 500 强发布：中国 42 个城市上榜 [EB/OL]. (2023-07-07)[2024-06-08]. https://baijiahao.baidu.com/s?id=1770753883264110955&wfr=spider&for=pc.

③ 上海人工智能企业产值倍增解：企业数从 2018 年 183 家增至 2022 年 348 家，产值从 1340 亿元跃向 3821 亿元 [N]. 解放日报，2023-07-06.

④ 启信产业大脑 . 人工智能数据洞察：上海市人工智能产业链分析 [EB/OL]. (2023-04-21)[2024-06-08]. https://baijiahao.baidu.com/s?id=1763147868045479010&wfr=spider&for=pc.

共有 1016 家相关企业，其中智能计算集群领域的产业规模较大，云计算为优势环节。中游人工智能技术层企业数量分布相对较少，在语义识别和自然语言处理等领域缺少领先布局（表 4–7），人工智能产业发展以应用驱动创新为主要优势。

表 4–7　上海人工智能产业链布局情况

产业链		上海代表企业
基础层	传感器、AI 芯片、云计算、基础数据服务	韦尔半导体、禾赛科技、思岚科技、英伟达、英特尔、富瀚微电子、优客得科技、有孚网络、七牛、格物钛、创络、丁火智能
技术层	计算机视觉、自然语言处理、语音识别	极链科技、纵目科技、智臻智能、竹间智能
应用层	智慧零售、智慧教育、智能医疗、智慧安防、自动驾驶	盒马、流利说、西门子、辉明软件、博世、纵目科技、威马汽车

投融资活跃，处于全国领先地位。2022 年，上海人工智能行业投融资事件数量达到 175 件，占全国人工智能产业投融资数量的 20% 以上。投融资额实现 412.23 亿元，较 2020 年增长近 100%。从知识产权看，截至 2022 年 3 月 14 日，上海人工智能企业申请专利 3932 件，在全国各省（自治区、直辖市）排第四，其中近 80% 为发明专利。

人工智能应用场景资源优势明显。上海有着丰富的人工智能场景资源，在全国率先发布人工智能应用场景建设实施计划，累计开放 3 批共 58 个应用场景，对接 280 余家企业、500 余个解决方案。上海的智能网联汽车整体建设与发展水平全国领先，已开放测试道路达 560 公里，向 23 家企业 155 辆车颁发了道路测试和示范应用资质，企业数量和牌照数量均位居全国第一，测试里程超 100 万公里。在无人驾驶领域，上海已建设全国第一个“陆、海、空无人系统综合示范区”；在东海大桥率先开展无人驾驶海铁联运，打造国内首个无人系统测试场景全覆盖地区；上线全国第一套“全自动无人驾驶（UTO）”系统，申通地铁已成为国内运营里程最长且具备最高等级全自动无人驾驶的轨道交通线路。

政策环境优越，多项措施国内首创。上海高度重视人工智能产业发展，2021 年底发布了国内首个地方人工智能五年规划《上海市人工智能产业发展“十四五”规划》，提出力争到 2025 年，上海人工智能技术创新能力和产业竞争力显著提升，基本建成更具国际影响力的人工智能“上海高地”。另外，人工智能高质量发展“22

条”、国内首个算法创新行动计划、国内首部人工智能领域省级地方性法规、国内首个地方人工智能标准体系等均诞生于上海。近年来，上海聚焦人工智能大模型、软硬件协同等方面，发布《上海市推动人工智能大模型创新发展若干措施（2023—2025年）》，提出支持实施大模型创新扶持计划、实施大模型示范应用推进计划等 11 条措施，加快推进人工智能大模型发展。另外，上海围绕智能网联汽车、医疗影像辅助诊断、视觉图像身份识别、智能传感器 4 个国家级赛道“揭榜挂帅”，现已入围 22 项揭榜项目。支持建设上海人工智能实验室、无人系统科学中心、白玉兰开源平台、AI 青年科学家联盟等一系列人工智能创新平台，为上海带来了全球顶级的创新产品和解决方案。

第四节　开放创新生态系统

上海积极打造更高质量、更富活力的创新生态系统，为推动国际科技创新中心建设提供有力支撑。总体来看，上海创新生态体系完善、活力迸发，在亚洲城市中极富竞争力。根据《2023 全球科技创新中心评估报告》，上海在全球创新创业生态系统城市中位列第九，高于东京、首尔－仁川等亚洲头部科创城市。《2022 年全球创业生态系统报告》显示，上海创业生态综合排名位居全球第八，高于西雅图、首尔等科创城市。

一、国内外创新人才高地

上海大力实施人才引领发展战略，努力成为国际一流创新创业人才的汇聚之地、培养之地、事业发展之地和价值实现之地，在人才总量、外国人才引进、高技能人才队伍建设等方面成效显著。

上海人才总量处于全国领先地位。2022 年上海人才总量达 675 万人，在沪两院院士人数居全国第 2 位。2021 年全球“高被引科学家”名单显示，上海 106 人次入选，同比增长 19.1%，占全国入选总数的 10%，占全球入选总数的 1.61%，相较 2019 年增长 0.5 个百分点。根据《中国创新人才指数》，2021—2023 年上海综合排名连续 3 年仅次于北京，创新人才发展水平处于全国领先地位，人才规模、人才结构、人才效能、人才环境 4 个一级指标均保持名列前茅。根据《中国城市人才吸引力排名：

2023》，从人才吸引力指数观察，2022 年北京、上海、深圳位居前三，上海 2022 年人才净流入占比位居全国第一。

上海对海外人才的吸引力保持领先。2022 年，上海累计核发外国人工作许可证 37 万余份，其中外国高端人才（A 类）7.1 万余份，占比约为 19%，上海引进外国人才的数量和质量均居全国第一，连续 11 年入选“外籍人才眼中最具吸引力的中国城市”。近 5 年来，上海留学归国落户人员年均增长 30%，累计达 11.4 万人。2022 年，上海通过留学人员落户新政策引进世界名校留学人员 9000 余人、优秀博士后 778 人，198 人通过海外和民营企业高层次人才直接申报正高级职称，生物医药、集成电路、人工智能三大先导产业占申报人员所属产业的 38.9%。根据《2022“理想之城”全球高水平科学家分析报告》，上海全球高水平科学家数量 10 年间增长近 3 倍。

上海高技能人才队伍建设富有成效。上海专业技术人才队伍总量已超过 300 万人，享受国务院政府特殊津贴 1 万余人，入选上海领军人才 1739 人，培育出站博士后 3 万余人，资助超级博士后 2435 人，在上海强化“四大功能”、建设“五个中心”方面，发挥了重要作用。截至 2022 年底，集成电路、人工智能、生物医药三大产业从业人员中研究生占比分别约为 1/3、1/4、1/5。

二、科技与金融联动发展

上海大力推动国际金融中心与国际科技创新中心联动发展，不断完善科技金融服务体系，引导金融资本向科技创新领域集聚，优化科技金融生态环境，已初步建立起了以科技信贷、科技保险、股权投资、多层次资本市场为基本架构的生态体系，为科技型企业提供全生命周期的金融服务。根据英国智库 Z/Yen 集团和中国（深圳）综合开发研究院共同编制的《全球金融中心指数》，上海从 2012 年的第 8 位上升到 2022 年的第 4 位，2023 年排第 7 位，在金融科技发展水平方面排名居全球第 2 位，仅次于纽约。根据《上海科技金融生态年度观察 2022》，从总体发展趋势来看，2019—2022 年上海科技金融生态指数呈稳步提升态势，为上海国际科创中心建设提供了良好助力。

科技信贷规模持续扩大。根据上海银保监数据，截至 2022 年末，上海辖内科技型企业贷款余额达 6892.48 亿元，增长 33.35%。科技型中小企业贷款余额达 2468.3 亿元，增长 9.17%。

股权投资市场规模稳居全国前列。2022 年，上海股权投资 1513 起，投资金额为

2164.04亿元，仅次于北京，其中2/3的投资项目属于战略性新兴产业，硬科技特色凸现。从币种来看，上海股权投资中以人民币为主的投资事件占比87%，投资规模占比达2/3；以美元基金为主的外币基金投资规模占比达1/3。

政府基金杠杆持续发力。截至2023年10月，上海科创基金已投资子基金80支，子基金签约总规模达2273亿元，穿透底层项目超过2300项。这些底层项目中，国家级专精特新“小巨人”企业245家、估值超70亿元的独角兽企业196家、已上市企业118家，其中科创板企业66家。截至2021年底，上海创业投资引导基金合计对外承诺出资107.9亿元，杠杆放大比例为6.14倍。

科创板有效助力科创企业融资发展。科创板是上海科技型企业融资首选。科创板开板以来，积极推动并购重组、再融资、股权激励、询价转让等一系列制度创新，支持科创板企业创新发展。截至2022年底，科创板已上市中国企业共501家，其中上海企业78家，排名居全国第二；2022年新上市的49家上海企业中有科创板企业19家，占比39%，增幅显著。全国科创板企业累积募资7600亿元，其中上海科创板企业募资1947.8亿元，排名居全国第一。

三、科技创新辐射带动影响力增强

从全球看，2023年上海在多个全球创新中心指数排名中跻身前十，在全球创新网络中的核心枢纽作用日益显著，上海国际科研合作论文占地区科研论文发文总量的比例居全国第一，为29.12%，国际科研合作异常活跃[①]。从国内看，上海积极发挥科创中心辐射带动和枢纽连接作用，发挥龙头作用推动长三角科技创新共同体建设，搭建跨区域创新合作网络，国际科技创新中心的辐射带动效应显著增强。“十四五”以来，上海技术贸易发展迅速，技术进出口合同金额年均增速达10%，2022年达187.9亿美元，居全国各省（自治区、直辖市）首位。上海技术输出合同流向外省的数量和金额占总合同的比重稳步提升，分别从2016年的35.5%和60.0%增长到2022年的50.1%和69.2%[②]。

加强国际科技创新合作。上海不断优化开放合作环境，推进全方位、高水平的全球科技创新合作，加快向“一带一路”国家进行技术转移，建实“一带一路”科

① 科睿唯安，《2023中国国际科研合作现状报告》。

② 上海市科学技术委员会，《2022上海科技成果转化白皮书》，2023年7月。

技合作“桥头堡”。近年来，上海市人民政府重点在生命科学、天文、海洋等领域布局培育有能力主导参与或发起国际大科学计划的主体，支持人才、项目、平台、合作网络等全维度建设发展。2020 年，上海启动“全脑介观神经联接图谱”大科学计划，项目组已建立了国际上最大的小鼠全脑介观神经联接图谱数据库；2022 年，复旦大学牵头的“人类表型组国际大科学计划”，在上海市科技重大专项支持下，已建成世界首个跨尺度、多维度人类表型组测量平台，初步绘制全球首张人类表型组参比导航图，并创办了国际期刊 *Phenomics*。2021 年，上海新增科技部“一带一路”联合实验室 4 个，布局建设市级“一带一路”联合实验室 6 个、技术转移平台 3 个。上海张江高校协同创新研究院等机构还将分别在古巴、哈萨克斯坦、埃塞俄比亚 3 个国家建设技术转移服务渠道。2022 年，上海与新加坡、泰国、以色列 3 个国家共建技术转移及跨境孵化服务平台，在人机协同技术、可信软件技术、气候变化与生态系统治理、新发突发传染病防治等领域开展联合研究，共建国际联合实验室。

区域协同辐射带动成效显著。在上海创新龙头的带动下，长三角城市群在创新能力提升、科研环境构建、高新技术产业发展等方面成效显著。长三角地区有 5 个城市进入全球科技创新中心 100 强行列，28 个城市进入中国科技创新中心前 100 强[①]。一是长三角地区的创新策源能力不断提升、创新合力不断增强。据统计，区域协同创新指数年均增速达 9.5%，2022 年长三角区域 R&D 投入总量达 9386.3 亿元，占全国的 30.5%，集聚 11.6 万家高新技术企业，占全国的 29%，长三角技术合同交易金额达 13 351 亿元，占全国的 28%[②]。二是三省一市协同创新制度不断完善，创新环境不断优化。长三角三省一市制定《长三角科技创新共同体联合攻关计划实施办法（试行）》及操作指引，形成《关于推进长三角科技创新共同体协同开放创新的实施意见》《长三角国家科技成果转移转化示范区联盟组建框架协议》等。三是长三角联合创新平台及项目稳步推进。启动建设长三角科技创新共同体云平台、长三角科技资源共享服务平台二期，深化 G60 科创走廊建设，推进一批重大创新项目落地。积极揭榜关键核心技术研发任务，长三角 48 项重点揭榜任务中，全国揭榜单位数量超过 380 家，其中长三角地区占比为 85%，揭榜任务研发投入超过 10 亿元[③]。

---

① 华东师范大学全球创新与发展研究院 . 全球科技创新中心 100 强（2023），中国科技创新中心 100 强（2023）[R]. 上海：华东师范大学全球创新与发展研究院，2023.

② 国家统计局，科学技术部，财政部 . 2022 年全国科技经费投入统计公报 [EB/OL].(2023-09-18)[2024-03-24]. https://www.stats.gov.cn/sj/zxfb/202309/t20230918_1942920.html.

③ 上海封面 . 中国力量：从国际顶刊成果看中国创新 [N]. 新华每日电讯，2023-12-08（1）.

另外，上海发挥世界重要人才中心和创新高地的优势，不断深化东西部协作科技交流及向对口支援地区提供技术帮扶，支持在沪企业、高校和科研院所等创新主体与有关地区机构，聚焦上海科技创新发展战略和有关地区创新发展重大需求开展联合攻关，开展跨区域创新协同，促进上海科技成果跨区域示范应用，推进新疆、重庆、云南、福建、海南等地科技创新载体建设，提升欠发达地区高质量发展的科技支撑能力。2021 年，上海市科委与重庆市科技局签署科技合作框架协议；2022 年，上海市政府和福建省政府联合印发《上海市与三明市对口合作实施方案（2023—2025 年）》，推动上海沪闽人才交流中心建设，打造三明驻沪“人才科创飞地”，联合设立“院士工作站”等。

四、科技服务机构推动产学研合作效果显著

高水平功能转化平台成果丰硕。上海面向产业共性技术研发转化建设 15 个研发与转化功能型平台（表 4–8），为企业提供技术服务、测试验证等多项内容，助力企业创新发展。根据《2023 上海科技进步报告》，上海研发与转化功能型平台累计集聚人才 4200 余名，累计孵化企业 320 余家，服务收入 37 亿元，承担国家级项目 69 项、省部级项目 79 项，获发明专利 770 余件、软件著作权登记 520 余项，参与制定标准 197 部，获行业资质 85 项。

表 4–8　上海研发与转化功能型平台

序号	研发与转化功能型平台	序号	研发与转化功能型平台
1	上海微技术工业研究院	9	上海石墨烯产业技术功能型平台
2	大数据试验场研发与转化功能型平台	10	科技成果转移转化服务功能型平台
3	上海智能制造研发与转化功能型平台	11	上海生物医药产业技术功能型平台
4	上海机器人研发与转化功能型平台	12	上海低碳技术创新功能型平台
5	上海北斗导航研发与转化功能型平台	13	上海集成电路产业研发与转化功能型平台
6	上海科技创新资源数据中心研发与转化功能型平台	14	上海类脑芯片与片上智能系统研发与转化功能型平台
7	上海智能型新能源汽车研发与转化功能型平台	15	上海工业控制系统安全创新功能型平台
8	上海工业互联网研发与转化功能型平台		

上海加快创新创业载体体系优化建设。在创新创业载体上，拥有各类创新创业载体 500 多家。截至 2021 年底，上海共有国家级科技企业孵化器 61 家、国家备案众创空间 69 家、国家级大学科技园 14 家、全国双创示范基地 10 个。

依托国家技术转移东部中心建立开放的技术转移联盟，高质量打造技术交易平台。现已布局国际分中心 11 家，建设国内分中心 33 家，其中长三角 21 家，推动产学研落地签约 40 项。撬动企业科技创新意向投入 86.5 亿元，共促成签约金额 41.9 亿元，其中实际落地签约金额 22.4 亿元、意向合同签约金额 19.4 亿元。

各类技术转移机构数量持续增加。上海高校科研院所建设技术转移机构总数近 300 家，2021 年上海高校和科研院所自建技术转移机构 151 家，与其他机构合作建设的市场化转移机构数量达到 140 家。《2022 上海市科技成果转化白皮书》显示，全市市场化科技服务机构共服务企业 50 000 余家，解决企业需求 10 000 余项，新增国际合作渠道近 100 个。市场化服务机构营收规模持续增大，2021 年，上海年收入在 1000 万元以上的市场化服务机构共有 49 家，在服务机构中占比达 50%，较 2020 年增长 44%。

五、科技体制机制创新

上海坚持科技创新和体制机制创新双轮驱动，聚焦国际科创中心的内涵提升，在强化基础研究、促进科技成果转化、完善激励机制等方面，持续开展改革创新和先行先试，不断完善支持科技创新的政策法规体系。在国务院已批复的两批 36 条可复制推广举措中，有 9 条为上海经验，占比 1/4。在科技成果转移转化、国企创新、科技金融、知识产权等 9 个领域，先后发布了超过 70 个地方配套政策，涉及 170 多项改革举措。

系统谋划科创中心建设。2020 年，上海通过并开始实施《上海市推进科技创新中心建设条例》，以激发创新主体活力、增强创新策源能力、集聚创新要素、优化创新环境为主线，将“最宽松的创新环境、最普惠公平的扶持政策、最有力的保障措施”的理念体现在制度设计中，加大了对各类创新主体的赋权激励，保护各类创新主体平等参与科技创新活动，最大限度地激发创新活力与动力。2021 年制定发布《上海市建设具有全球影响力的科技创新中心“十四五”规划》，为“十四五”时期科创中心建设指明了方向和路线。上海聚焦科创中心建设中的基础研究短板，发挥基础研究对科技创新的源头供给和引领作用，2021 年出台《关于加快推动基础研究高质量发展的若干意见》，从完善布局、夯实能力、壮大队伍、强化支撑、深化合作和优化环境 6 个方面提出 20 项任务举措。在全国率先设立基础研究特区，旨在选择基础研究优势突出的高校和科研院所，面向重点领域和重点团队给予长期、稳定的支持，赋予“基础研究特区”充分的科研自主权，支持机构自由选题、自行组织、自主使用经费，引导科研人员心无旁骛地从事前沿探索。支持基础研究特区与重点企业联合设立“探索者计划”，多渠道构建基础研究投入机制。

科技创新政策体系化布局。2019 年 3 月上海发布《关于进一步深化科技体制机制改革　增强科技创新中心策源能力的意见》（简称“上海科改‘25 条’”），提出了 6 个方面 25 项重要改革任务和举措，进一步增强创新供给，激发创新需求。上海国际科技创新中心建设以上海科改“25 条”为主线，加强科技创新政策创新，陆续出台了一系列政策措施，实现体系化协同发力。2023 年 4 月，上海发布《关于本市进一步放权松绑激发科技创新活力的若干意见》，最大限度地激发科研人员活力。2023 年 5 月，出台《关于促进我市新型研发机构高质量发展的意见》，提出到 2025 年重点培育 20 家具有国际影响力的高水平新型研发机构，引育一批战略性科技创新领军人才和高水平创新团队。

推进科技管理体制改革。上海不断完善数字化科技管理机制，建设优化科技管理信息平台，实现科技计划全流程网上管理和科研项目经费审计数字化管理。不断创新科研任务组织实施机制，加快形成“基础研究特区”“探索者计划”“里程碑”机制等手段多样、科学高效的项目分类管理“工具箱”。上海还加快打造国际知识产权保护高地，不断加强知识产权制度供给，制定并实施了上海首部知识产权保护综合性地方法规《上海市知识产权保护条例》，2021 年启动实施《上海市知识产权强市建设纲要（2021—2035 年）》。在 2020 年全国知识产权保护工作检查考核中获评“优秀”等级，在 2020 年国家营商环境评价中获评“知识产权创造、保护和运用”标杆城市。2021 年，国家知识产权局批复同意建设中国（上海）知识产权保护中心。

促进科技成果转化。“十三五”期间，上海出台了《上海市促进科技成果转化条例》《关于进一步促进科技成果转移转化的实施意见》《上海市促进科技成果转移转化行动方案（2017—2020）》“三部曲”，从法规、政策层面保障科技成果顺畅地转化为现实生产力。2021 年，上海又发布《上海市促进科技成果转移转化行动方案（2021—2023）》，使“三部曲”在“十四五”期间继续发挥指导作用。

第五节　上海国际科创中心建设的特色路径

近年来，上海以“强化科技创新策源功能、提升城市核心竞争力”为主线推动国际科技创新中心建设，国际化开放创新走在前列，逐步形成了“政府主导、区域联动、内外融合”的特色路径，通过服务国家战略探索新型举国体制上海实践、发挥长三角创新网络联动优势、推动高水平对外开放等，有效提升上海国际科技创新中心建设质量，坚定迈向全球科技创新核心枢纽的新阶段。

一、政府主导：新型举国体制的上海实践

充分发挥政府主导作用，推进新型举国体制的上海实践。围绕服务国家战略，承担国家重大战略任务和地方重大科技攻关项目、推动重大科技基础设施和重点项目建设、加大科技创新投入、深化科技体制机制改革、强化跨领域跨学科协同攻关、探索教育科技人才一体化发展模式，在国际科创中心建设中积极实践新型举国体制，为科技强国建设贡献上海力量。近年来，上海加大科技创新投入，2014 年 R&D 研发经费支出为 862 亿元，2022 年达到 1981.6 亿元，R&D 经费投入强度从 2014 年的 3.58% 升至 2022 年的 4.44%，远高于 2022 年 2.54% 的全国平均水平。2023 年上海牵头承担国家重点研发计划项目 239 项，获批国家自然科学基金项目 4900 项。截至 2023 年底，上海累计牵头承担国家科技重大专项 929 项，累计牵头承担科技创新 2030 重大项目 74 项。重大科技创新成果集中涌现，C919 大型客机、国产首艘大型邮轮“爱达·魔都号”、中国空间站梦天实验舱、长征六号甲运载火箭、我国首台获准上市的国产质子治疗系统、世界首台 2 米 PET-CT 分子影像设备等诸多世界首个、首创以“上海制造”命名。

专栏 1

中国商飞公司 C919 大型客机成功研制

中国商飞公司 C919 大型客机成功研制是新型举国体制“上海实践”的典型案例，充分体现了“政府主导、区域联动、内外融合”的上海路径优势。在 C919 研制过程中，自立项以来，中国商飞公司、国内 14 所高校、多家科研机构

及多家企业联合开展技术攻关和研发，近 30 万人参与了 C919 的研制。中国商飞公司建立了多专业融合、多团队协同、多技术集成的协同科研平台，掌握了五大类、20 个专业、6000 多项民用飞机技术，加快了新材料、现代制造等领域关键技术的突破，成为带动我国航空产业、高端制造业发展的“新引擎”，充分体现了新型举国体制的独特优势。

二、区域联动：引领长三角协同创新发展

强化区域创新联动，实现上海国际科创中心建设与长三角科技创新共同体建设双向赋能。上海国际科创中心建设与长三角科技创新共同体建设一体化推进取得了明显成效，充分体现出创新主体多元协同、创新区域多元协同的典型特征，推动上海国际科技创新中心建设和长三角科技创新再上新台阶。根据《长三角区域协同创新指数 2023》，2022 年长三角区域协同创新总指数达 262.48，同比增长 8.98%，年均增速达到 9.17%，较 2011 年基期增长了近 1.6 倍。其中，研发投入强度、合作发明专利数量及跨区域专利转移数量等指标已达到或超过《长三角科技创新共同体建设发展规划》中 2025 年的发展目标。2022 年，长三角三省一市相互间技术合同输出 25 273 项，技术交易金额 1863.5 亿元，分别同比增长 20.3%、112.5%。《2023 年全球创新指数报告》显示，上海—苏州跻身全球最佳科技集群前 5 名，显示出长三角区域在强化创新策源功能、提升知识产权方面成效显著。长三角创新合力不断增强，创新生态不断优化，推动上海科技创新策源能力不断增强，产业创新能力大幅提升。发挥上海龙头企业引领作用，不断优化产业链区域布局。中芯、华虹和格科微等龙头企业加速在长三角跨区域布局，增强了长三角集成电路产业链整体协同能力，降低了因局部环节受阻而断链的风险。根据赛迪研究院相关数据，在 45 个国家先进制造业集群中，长三角区域入选 18 个，主导产业产值占 45 个集群的 27.8%，国家级技术创新载体数量占 45 个集群的 30.1%。

专栏 2

长三角协同创新制度不断创新

2022 年，上海市科学技术委员会等印发《三省一市共建长三角科技创新共同

体共同行动方案（2022—2025 年）》，引领建设长三角科技创新共同体。按季度召开长三角科技创新共同体建设工作专班会议，成立长三角科技创新共同体建设工作专班秘书处，在上海集中办公。2022 年，三省一市联合印发《长三角科技创新共同体联合攻关合作机制》，提出建立“部省协同、产业创新融合、绩效创新导向的成果评价、多元主体参与的资金投入”4 项合作机制。三省一市开展联合攻关，实现任务联动、资金联合、管理联通“三位一体”。探索揭榜制等新兴组织方式跨区域协同的路径，三省一市遴选发布首批 20 项长三角企业需求，面向全国征集解决方案，15 项解决方案被纳入联合攻关计划，长三角参与单位超 40 家，总投入超 5 亿元。长三角科研院所联盟联合推动新能源、新材料、新一代信息技术、先进制造四大方向的七大应用技术攻关工程，以及重点推进机制创新、人才培育、院所协同联动 3 个方面 6 项先行先试的创新举措。

三、内外融合：高水平对外开放走在前列

坚持科技创新内外融合，加大高水平对外开放力度。上海坚持在更深层次、更宽领域、更大力度推进全方位高水平开放，全球创新资源配置能力大幅提升，多元化国际合作网络不断拓展，成为我国全方位高水平对外开放高地，走出了建设具有国际影响力的科技创新中心的特色路径。聚焦高水平开放，上海打造临港新片区，对接国际通行规则的开放环境，加快建设具有较强国际影响力、竞争力的特殊经济功能区和现代化新城。2020—2023 年，临港新片区实到外资实现年均增长 45.3%，新设外资企业数量从 1205 家增至 3328 家，2023 年临港新设外资企业数量同比增长 83%。当前，上海外资研发中心和跨国公司总部全国集聚度最高，外资规上工业企业研发经费投入占比保持全国领先。截至 2023 年 11 月，上海累计设立跨国公司地区总部 940 家、外资研发机构 559 家，其中全球研发中心 12 家，外资开放式创新平台 2 家，由世界 500 强企业设立的研发中心约占外资研发中心总数的 1/4[①]。外资研发中心为上海集聚了大量国际人才、资本、技术等创新要素，2022 年外商投资信息报告显示，上海外资研发中心研发投入占全市外资企业研发投入的 30%，平均研发投入为 1.55 亿元。跨国公司布局研发中心涉及的行业与上海重点发展的“3+6”产业相契

① 数据来源：2023 年 10 月 15 日召开的第 35 次上海市市长国际企业家咨询会议。

合，重点产业领域外资研发中心能级持续提升，主要集中在生物医药、信息技术、汽车及零部件和化工等重点产业领域，在一定程度上有助于增强上海科创中心建设产业发展动能。目前，上海外资研发人员数量约为 4 万人，占全市研发人员数量的 1/3。从外商投资企业支出占规上工业企业 R&D 经费内部支出的比例来看，上海几乎是北京的 2 倍、深圳的 5 倍（表 4–9），外商投资企业推动科技创新力度大。

表 4–9　外商投资企业支出占规上工业企业 R&D 经费内部支出的比例

地区	2018 年	2019 年	2020 年	2021 年	2022 年
上海	42.70%	40.60%	38.00%	30.60%	—
北京	15.05%	15.05%	15.59%	18.90%	13.38%
深圳	—	—	—	6.03%	—

数据来源：历年《上海市统计年鉴》《北京市统计年鉴》《深圳市统计年鉴》。

专栏 3

上海外资研发中心的特点

外资研发中心能级逐渐提升。截至 2023 年 11 月，上海市累计认定的外资研发中心共 559 家，由世界 500 强企业设立的研发中心约占 1/4；越来越多的跨国公司秉持“在上海 为全球”的研发理念，将全球研发中心放在上海。例如，安费诺上海全球研发中心由 6 个研发部门的 300 余名研发人员组成，在上海承担了集团无线终端等领域的全球研发任务，支持全球客户的研发需求。再如，开利上海全球研发中心作为开利集团重要的全球研发中心之一，专职研发人员超过 400 人，研发的产品服务全球各大市场。

产业集聚效应突出。跨国公司布局研发中心涉及的行业与本地重点发展的产业相契合，生物医药企业占 20%、信息技术企业占 20%、汽车及零部件企业占 12%。

外资研发中心积极融入本土研发创新体系。在沪外资研发中心通过与本土研发机构、企业携手联动，共同开展研发活动。例如，勃林格殷格翰先后与复旦大学药学院、华东理工大学药学院签署共建协议并成立实习基地，同时，其外部创新合作中心与包括清华大学、北京大学在内的多家中国高校合作，联合开展早期科学研究。

开放式创新平台模式加快发展。越来越多外资研发中心以更加开放、合作的心态和形态参与本土创新合作，强生、西门子医疗等跨国公司在沪设立开放式创新平台。强生作为首家获得认定的外资开放式创新平台，由强生与浦东新区政府、张江集团合作打造，为医疗器械、制药、消费者健康领域的初创企业提供“拎包入住”服务，已吸引超过70家初创企业入驻。

第六节 迈向功能全面升级的新阶段

面向未来，在加快发展新质生产力、推进高水平科技自立自强的背景下，上海国际科技创新中心建设应主动服务国家战略需求，加强战略导向的体系化基础研究，把握“双中心联动”的发展机遇，应对全球化风险挑战，发挥上海在经济、科技、金融等方面的资源优势，以及国际化程度高的开放优势，加快提升城市发展的整体科技创新能级和核心竞争力，更好地代表国家参与国际科技竞争合作。

一、趋势与挑战

（一）“双中心”联动为国际科创中心建设带来新机遇

国际科创中心和金融中心往往相互成就，世界排名前十的科创中心，80% 也是金融中心；世界排名前十的金融中心，80% 也是科创中心[①]。加强上海国际金融中心建设给上海国际科创中心建设带来了新机遇。目前，上海投资机构虽然数量较多，但仍缺乏有影响力的头部市场化机构，在规模、品牌、定价能力方面，与深创投、合肥产投、元禾控股等资产管理规模达千亿元级别的国内头部机构存在差距。“双中心联动”将进一步拓展上海国际科技创新中心建设的发展空间，强化金融赋能、科技创新和产业升级的良性循环，有助于产业集聚发展和构建“科技产业金融一体化”新生态，加快提升城市发展的整体科技创新能级和核心竞争力。

① 国泰君安 . 全球科创中心金融中心“双中心”建设实施路径 [N]. 上海科技报，2024-01-08.

（二）浦东新区综合改革试点建设有助于提升科创中心高水平对外开放能级

2024 年 1 月 22 日，中共中央办公厅、国务院办公厅印发了《浦东新区综合改革试点实施方案（2023—2027 年）》（以下简称《方案》），围绕基础研究、全球科研合作、重点产业领域、国际人才高地等方面提出科技创新重大改革举措，为上海强化国际科技创新中心建设提供了前所未有的新机遇。一是针对基础研究领域面临的挑战，《方案》提倡成立多方资助的科学基金会，建立向全球开放的科技创新定向捐赠机制，打造世界级科学交流平台。二是大力支持科技成果转化，探索扩大“政府首购和订购”政策试点范围，推动长三角国际先进技术应用推进中心建设，支持新技术推广应用。三是鼓励高校和企业“走出去”与“引进来”，采取开放的策略促进国际科技合作，以此打造一个有能力促进先进技术转移、对接国际科技发展，并共同推动未来产业成长的全球科创中心。四是大力吸引和汇聚全球顶尖人才。建设国际人才发展引领区，支持符合条件的外籍人才担任中国（上海）自由贸易试验区及临港新片区、张江科学城的事业单位、国有企业法定代表人，允许取得永久居留资格的外籍科学家在浦东新区领衔承担国家科技计划项目、担任新型研发机构法定代表人，吸引全球高层次人才牵头负责科技创新项目。

（三）世界级新兴产业集群发展仍有短板

与其他国际科技创新中心相比，领军企业缺乏、创新型企业培育不足是上海打造世界级产业集群的一大短板。根据《国际科技创新中心指数 2022》，从创新领先企业数量来看，旧金山 – 圣何塞以 228 家远超其他城市（都市圈），北京、粤港澳大湾区、上海分别列第 3、第 4、第 9 位，上海排名相对靠后。从国内看，根据全国工商联“2023 中国民营企业 500 强”榜单，上海共有 18 家企业入围，入围企业数量在全国省份排名中位列第 7，落后于广东（50 家）、北京（24 家）。领军企业缺乏、创新型企业培育不足，主要有 4 个方面的原因。一是国有企业创新动力不足。上海是国企重镇，地方国企已连续多年保持生产总值占全市 GDP 总量的 1/4，新增固定资产投资占全市投资总量的 1/4，缴纳税金占全市企业税费总量的 1/3，传统领域国企创新转型动力不足。二是民营科技引擎企业培育不够，对比北京集聚小米、百度，深圳聚集华为、腾讯等一批高科技企业和企业家资源，上海明显缺乏领军科技企业，高成长性企业数量也不多。三是企业创新投入不足，2022 年深圳企业研发投入占全社会研发投入的比重高达 94%，而上海为 77.6%。四是外资企业与上海国际科创中心建设融合不足。跨国企业在上海投资主要是市场行为，外资研发中心多采取总部委托研发的模式，经费及任务主要来自总部，核心知识产权也基本归属总部，本土溢出有限。外资开放式创新平台数量有限，多数外资研发中心与本地创新主体的合作仍以点对点为主，未形成协同创新的有效机制，合作广度和深度不够。

（四）传统产业创新转型需求迫切

上海传统产业有硬核基础，但优势弱化。上海是我国国资国企重镇，国资国企主要集中在传统领域。2021 年，上海市地方国有企业资产总额达 26.27 万亿元、实现营业收入近 4 万亿元、利润总额 3526.6 亿元，3 项数据分别约占全国地方国企的 1/7、1/9、1/6。上汽集团、绿地集团、中国太保、浦发银行、上海建工、上海医药 6 家上海国企进入世界 500 强。上港集团、申通地铁集团、锦江国际集团、机场集团 4 家国企进入全球行业排名前三。17 家企业进入 2021 年中国企业 500 强，7 个品牌入围 2021 年亚洲品牌 500 强[①]。多年来，上海的钢铁、石化、汽车、装备等重化工业和电子信息等外向型产业，都在国内产业体系中占据重要地位。然而，随着新一轮科技革命的深入推进，煤电和风电装备产业、汽车产业、船舶海工和港口机械等装备产业，以及消费电子产品和通信设备产业等上海的传统产业优势有所弱化。虽然从“十二五”开始，上海在国内率先推动中高端产业升级，但这些产业已经不是技术创新最活跃的前沿领域。目前，这些产业技术相对成熟稳定，新兴前沿技术的突破空间较小，产业需求格局基本稳定，需求大规模扩张空间受限。随着上海要素成本上升，这些重点产业领域的发展优势减弱，规模总量增长扩张能力受限，呈现规模比重较高、总量增长放慢、竞争优势减弱的发展特征。特别是轻纺、食品、汽配、家纺、钢铁、化工等传统优势领域，已经不是高端要素密集和高附加值的高端产业领域，但在上海产业体系中仍占据较大比重。

（五）长三角科技创新的国际竞争力有待加强

深入推进上海建设具有全球影响力的国际科技创新中心，不断深化长三角协同创新，提升长三角国际竞争力，将进一步释放创新潜力，有助于强化上海国际科技

① 上海市人民政府新闻办公室 . 上海举行“奋进新征程　建功新时代”系列新闻发布会（第五场）[EB/OL]. (2022-09-28)[2023-12-01]. http://www.scio.gov.cn/xwfb/dfxwfb/gssfbh/sh_13834/202211/t20221111_618742.html.

创新核心枢纽地位。根据《中国区域科技创新评价报告》，长三角在上海的引领下已成为国内最具竞争力的区域共同体。但是从国际比较来看，长三角协同创新能力有待进一步提高。《中国区域科技创新评价报告》科技集群排名从空间角度反映了全球创新活动的集散趋势，其中一个特色是将那些区域位置联系强、创新活动关联度高的城市作为一个集群纳入排名，如东京—横滨科技集群、大阪—神户—京都科技集群等，凸显了这些区域紧密的创新协同特征。从我国上榜集群分布来看，粤港澳大湾区的深圳—香港—广州科技集群，近年来持续居全球科技集群第2位，表现出强大的区域整体创新实力。自2022年起，上海与苏州被作为区域性集群纳入统计排名，在一定程度上体现了长三角地区协同创新能力有所提升。但尽管南京、合肥、杭州等其他长三角城市排名上升都较快，仍没有被作为整体区域性集群纳入统计排名，说明区域协同创新的效应仍未得到完全释放。目前，长三角三省一市积极推进的协同创新取得了突出成效，但也暴露出一些问题。一是产业链创新链跨区域整合优化、深度合作的成效还不大。二是跨区域高校和科研院所的合作与交流仍不深入。三是协同创新的制度性障碍仍有待破解，企业跨区域迁移难、创新要素的自由流动及科学技术产业的跨区域协同还不紧密，要素流通的政策性壁垒、市场壁垒和体制机制障碍也仍存在。未来上海应进一步发挥区域创新龙头作用，引领长三角区域更多城市取得创新突破。

（六）全球化风险带来新挑战

当前世界正经历百年未有之大变局，各国面临的不稳定性、不确定性增强，经济全球化遭遇逆流。作为中国高水平对外开放的前沿阵地，全球化风险为上海经济社会带来前所未有的挑战，也在一定程度上深度影响上海国际科技创新中心的建设进程。外资企业是上海经济社会发展的重要力量，在扩大开放、促进国际经济交流合作中发挥着重要作用。近年来，在逆全球化趋势下，部分外资企业撤离上海或逐步减少对外企研发中心的投入，给上海创新发展带来新的挑战。也在一定程度上反映出上海对外开放的广度、深度和国际合作仍存在不足，规则、规制、管理、标准等制度型开放方面尚未全面与国际接轨，对优质创新资源的集聚和配置能力亟待提高。

二、几点建议

一是持续提升基础研究能力。强化战略科技力量，加快张江实验室等战略科技力量建设，超前部署关键领域的基础、前沿和应用技术研究，做好创新源泉培育和创新成果储备。集聚世界一流水平的顶尖科研机构，加快推进高层次研究机构建设，支持国内外领先科研机构和研究型大学在上海设立研究机构。扩大“基础研究特区”试点，为相关高校科研机构持续提供科研经费支持，鼓励自由选题、自行组织、自主使用经费，为有能力有志向的科学家创造良好的创新环境。

二是加快培育科技领军企业。强化集成电路、生物医药、人工智能等优势领域，培养产业链核心环节的科技领军企业，提升产业竞争力和影响力、占据产业制高点。鼓励国企在战略性新兴产业和数字化转型领域实现创新引领，加大创新投入，加大国资收益支持、推进股权和分红激励约束长效机制建设，支持国企打造科技领军企业。充分发挥外资企业在产业链中的支撑作用，发挥这些企业在知识创新领域的溢出作用，与国内资本企业形成联动效应。

三是深度融入全球创新网络。强化政府间科技交流与合作，与科技发达国家和地区建立创新战略伙伴关系，与国际知名城市探索实施科技伙伴计划，打造发展理念相通、要素流动畅通、科技设施联通、创新链条融通、人员交流顺通的创新共同体。鼓励高校、科研院所等与海外研究开发机构建立联合实验室或研究开发中心，以高水平合作平台建设引领国际科技创新合作。鼓励上海市高科技园区创新国际科技合作模式，与重点国家和地区共建合作园、互设分基地、联合成立创业投资基金等，利用两地优势资源孵化创新企业。大力吸引外资研发中心集聚，鼓励其转型升级成为全球性研发中心和开放式创新平台。鼓励外资研发中心与上海高校、科研院所、企业共建实验室和人才培养基地，联合开展核心技术攻关。

|第五章|

粤港澳大湾区国际科技创新中心

发展粤港澳大湾区[①]是为了“充分发挥粤港澳综合优势，深化内地与港澳合作，进一步提升粤港澳大湾区在国家经济发展和对外开放中的支撑引领作用，支持香港、澳门融入国家发展大局”。《粤港澳大湾区国际科技创新中心建设“十四五”规划》定下的目标是建设全球科技创新高地，确定了深港河套、粤澳横琴、广州三大创新合作区。粤港澳大湾区综合性国家科学中心重点建设深圳光明科学城与东莞松山湖科学城（作为先行启动区），以及广州南沙科学城（作为联动协同发展区）。

第一节　国际科技创新高地

粤港澳大湾区（简称“大湾区”）在全球的科技创新能力突出，已经成为国际科技创新的高地。其应用研究、技术开发能力突出，基础研究投入不断加大。大湾区内部的城市协同创新形成了系统合力，并且开始以科技带动东北、西北等相对落后地区进行高质量发展。人才、金融等新要素在科技创新、高质量发展中发挥越来越重要的作用。

① 根据《粤港澳大湾区发展规划纲要》，粤港澳大湾区由香港特别行政区（简称“香港”）、澳门特别行政区（简称“澳门”）和广东省的广州市、深圳市、珠海市、佛山市、东莞市、中山市、惠州市、江门市、肇庆市共同构成。

一、粤港澳大湾区在世界排名领先

在 2023 年《财富》世界 500 强中大湾区的企业共有 25 家，数量与 2021 年持平[①]。其中，深圳 10 家、香港 6 家、广州 6 家、佛山 2 家、东莞 1 家。其产业涉及电子和电子元器件、制造业、互联网和通信、家电、银行与金融、生物医药、基础建设、房地产等多个领域，其电子信息、制造业等产业优势明显。清华大学产业发展与环境治理研究中心发布的《国际科技创新中心指数 2023》显示，2023 年国际综合排名前 10 的城市（都市圈）依次为：旧金山 – 圣何塞、纽约、北京、伦敦、波士顿、大湾区、东京、日内瓦、巴黎、上海，大湾区居全球第 6 位、国内第 2 位。其中，大湾区在科研机构方面以 9 所全球前 200 强科研机构、7 所世界领先高校位列全球第一。

特别是，深圳—香港—广州科技集群在《全球创新指数报告》的评价中已连续 4 年位居世界第二。这一成绩充分显示出大湾区的强劲创新活力。一个卓越的科技集群，其背后需要政府、企业、学界等多方面协同发力，其体现的也是一个区域的综合科技创新能力。2020 年之前，世界知识产权组织报告统计的是深圳—香港集群，2020 年加入了广州，变为深圳—香港—广州集群。近年来，大湾区这一集群一直稳定排在全球第二。《2023 年全球创新指数报告》统计数据显示，在过去 5 年中，深圳—香港—广州科技集群平均每 100 万人可以提交 2291 份 PCT 申请，发表 3092 篇科学论文。细观深圳—香港—广州科技集群可以发现，一流大学和一流民营企业为深圳—香港—广州科技集群成为全球第二做出了重要贡献。在 Top publishing organizations 里，中山大学、南方科技大学和深圳大学分别以 20 466 篇、14 775 篇、8047 篇的高端论文发表数量位列深圳—香港—广州科技集群的前三名，3 所高校发表的高端论文数量是深圳—香港—广州科技集群发表高端论文总数的 28%。在 TPC 主要专利申请者这一指标中，华为、OPPO 和中兴 3 家企业的专利申请量分别为 25 673 件、8341 件、6451 件，3 家企业联手贡献了深圳—香港—广州科技集群 36% 的专利申请量。

深圳—香港—广州科技集群不仅自身拥有强大的科研创新实力，也展现出协作与共享的开放创新精神。在深圳—香港—广州科技集群的高端专利申请领域中，占

① 2021 年《财富》世界 500 强企业名单中，共有 99 家企业总部坐落于全球四大湾区，总部位于东京湾区的有 40 家，位于粤港澳大湾区的有 25 家，在纽约湾区的有 24 家、在旧金山湾区的有 10 家。

比最大的是电子信息产业。深圳—香港—广州科技集群的科研论文中有63%是与其他科研机构合作发表的，PCT专利申请中有3%是与其他地区合作提交的。其中，排名前三的合作地点分别是北京科技集群、上海—苏州科技集群和武汉科技集群。

二、科学技术资源为打造世界级科技湾区形成有力支撑

大湾区科技创新资源高度集聚，具备打造世界级科技湾区的基础条件。2021年，大湾区内珠三角九市的研发支出超过3600亿元，研发投入强度达3.7%，国家高新技术企业数达到5.7万家，专利授权量预计达到78万件，其中发明专利授权量超过10万件。发明专利有效量、PCT国际专利申请量等重要的创新指标位居全国首位；广东省研发人员超过110万人；在粤国外人才约占全国国外人才总数的1/5。大湾区内核心城市香港聚集了众多世界一流大学，科研实力正在不断增强，并取得了不少达到世界领先水平的成果，在光纤技术上一直处在世界前列。深圳凭借华为、中兴、腾讯、顺丰、万科、比亚迪、华大基因等一系列具有代表性先进技术及生产方式的龙头企业及海量有望成为“独角兽”的创新创业企业培育中心。据科技部综合评价，广东区域创新能力连续7年稳居全国第2位，PCT国际专利申请量占比超过全国的50%；技术自给率接近70%，接近创新型国家和地区水平。

大湾区围绕科技生产力布局建设创新平台的步伐不断加快。以重大科技基础设施为代表的创新平台是区域创新体系发育的基础，人才是该体系运转的核心要素，而政策体系所搭建的制度环境则对创新氛围的形成和稳定具有重要的保护和促进作用。作为大湾区的资源配置枢纽、创新活动策源地及新兴产业孵化器，重大科技基础设施和大科学装置在区域科技创新体系中发挥着重要作用。国家支持在大湾区建设综合性国家科学中心先行启动区，布局建设散裂中子源、驱动嬗变装置等一系列重大科技基础设施，依托前海深港现代服务业合作区、横琴粤澳深度合作区、河套深港科技创新合作区、深圳西丽湖国际科教城、广州中新知识城等一批重大创新合作平台，促进科技、产业、金融的良性互动和有机融合，推动广深港、广珠澳科技创新走廊不断提升能级。

（一）基础研究进入“高投入–高产出”的良性循环

基础研究成为广东未来破局原始创新能力提升的关键。2022年初，广东首次提出《广东省基础与应用基础研究十年“卓粤”计划》，从目标、领域、布局、重点任

务及组织保障等多个方面做出细化。广东围绕构建“基础研究 + 技术攻关 + 成果产业化 + 科技金融 + 人才支撑”全过程创新生态链，将力争在“从 0 到 1”的原创性突破上打造“广东模式”、跑出“广东速度”，在重点领域获得若干“诺奖级”科学成果，推动大湾区成为具有全球影响力的基础科学研究高地。具体经费上，2025 年广东全社会基础研究经费投入占研究与试验发展（R&D）经费的比重达 10%，省级科技创新战略专项资金中用于基础研究的支出比重超过 1/3。到 2030 年，全社会基础研究经费投入占研发经费比重达到 13% 左右。

近 5 年来，广东全省 R&D 经费增长迅猛，尤其是 2021 年珠三角九市的 R&D 经费占地区生产总值的 3.7%，深圳则“破 5”，达到 5.46%。在基础研究经费上，广东近 5 年来增速尤其亮眼。数据显示，2015 年广东基础研究经费仅为 54.21 亿元，2016 年上升到 86.02 亿元，到 2017 年直接迈过“百亿”大关，达到 109.42 亿元，到 2020 年则再翻近一番，达到 204.10 亿元。2020 年，广东基础研究经费较 2019 年增长 43.9%。

广东规划建立基础研究的多元化资金支持体系，引导社会力量加大基础研究投入。持续扩大省市、省企联合基金的规模，争取到 2025 年省内联合基金总投入达到 5 亿元 / 年；积极探索科技金融投向基础研究的新模式，鼓励社会组织及个人通过捐赠、设立基金等方式支持开展基础研究。

从政府端来看，坚持科学驱动导向，将科技投入列为公共财政支出的重点保障领域之一。2016—2020 年大湾区科技财政支出稳步增加，科技财政支出占比基本维持在 7% 以上的水平，接近全国平均水平的两倍。从产业端来看，即使是在全球经济高度不确定的情况下，全社会研发投入仍保持了 14.52% 的高增长率，研发支出占 GDP 比重持续攀升，研发强度从 2.83% 提升至 3.72%，与全国平均水平差距逐渐拉大。深圳更是以经济特区立法的形式确立不低于 30% 的市级科技研发资金投向基础研究和应用基础研究，同时制订基础研究十年行动计划，完善科研经费长期稳定投入机制。整体形成人、财、平台共同作用的强投入体系。长期的高投入带来了显著的创新红利和持续的竞争力，大湾区专利申请和授权形成良性运转机制，而高效的市场对接也助推技术成果交易转化，在为创新主体带来技术成交收益的同时，带动企业利润提升和经济的高质量增长，深圳等城市成为名副其实的“创新之都”。

保持“高投入 – 高产出”的良性循环。在促进我国从制造大国向创造强国转变的道路上，如何平衡产业创新资源投入和产出的关系至关重要。大湾区通过多年不断探索和优化，形成较为成熟的“高投入 – 高产出”发展模式。

（二）若干关键核心技术取得突破性进展

2023中国国际高新技术成果交易会（简称“高交会”）上，一批尖端医疗器械和科研成果集中亮相。由中国科学院深圳先进技术研究院牵头研发的超高清双频血管内超声成像系统及介入导管“心宿空间站”，是目前具有全球最高工作频率的双频血管内超声成像系统，有望改善经皮冠状动脉介入治疗手术的治疗效果。

联合攻关成功研制我国首台国产ECMO产品，联合研发全球首台5.0 T人体全身医学磁共振成像系统等。由中国科学院深圳先进技术研究院、迈瑞医疗、联影医疗等牵头组建的国家高性能医疗器械创新中心，在多项行业关键共性技术上取得突破，为我国夯实关键核心技术的“地基”。

（三）前沿技术探索正在展开

其中已建成的散裂中子源、国家基因库、国家超级计算中心分中心、大亚湾中微子实验室等都是具有全球领先意义的重大科技基础设施，在建项目和谋划项目也都针对物理、生物、脑科学、能源等基础研究的国际前沿方向进行深度布局。惠州强流重离子加速器和加速器驱动嬗变研究装置等一批国家重大科技基础设施正不断落地建设。

三、科技创新中心带动区域发展

河套深港科技创新合作区、广州南沙粤港深度合作园、横琴粤澳深度合作区的规划建设稳步推进。河套方面，深圳园区皇岗口岸重建、福田保税区一号通道升级改造等工程加快推进，5所香港高校牵头的20余项科研项目落地，一批科技创新政策先行先试；港方区域园区基础设施、早期营运等前期工作有序推进。南沙方面，香港科技大学（广州）、中国科学院明珠科学园加快建设，吸引港澳企业落户累计3870多家，签约入驻一批港澳青创项目团队。横琴方面，一大批澳资企业在横琴加速成长发展，截至2020年底横琴实有澳资企业3575家；粤澳合作中医药科技产业园区、粤澳跨境金融合作（珠海）示范区等产业合作载体加快建设，来自澳门大学、澳门科技大学的4个国家重点实验室在横琴设立分部。2020年横琴地区生产总值为406.99亿元，是2009年的143倍；固定资产投资为367.66亿元，是2009年的19倍；实际利用外资17.74亿美元，是2009年的2571倍；全口径一般公共预算收入为

372.13亿元，是2009年的401倍；进出口贸易总额为27.54亿元，是2009年的33倍；注册企业累计5.5万家，是2009年的127倍。在发展的同时，在投资自由化、贸易便利化和金融开放等领域逐步形成了一批可复制可推广的改革创新成果。

（一）粤港澳大湾区城市群协同创新深化

城市间发明专利联合申请是不同创新主体间协同互动与创新联系的重要体现。广州与东莞跨城市专利合作率为6.43‰，与深圳跨城市专利合作率为4.96‰。广州与东莞合作领域主要集中在数据处理系统和方法、电磁测量、电数字和数据处理、电路装置、电缆电线安装等方向，随着东莞产业和科技的不断优化与发展，广州与东莞优势互补的创新趋势正在得到加强。广州与深圳合作领域主要集中在印刷电路、电设备制造、电数字数据处理、光学、测试分析材料、控光器件与装置等多个领域。广州和深圳是粤港澳大湾区高质量发展的重要引擎，两者相辅相成、优势互补，成为粤港澳大湾区产业发展、科技创新的主场。

深圳与东莞跨城专利合作率最高，为3.17‰（表5-1）。合作领域主要集中在照明装置、电能装置、电热等方面。深莞“深度融合、一体联动”已成为新的发展趋势，积极对接深圳，进一步激发东莞高质量发展的新动能成为东莞的新命题。

表5-1　深圳与粤港澳大湾区其他地区专利合作情况

深圳专利合作城市	专利合作率
东莞	3.17‰
广州	2.56‰
惠州	1.75‰
香港	1.21‰

香港与深圳跨城专利合作率为68.03‰（表5-2），合作领域主要包含电数字数据处理、数据处理系统或方法、数据识别和表示、数字信息的传输、图像数据的处理与生成等方面，展现了产业集聚、要素集中的协同创新趋势。

表5-2　香港与粤港澳大湾区其他地区专利合作情况

香港专利合作城市	专利合作率
深圳	68.03‰

续表

香港专利合作城市	专利合作率
东莞	3.83‰
广州	3.4‰
澳门	2.02‰

（二）向对口支援地区的技术辐射加快

深圳对哈尔滨的科技支援工作卓有成效，通过培训干部、技术推广等项目促进了支援地区的科技经济发展。2017 年 3 月，国务院办公厅印发了《东北地区与东部地区部分省市对口合作工作方案》，确定了深圳与哈尔滨建立跨越 2800 千米的对口合作关系。2019 年 5 月 9 日，深哈两市签订《合作共建深圳（哈尔滨）产业园区协议》，确定在哈尔滨新区划定的 26 平方千米土地上打造深哈合作首个深圳“飞地”项目。从 2019 年 5 月启动建设，到 2021 年 10 月正式投入使用，本着“能复制皆复制，宜创新即创新”的原则，深哈产业园坚持需求导向，累计推动 126 项深圳好经验、好做法在园区和哈尔滨复制，其中招投标“评定分离”做法已经在哈尔滨全市推广应用，有效改善哈尔滨招投标政策环境。在深哈产业园汇聚了华为“一总部双中心”、哈工大人工智能研究院、惠达科技、北科生物、同创普润等众多成长性好、发展潜力巨大的战略性新兴产业企业。为进一步深化深哈产业合作，两市立足产业紧密协作基础，共同编制了《深圳（哈尔滨）产业园区发展规划（2023—2030 年）》，推动哈尔滨的资源、空间、市场、要素与深圳的技术、资本、品牌、渠道等优势有效结合。

广东省对口支援新疆哈密市和深圳市对口支援喀什地区的成绩斐然。在中央有关部门和科技部的指导下，广东省委、省政府先后选派了 5 批共计 202 名干部到哈密市任职支持建设，每一批人员中都有科技干部，这迅速推进了科技援疆进程。2002 年初，广东省政府启动实施《未来三年广东支疆工作规划建设方案》，重点支援新疆哈密市科技合作项目 80 多个，资金 1.4 亿元。2004 年 9 月，广东省和哈密市签署了经济技术框架协议，签约项目金额 10.6 亿元。据统计，2001—2023 年，仅广东科技厅就组织实施了近 40 个科技项目，投入科技资金 1000 多万元，在对口援助地区的科技与经济社会发展中起到了积极的推动作用。科技援助注重精确发力，聚焦科技项目的选择与实施。广东科技厅紧密结合当地资源优势和特色产业需求，组织实施了一系列科技项目。2003 年，针对哈密瓜深加工技术难题，广东科技厅投入科研资金 80 万元，组织华南农业大学 10 多名专家，成立了哈密瓜果汁果酒组、制干组、储运组、综合技术组，联合开展技术攻关，成功试验开发出哈密瓜脯等新产品，深受市场的欢迎，大大提高了次品哈密瓜的附加值和当地农户的收入。广东科技厅每年都出资安排哈密市的科技管理和专业技术人员到广东参观、学习培训。截至2023年底，已累计为哈密市培训各类管理及专业技术人员近5600人次，其中选派到广东强化培训的干部有1000多人。深圳对口支援新疆喀什地区的喀什市和塔什库尔干塔吉克自治县（简称“塔县”），参与喀什经济开发区建设。支援新建学校（含喀什大学）14所，参与建设幼儿园162所，新建医院4家，带动建档立卡脱贫人口10.3万人，带动孵化企业1000家，社会工作覆盖人口47万人次，培训医生3万多人次，培训教师2.6万人次，培养学生3.52万人，资助贫困大学生5000人，培养产业工人40 000人。深圳产业园是深圳援疆打造的现代化工业园区，自2012年起建设，2015年正式投产。园区吸引纺织服装、电子信息和现代物流产业上百家劳动密集型企业入驻。

四、创新要素支撑高质量发展

（一）人才要素已成为重要驱动要素

从全球四大湾区比较来看，粤港澳大湾区面积最大、人口最多，人才成长势头处于领先态势。在粤港澳大湾区内，聚集了5所世界100强高校，多于其他湾区。截至2020年，粤港澳大湾区科技创新人才总量超过114万人，与2010年的43万余人、2015年的64万余人相比，分别增长了165%、78%。从人才规模分布来看，制造业仍是人才就业的主导方向，占湾区人才总量近半，远超其他行业；同时，互联网、人工智能、区块链、智能制造、大数据等新兴行业人才数量的年均增长率在近3年内已达5%以上，呈现出快速增长态势。粤港澳大湾区科技创新人才在空间分布上存在明显的梯度变化。2010年，深圳科技创新人才超过16万人，广州接近10万人；佛山、东莞处于相同的规模，科技创新人才约4万人，中山2万人；周边其他城市，如珠海、惠州、香港、肇庆、江门、澳门，均在1万人左右。2015年，广州、深圳科技创新人才超过16万人，东莞、佛山超过6万人，中山超过3万人，惠州超过2万人，肇庆、江门、珠海、香港、澳门均在1万人左右。2020年，深圳科技创新人才总量超过42万人，广州突破23万人，东莞、佛山突破10万人，惠州突破6万人，珠海、江门、香港、中山均超过3万人，肇庆、澳门均在1万人左右。

粤港澳大湾区对于科技创新投入的持续增加提升了对于科技人才的“磁吸效应”。粤港澳大湾区陆续颁布了《广东省进一步稳定和扩大就业若干政策措施》《关于推动港澳青年创新创业基地高质量发展的意见》等诸多高质量人才引进政策，提升了制度供给优势。粤港澳大湾区的人才引进数量上已有一定优势，吸引了全国大批优秀人才聚集，促使大量留学生加速回国。通过全面实施大湾区境外高端紧缺人才个人所得税优惠政策，珠三角九市累计发放个税补贴23.9亿元，引进近9000名境外创新人才。目前，深圳各类人才总量达548万余人，深圳科技大军人数超过200万人，累计认定高层次人才近1.6万人，全职院士超过50人，留学回国人员超过14万人。《2020年深圳人才竞争力报告》显示，2019年深圳引进各类人才28.75万人，引进人才数量逐年稳步上升，深圳共有省创新科研团队38个，连续10年居于全省地级市第一；制造业的人才总量超过104万人，占全市人口总量的比重超过40%。东莞人才总量达到258.4万人，占全市人口总量的比重为24.6%；其中，高层次人才总量18.3万人。全市建有院士工作站、重点实验室等各类人才平台1523个，通过机构集聚了基础研究人才近万名；广州在创新人才队伍建设成效显著，从业人员中每万人研发（R&D）研究人员数达130.96人年、高级职称专业技术人才数量达24万人。从科技创新人才的规模来看，深圳自始至终都是粤港澳大湾区科技创新人才的高地，广州介于第一梯队和第二梯队之间，东莞、佛山为第二梯队，其他城市为第三梯队。粤港澳大湾区是一个整体，但科技创新人才力量分布存在较大的不均衡性，城市间存在明显的梯度变化。

2010—2020年，粤港澳大湾区各城市科技创新人才总量年均增长率均值为11%，这一增长速度充分体现了大湾区在转型发展中的强劲动力。其中，惠州、江门后发优势较明显，科技创新人才总量年均增长率分别为18%、15%，珠海、佛山、东莞、香港均超过10%，广州、深圳均为9%。

2010—2015年，科技创新人才总量年均增长率除深圳、香港、澳门外，其他城市均超过10%。2015—2020年，香港科技创新人才总量年均增长率达25%，深圳、珠海、惠州、江门、东莞为16%～18%，广州、佛山为8%～9%，中山、肇庆呈负增长，分别为-3%、-1%。“十三五”期间相比“十二五”期间，香港、深圳科技创新人才总量年均增长率有较大的增幅，香港增加了23%，深圳增加了13%，说明香港、深圳科技创新持续高速发展。与此同时，珠海科技创新人才总量年均增长率增长了7个百分点；江门、澳门、东莞增幅均不超过5%。而广州、惠州、中山、佛山、肇庆“十三五”期间的科技创新人才总量年均增长率相比“十二五”期间减少了3%~16%，增长势头有所放缓。

粤港澳大湾区还存在行业间、城市间的结构性人才短缺情况。由于珠三角地区高等教育存在短板，本地高校科技人才培养不足，同时珠三角地区早期经济发展吸引来的主要是农民工等一般劳动人群，对中高端人才的吸引力度不够，珠三角地区在逐渐向高技术产业形态转型的过程中形成了较大的专业性高技术人才缺口。粤港澳大湾区的制造业人才丰富，建筑、教育、卫生和社会工作、金融等行业人才占比较低，高校毕业生从事科学研究和技术服务业的人数仅占毕业生总数的5.49%。

（二）金融要素支撑创新的潜力巨大

与纽约湾区、旧金山湾区和东京湾区三大世界湾区相比，粤港澳大湾区最大的不同之处在于拥有三大金融中心。据全球金融中心指数（GCFI）最新数据，2020年，全球金融中心城市前20名中，香港、深圳及广州分列第6、第11和第19名，粤港澳大湾区成为罕见的金融中心城市密集区域。大湾区坐拥深交所和港交所两大交易所，在提高其直接融资比例、提高要素的配置效率，引领经济发展向创新驱动转型、推动产业结构调整升级方面已有丰富探索。在深港金融市场合作创新、持续开展跨境资本市场合作、提升两大交易所的全球竞争力，以及更好地服务于粤港澳大湾区和中国特色社会主义先行示范区建设方面，仍有广阔的大提升空间。

粤港澳大湾区是我国开放程度最高、经济活力最强的区域之一，在国家发展大局中具有重要战略地位。2019年2月，《粤港澳大湾区发展规划纲要》出台，明确将大湾区建设为富有活力和国际竞争力的一流湾区和世界级城市群，打造高质量发展的典范；提出建设国际金融枢纽、大力发展特色金融产业、有序推进金融市场互联互通等具体目标。为实现这一宏伟战略目标，亟须金融更好地服务粤港澳大湾区实体经济发展。2020年，粤港澳大湾区“9+2”金融业GDP达到1.5万亿元，占GDP的12%，显著高于8%的全国平均水平。截至2020年底，粤港澳大湾区金融机构存贷款余额超75万亿元，占全国的19%；上市公司2319家，总市值超35万亿元。香港、深圳与广州的GDP均突破2万亿元大关，三地的金融业增加值均超2000亿元，合计占大湾区金融业增加值的83%，共同构成大湾区金融业的第一梯队；东莞、佛山两市的金融业增加值约为500亿元，位列第二梯队；其他城市的金融业增加值则在400亿元以下，位列第三梯队。

为促进粤港澳大湾区金融产业健康有序发展，深化内地与港澳金融合作，提升粤港澳大湾区在国家经济发展和对外开放中的支撑引领作用，从中央到地方均密集出台了多项支持大湾区金融产业发展的新政策，以此全力支持金融创新。2020年7

月印发的《关于贯彻落实金融支持粤港澳大湾区建设意见的实施方案》，从五大方面提出 80 条具体措施，加大金融支持粤港澳大湾区建设力度，包括促进粤港澳大湾区跨境贸易和投融资便利化、扩大金融业对外开放等方面，并明确落实各项措施的责任单位，为下一步具体贯彻落实指明了方向。此外，粤港澳大湾区各城市也相继出台相关实施方案。广东银保监局深化“放管服”改革，将广东自贸区南沙、横琴片区内银行业保险业行政许可简政放权事项推广至粤港澳大湾区内地 8 市（不含深圳，下同），已累计优化 8 市银行保险机构行政许可事项 560 余项。粤港澳三地不断深化金融合作。截至 2020 年底，共有 14 家港澳银行在大湾区内 8 市（不含深圳）设立了 80 余家营业性机构和 3 家代表处，港澳资银行机构资产总额较年初增长 8%。在“走出去”方面，招商银行等先后在香港设立分行或代表处，广州农商行、广发证券等金融机构先后赴香港上市；广发银行、招商永隆银行在澳门设立分行。

粤港澳大湾区的创投能力与国际先进水平存在较大差距。目前，广东地区的券商总部为 28 家，占全国的比例不到 5%。此外，广东地区的私募股权和风险投资额只有旧金山湾区的 1/10，差距较大。外商直接投资（FDI）主要流向深圳和广州，香港 FDI 规模 2018 年超三成。2022 年，珠三角的 FDI 占全国的 13.7%，珠三角的 FDI 主要流向深圳和广州。按美元计，2022 年，珠三角 FDI 为 258.5 亿美元，占全国的 13.7%，较 2018 年减少 6.3 个百分点。其中，深圳、广州、佛山、东莞、中山、惠州、江门、珠海、肇庆 FDI 占珠三角 FDI 的比例分别为 42.4%、33.1%、4.1%、4.4%、2.4%、5.8%、2.0%、5.3%、0.6%。深圳和广州的 FDI 占珠三角 FDI 比例达 75.5%，外资明显偏好珠三角的龙头城市。一方面，深圳和广州的营商环境优越、产业链配套齐全、对外开放程度高、对外资的优惠政策多是吸引外商投资的主要原因；另一方面，目前在深圳和广州的外资产业链的长度较短，对珠三角周边城市的辐射效果不明显，也是制约深广周边城市外资流入的原因之一。另外，除深圳和广州以外的珠三角其他城市在土地和人工成本上没有明显优势，也是外资流入较低的原因之一。

第二节 引领全球的创新型产业集群

粤港澳大湾区的通信、新能源汽车、无人机等产业已成为世界产业创新浪潮的引领力量，此外，粤港澳大湾区还拥有 300 多个各具特色的产业集群，产业结构以先进制造业和现代服务业为主，除了拥有大量高新技术产业，还存在许多不同的传统制造业，这为人工智能、智能制造、机器人、新材料、云计算、工业互联网、新一代信息技术等先进技术与传统工业结合奠定了基础。与此同时，粤港澳大湾区制造业发达、产业体系健全，这为研发、物流、金融、信息技术、商务、节能环保等生产性服务业的发展提供了广阔的空间，在粤港澳大湾区内，科研成果能迅速转化为创新产品。在2021年，粤港澳大湾区内有6个产业集群入选工业和信息化部先进制造业集群“国家队”。

目前，广东已形成7个产值超万亿元的产业集群，其中5G产业和数字经济规模稳居全国第一；推动建设的20个战略性产业集群政策已初步落地；新一代信息技术、生物医药、无人机、机器人等新兴领域均取得了显著成绩。2021年，在工业和信息化部确定的全国两批高规格25个先进制造业集群中，广东省珠三角地区占了6席，包括深圳市新一代信息通信集群、深圳市电池材料集群、东莞市智能移动终端集群、广佛惠超高清视频和智能家电集群、广深佛莞智能装备集群、深广高端医疗器械集群。

同时，粤港澳大湾区中的珠三角九市，已经形成了从研发到制造、再到应用的产业链完善的产业体系。2021年，广东工业增加值突破4.5万亿元，位居全国第一，约占全国工业增加值的1/8；工业投资同比增长19.5%，高技术制造业增加值占规上工业比重达29.9%；单位工业增加值能耗强度约为全国工业能耗强度的一半，能源利用效率居全国前列。广东培育主营业务收入超百亿元的企业310家；累计培育国家级制造业单项冠军85家、国家级专精特新“小巨人”企业429家。2021年，广东省20个战略性产业集群实现增加值49 069.97亿元，同比增长8.3%，增加值约占全省GDP的40%；十大战略性支柱产业集群实现增加值43 262.03亿元，占全省GDP的34.8%。

一、新兴产业积累量变为质变成为独特优势

依据国民经济行业分类标准GB/T 4754—2017对粤港澳大湾区TOP500优势创新机构（以下简称“优势创新机构”）样本中的企业行业进行归类，入选企业样本的行业共10个类别，主要集中在第二、第三产业：制造业，科学研究和技术服务业，信息传输、软件和信息技术服务业，电力、热力生产和供应业，批发和零售业，商务服务业，卫生和社会工作，建筑业，金融业及文化、体育和娱乐业。优势创新机构中，除企业外，还有多所高校、科研院所，对其统一设置为“高校和科研院所”。与2016—2020年500个优势创新机构相比，新一代信息技术、人工智能、智能制造装

备产业等战略性新兴产业领域优势逐步显现；信息技术行业创新能力不断加强，规模不断扩大；门类齐全、规模庞大的制造业体系已逐步形成。

粤港澳大湾区新兴产业的城市集中趋势明显，如新一代信息技术、高端装备制造、新能源、数字创意产业分别有 86.5%、81.8%、87%、89.2% 的企业分布在广州和深圳；其中新一代信息技术集中在深圳，新能源、数字创意集中在广州，广州、深圳还集中了粤港澳大湾区的高端装备制造企业。深圳形成了十几个战略性新兴产业基地，东莞、佛山、中山以专业镇方式推动经济发展，以特色产业为支撑，组成了多维立体的产业集群。在新一代信息技术工程上，除广州粤芯半导体项目二期将进行投产外，新开工建设的 26 个项目中，有 18 个位于粤港澳大湾区，包括电子信息、人工智能、新一代移动通信、新型显示面板等产业。

二、粤港澳大湾区新一代信息技术创新势头强劲

对 2017—2021 年粤港澳大湾区发明专利 IPC 子组进行统计与分析，选取发明专利公开量居前 30 名的 IPC 子组。其中新一代信息技术产业发明专利公开量最多，共 290 695 件，占比 62.37%，其次是数字创意产业发明专利，占比 19.63%。另外，新能源汽车产业、相关服务业、新材料产业和生物产业占比分别为 4.82%、3.16%、1.92% 和 1.81%。

三、产业链“链主”企业赋能全产业链

表 5–3 为 2022 年广东省战略性产业集群重点产业链“链主”企业名单（第一批），共有 28 家粤企入选，分布于 11 个战略性产业集群的 23 条重点产业链。从“链主”企业的所属城市看，广州有 9 家、佛山 4 家、中山 4 家、深圳 3 家，东莞、汕头、阳江各 2 家，珠海、惠州各 1 家。

粤港澳的 11 个战略性产业集群的 23 条重点产业链，包括智能家电、汽车、先进材料、软件与信息服务、超高清视频显示等战略性支柱产业集群，高端装备、智能机器人、新能源、数字创意、安全应急与环保、精密仪器设备等战略性新兴产业集群。例如，同头雁领航、众雁伴飞，“链主”企业在产业生态中拥有整合产业协作、引领品质提升、赋能数字化转型等能力。

产业生态涉及产业链上下游的不同供应商、服务商，乃至金融、物流、人才等

表 5-3 2022 年广东省战略性产业集群重点产业链“链主”企业名单（第一批）

序号	集群分类	战略性产业集群名称	重点产业链名称	“链主”企业名称	所属地市
1	战略性支柱产业集群	智能家电	家用制冷设备产业链	珠海格力电器股份有限公司	珠海
2			家用制冷设备产业链	美的集团股份有限公司	佛山
3			家用制冷设备产业链	TCL 空调器（中山）有限公司	中山
4			厨卫电器产业链	美的集团股份有限公司	佛山
5			厨卫电器产业链	华帝股份有限公司	中山
6			厨卫电器产业链	广东格兰仕微波生活电器制造有限公司	中山
7			生活电器产业链	美的集团股份有限公司	佛山
8		汽车	新能源汽车产业链	广州汽车集团股份有限公司	广州
9			智能网联汽车产业链	广州汽车集团股份有限公司	广州
10			智能网联汽车产业链	惠州市德赛西威汽车电子股份有限公司	惠州
11		先进材料	高性能铝合金产业链	佛山市三水凤铝铝业有限公司	佛山
12			高性能铝合金产业链	广东兴发铝业有限公司	佛山
13			绿色钢铁产业链	广东广青金属科技有限公司	阳江
14		软件与信息服务	工业软件产业链	华为技术有限公司	深圳
15		超高清视频显示	重点行业应用终端设备产业链	广州视源电子科技股份有限公司	广州
16			彩色电视机产业链	深圳创维 -RGB 电子有限公司	深圳
17	战略性新兴产业集群	高端装备	数控机床产业链	广州数控设备有限公司	广州
18			海工装备产业链	明阳智慧能源集团股份公司	中山
19		智能机器人	工业机器人产业链	库卡机器人（广东）有限公司	佛山
20			工业机器人产业链	广东拓斯达科技股份有限公司	东莞

续表

序号	集群分类	战略性产业集群名称	重点产业链名称	“链主”企业名称	所属地市
21	战略性新兴产业集群	新能源	海上风电装备制造产业链	明阳智慧能源集团股份公司	中山
22			海上风电装备制造产业链	广东金风科技有限公司	阳江
23		数字创意	数字音乐产业链	广州酷狗计算机科技有限公司	广州
24			动漫产业链	奥飞娱乐股份有限公司	汕头
25			智慧融媒产业链	广东省广告集团股份有限公司	广州
26		安全应急与环保	空气能产业链	广东纽恩泰新能源科技发展有限公司	广州
27			空气能产业链	广东芬尼克兹节能设备有限公司	广州
28			动力电池综合利用产业链	广东光华科技股份有限公司	汕头
29			安全应急智能监测预警产业链	佳都科技集团股份有限公司	广州
30		精密仪器设备	质谱仪器产业链	广州禾信仪器股份有限公司	广州
31			基因测序仪产业链	深圳华大智造科技股份有限公司	深圳
32			2D/3D X 射线无损检测装备产业链	广东正业科技股份有限公司	东莞

要素，“链主”企业的发展能带动整个产业链向上突围。广汽集团是新能源汽车产业链、智能网联汽车产业链的“链主”企业。根据近日发布的广汽集团2023年半年报，广汽埃安上半年分别实现产销21.67万辆和20.93万辆，分别同比增长117.39%和108.81%，销量居国内新能源乘用车第3位。目前，广汽埃安已形成126家一级供应商及几百家上游供应链企业或项目的省内配套，直接带动年产值贡献达200亿元。广汽埃安将在2025年实现核心供应链全部就近配套，为粤港澳大湾区打造世界级的“汽车硅谷”提供强有力的支撑。美的集团是家用制冷设备产业链、生活电器产业链、厨卫电器产业链的“链主”企业。仅在佛山北滘的智能家电产业中，与美的存在供需关系的企业就有800多家。以广东敏卓机电股份有限公司为例，该公司近几年在美的集团的牵引下不断丰富产品线，产值保持每年1倍的增长速度，多个电机种类产能位居全国前三。

不仅“链主”自身成长为“参天大树”，上下游产业链通过数字化、自动化等手段获得高效协同，要素质量进一步提升。作为厨卫电器产业链“链主”企业，格兰仕的数据中台系统实现全系统数据的闭环，生产、供应、业务、用户深度融合，提升全产业链、供应链数据流通效率及准确性。这一工业互联网平台背后，对接了上下游几千个供应商的生产、库存、物流等数据。

“链主”企业牵头组织开展关键核心技术攻关，破解“卡脖子”难题。围绕产业“链稳链补链强链延链控链”，发挥引领带动作用，加大重要产品和关键核心技术攻关力度，加快工程化产业化突破，切实解决关键原材料、核心零部件、高端装备、先进工艺等受制于人的问题。

“链主”企业牵头关键核心技术攻关案例

动力电池综合利用产业链的“链主”企业：光华科技

近年来，光华科技抓住新能源汽车飞速发展下废旧电池回收业务的“蓝海”，率先打通磷酸铁锂电池循环闭环的技术关键点，实现退役磷酸铁锂电池的精细拆解和全组分回收，同时掌握三元、磷酸铁锂动力电池再生利用核心关键技术，补齐了广东新能源汽车全产业链闭环的关键环节。企业平均每年投入销售收入的5%用于研发，组建了一支以教授、高工、博士、硕士为骨干的300多人的研发团队，具备自主开发多类精细化学品的基础研究、应用研究及工程化转化能力，在行业内率先形成完善的研发体系。

工业机器人产业链“链主”企业：拓斯达

拓斯达凭借强大的研发投入、人才培养与研发平台建设，取得多项核心技术突破性进展，工业机器人及自动化应用系统业务全年实现营收近13亿元。目前，拓斯达已形成工业机器人及自动化应用系统、注塑机及其配套设备、数控机床、智能能源及环境管理系统四大主营业务板块，产品销往亚洲、北美等多个地区。

第三节　企业为主体的战略科技力量

在粤港澳大湾区，企业、高校、科研院所等战略科技力量达到国际一流水平，特别是领军型科技企业。为继续加强应用导向的基础研究，粤港澳大湾区在研究型高校、科研机构方面主动培育和引入，高水平研究型高校和科研机构的数量和质量都快速提升。

一、领军型科技企业进入世界前列

企业是重要的创新主体，是科技成果转化的主力军，正在成为广东打造关键核心技术的重要发源地。广东企业创新指标连续7年居全国第一，成为广东区域创新体系的特色“长板”。深圳的华为公司研发经费达1400亿元、腾讯公司研发经费达389.72亿元，两家公司的研发经费总和为1789.72亿元。大湾区内已拥有超50家“独角兽”企业、1000多个产业孵化与加速器，以及15 000多家投资机构。同时，广东还有约7.6万家科技型中小企业，规上企业有研发机构的数量超3万家，在补链强链上发挥关键作用。大中小企业齐心协力，加强原创性、引领性科技攻关，依托科技创新提升产业核心竞争力，把科技的命脉掌握在自己手中。

广东的专精特新“小巨人”企业主要集中于粤港澳大湾区珠三角9市，珠三角9市共拥有408家专精特新“小巨人”企业，其中42家为上市公司。截至2020年，广东高新技术企业存量超过5.3万家，继续领跑全国，形成了强大的“专精特新”“小巨人”企业后备军团。截至2021年8月，广东“专精特新”“小巨人”企业有效发明专利达7000多件，稳居全国第一。广东明确提出，实施“专精特新”培育工程，力争未来五年推动 300 家“专精特新”中小企业登陆沪深交易所主板、创业板、科创板、新三板等。一大批企业从小到大，从大到优到强，华为、腾讯、大疆、格力等企业都经历了从小企业发展为各自领域的龙头企业或者头部企业的发展历程，区域内“专精特新”企业数量庞大，且整体质量优异。

从数据来看，广东已实施的 10 批次重点领域研发计划项目中，企业牵头的超过 53%，企业参与的超过 90%，有效解决了一批产业关键技术问题。截至 2022 年底，广东共依托企业建立省级工程中心 6648 家，占广东省级工程中心总数的 87.6%。2023 年 5 月，美的医疗旗下五大业务板块正式发布了横跨五大医疗场景的重点科研突破及产品成果。11 月，华为发布全球首个全系列 5.5G 产品解决方案，将提供“十倍网络能力”；同月，大疆正式发布无人值守作业平台“大疆机场 2”，为行业用户带来更加智能化、自动化、规模化的无人值守解决方案，提高生产效率。

以企业为主体、以需求为导向、产学研合作的“深圳模式”是粤港澳科技创新的核心模式。大湾区的创新发展模式是以“制造基底 + 创新基因 + 数字基础”为核心能力的科创生态，是全球其他三大湾区无法比拟的关键优势。粤港澳大湾区在追赶中崛起，从“后发优势”到“局部引领”再到“数字经济领头羊”，加速从制造中心走向“智造 + 智创”双中心。

深圳的研究与试验发展（R&D）投入以企业为主体，企业所占比重为 94.0%。2021 年，深圳全市共投入 R&D 经费 1682.15 亿元，R&D 经费投入强度为 5.49%。其中，基础研究经费所占比重为 7.3%，应用研究和试验发展经费所占比重分别为 9.1% 和 83.6%。

深圳企业最先与国际市场和跨国公司开展合作，在这个过程中深圳企业获得了两个方面的重要机会。一是在国际交流中学到了组织管理创新的知识；二是深圳的科技公司深度地融入了国际产业生态，成为全球高科技供应链中不可缺少的一部分。

深圳在发展初期传统科研资源少，创新被作为经济活动安排在企业中进行，自然而然地走上了市场驱动、需求导向的创新路径。2005 年深圳科技局做过一项调研，结果显示，深圳科技公司 97% 都是通过需求导向模式开展创新。

粤港澳大湾区在需求导向、产学研合作方面表现突出。在科技创新协同能力建设的实践过程中，主要城市逐步拓展外部创新资源渠道，以弥补本地企业研发和创新能力不足的问题，同时进一步促进高校和科研机构的科研成果转化。粤港澳大湾区面向市场的产学研高度一体化体系已经通过“以产定研、以产促研、双向对接”的方式逐渐建立起来。总体而言，当前粤港澳大湾区的产学研合作模式呈现出高度的灵活性和多样化趋势，主要模式包括联合研发、委托研发、合作办企、产业联盟、成果交易、内外部孵化、科技服务等。其中，产业联盟和内部孵化具有较强的大湾区特色。这些模式将高校和科研机构的智力优势与大湾区的市场环境优势相结合，重视高层次产业和研究人才的本地化培养，促进科研成果在本地进行转化和产业化，以及中小型科技企业孵化，能够面向未来形成具有长期活力的创新生态体系（表 5–4）。

表 5–4　粤港澳大湾区产学研合作案例

模式	基本合作方式	典型案例
联合研发	企业与高校、科研院所合作共建研发中心和研发项目团队，或直接利用高校、科研院所的研发平台，面向企业需求解决技术难题	深圳建业工程集团与深圳大学土木工程学院合作，校企共建建筑工程技术研发中心
委托研发	企业委托高校、研究机构对特定技术难题开展研发	深圳职业技术学院主要课题和项目经费来源于企业，受托为企业提供技术工业和流程改造的相关服务
合作办企	高校、研发机构以技术要素（专利、专有技术等）入股，企业以资本要素入股创办新企业	中国科学院深圳先进技术研究院以 5 项专利入股，与乐普医疗联合成立中科乐普公司，中国科学院深圳先进技术研究院占有该公司 25% 的股权
产业联盟	企业、高校、科研院所等联合组建产学研资一体化合作平台，形成研发联盟、专利联盟、标准化联盟、投资联盟和市场联盟	深圳在移动互联网、机器人、生命科技、云计算等领域已成立 45 个产学研资联盟，联盟参与者涉及该领域的多个主体
成果交易	借助技术交易平台，研发方通过专利许可或技术转让等方式将科技成果转让给企业，企业对技术进行产业化开发	深圳联合产权交易所、前海股权交易中心、国家技术转移南方中心等技术交易平台提供科技成果交易服务
外部孵化	高校、研发院所作为孵化器对入驻企业提供技术指导和其他服务，帮助创业企业快速突破技术瓶颈，将创意应用到生产中	深圳清华大学研究院现已累计孵化高新技术企业超过 3000 家，培育了 27 家上市公司
内部孵化	高校、科研院所鼓励内部研发人员创立企业，将科技成果直接进行市场开发	中国科学院深圳先进技术研究院、华大基因研究院等新型研发机构快速发展
科技服务	高校、科研院所为企业提供技术测试、技术咨询、人才培训、项目申报、实验室使用等相关科技服务	中国科学院深圳先进技术研究院为企业提供除研发合作外的多项科技服务，服务企业超过 500 家

二、高水平研究型大学具有国际影响力

目前，粤港澳大湾区高等教育方面的实力非常雄厚，分布着近150所高校。其中，广州拥有80多所普通本专科院校，在校大学生数量超过100万人。香港的高校数量不多，但因为发展较早，在各类高校实力排行榜上，香港高校都名列前茅。澳门近几年加大了在高等教育方面的投入，澳门大学、澳门科技大学等高校进步显著，在部分学科领域具有一定影响力。此外，珠海、佛山、东莞等城市的高等教育实力均不俗。在QS（Quacquarelli Symonds）公布的2021年世界大学排名中，香港有5所高校居全球Top 50，珠三角地区高校排名依次为中山大学（第263名）、南方科技大学（第323名）和华南理工大学（第462名）。

除香港、澳门外，粤港澳大湾区有24所高校跻身地方“双一流”建设高校名单。其中，中山大学、华南理工大学、暨南大学、华南师范大学、广州中医药大学5所著名大学入选世界一流大学和一流学科建设高校名单；华南农业大学、南方医科大学、广东工业大学、深圳大学、广东外语外贸大学、南方科技大学、广州大学、广州医科大学、东莞理工学院、广东财经大学等24所高校跻身地方“双一流”建设高校名单。

深圳的高等教育近年提升迅速。例如，南方科技大学、深圳大学等发展迅猛。深圳大学6个学科进入基础科学指标（ESI）世界排名前1%，成为内地高校ESI排名进步最快的高校；南方科技大学建校不到六年就获批4个一级学科博士学位授权点，创下国内最短纪录。深圳大学、南方科技大学双双进入新一轮广东省高水平大学重点建设高校行列；哈尔滨工业大学（深圳）、香港中文大学（深圳）进入新一轮广东省高水平大学重点学科建设高校行列。

三、高水平科研机构增速显著

2021年，粤港澳大湾区内珠三角9个城市的研发支出超过3600亿元，研发投入强度约3.7%。近年来，广东以国家战略性需求为导向推进创新体系优化组合，基本形成以鹏城实验室、广州实验室为牵引，以国家重点实验室、省实验室为核心，与省重点实验室、粤港澳联合实验室等创新平台共同组成的梯次衔接、主体多元、特色分明的实验室体系。当前，10个广东省实验室（共25个法人单位）覆盖10余个地市，成为支撑广东地方科技创新与产业发展的重要力量。此外，广东有省重点实

验室400个家，通过分类管理、动态评估、优胜劣汰，力争到2025年建成省重点实验室450个左右。2023年，广东围绕纳米科学与技术、计算机科学与工程、土木工程、生物医药等港澳优势学科领域启动第三批粤港澳联合实验室申报，目前已完成专家评审，拟择优支持其中10家左右联合实验室。

国家支持在粤港澳大湾区建设综合性国家科学中心先行启动区，依托前海深港现代服务业合作区、横琴粤澳深度合作区、河套深港科技创新合作区、深圳西丽湖国际科教城、广州中新知识城等一批重大创新合作平台，促进科技、产业、金融的良性互动和有机融合，推动广深港、广珠澳科技创新走廊不断提升能级。

第四节　快速聚集科技基础设施

粤港澳大湾区产业结构升级处于全国前列，形成了若干在全球具有引领性的创新型产业集群，但是，由于历史原因，粤港澳大湾区在高校、科研机构、科技基础设施建设等方面，还存在很多短板。广东从政府到企业已经强烈意识到科技基础设施对产业长远发展和竞争力的支撑作用，近几年来，不断强化资金投入和政策投入，引导人才、资金、科学仪器的高效使用与共享，取得积极成效。

一、创新政策加速科技基础设施集聚

制度创新往往是推动科技创新的前提。粤港澳大湾区作为“先行先试区域”，承担着全国科技体制改革“试验田”的重要使命。粤港澳三地已初步构建起以《粤港澳大湾区发展规划纲要》（简称《纲要》）为核心、以科技政策为配套的政策支撑体系。在国家层面，《纲要》标志着国际科技创新中心建设从概念走向现实，重点在于明确了构建开放型区域协同创新共同体、打造高水平科技创新载体和平台及优化区域创新环境的建设方向。首先，以金融为支撑的科创投融资制度体系逐步形成，尤其是明确了支持创投基金的跨境资本流动。其次，在财政政策上，政府以财政补贴将资本导入新型研发机构，构建金融资本对众创空间的制度化支持机制，对于解决科技创新活动投融资问题具有重要意义。此外，粤港澳三地税收减免政策在助推大湾区融合协同发展中发挥着重要作用。地方政府引导建立各类孵化器、产业园区、

创新平台、科技园、众创空间等，支持和促进科技成果转化，进一步强化了创新环境（表5–5）。

表5–5　粤港澳促进科技创新的政策

年份	发布机构	政策文件名	关键内容
2019	中共中央、国务院	粤港澳大湾区发展规划纲要	建设国际科技创新中心，构建开放型区域协同创新共同体，打造高水平科技创新载体和平台，优化区域创新环境
2019	中共中央、国务院	关于支持深圳建设中国特色社会主义先行示范区的意见	以深圳为主阵地建设综合性国家科学中心。支持重点创新载体建设、基础研究与关键技术攻关，支持产权证券化及知识产权交易中心建设，支持在境外设立科研机构，境外人才引进和出入境便利化制度改革等
2020	中国人民银行、中国银保监会、中国证监会、国家外汇管理局	关于金融支持粤港澳大湾区建设的意见	构建多元化、国际化、跨区域的科技创新投融资体系，建设科技创新金融支持平台，促进科技成果转化。支持创投基金的跨境资本流动，便利科技创新行业收入的跨境汇兑。大力发展金融科技
2021	全国人民代表大会	中华人民共和国国民经济和社会发展第十四个五年规划和2035年远景目标纲要	支持大湾区形成国际科技创新中心，建设综合性国家科学中心，提升创新策源能力和全球资源配置能力，便利创新要素跨境流动。扩大内地与港澳专业资格互认范围，深入推进重点领域规则衔接、机制对接。便利港澳青年到大湾区内地城市就学、就业、创业
2021	中共中央、国务院	横琴粤澳深度合作区建设总体方案	发展促进澳门经济适度多元的新产业，建设便利澳门居民生活就业的新家园，构建与澳门一体化高水平开放的新体系，健全粤澳共商共建共管共享的新体制
2021	中共中央、国务院	全面深化前海深港现代服务业合作区改革开放方案	进一步扩展前海合作区发展空间，推进现代服务业创新发展，加快科技发展体制机制改革创新，打造国际一流营商环境，创新合作区治理模式，深化与港澳服务贸易自由化，扩大金融对外开放，提升法律事务对外开放水平，高水平参与国际合作
2022	国务院	广州南沙深化面向世界的粤港澳全面合作总体方案	将南沙打造成为立足湾区、协同港澳、面向世界的重大战略性平台，在粤港澳大湾区建设中更好地发挥引领带动作用

二、科技基础设施承接和共享能力提高

广东聚焦材料、生命、信息、海洋、能源等重点学科领域，建设世界一流重大科技基础设施集群，筑牢原始创新策源地。2023 年 11 月 12 日，中山大学和散裂中子源科学中心联合建设的高能直接几何非弹性中子散射飞行时间谱仪揭牌，将成为科学家观察物质材料的新“中子眼睛”，有望进一步揭示高温超导材料的机制和微观结构。如今，广东有 10 个拟建、在建或已建成的重大科技基础设施。惠州加速器驱动嬗变研究装置、惠州强流重离子加速器装置、汕头海底科学观测网南海子网（汕头登陆点）、未来网络试验设施（深圳分中心）等有望在 2025 年建成，人类细胞谱系、冷泉生态系统、先进阿秒激光等新的科学装置加快布局。

在科技基础设施共享方面，港澳科研机构和人员可共享使用内地重大科技基础设施和大型科研仪器，国家超算广州中心开通与港澳间的网络连线，服务港澳地区用户近 200 家。在科研物资方面，科研用品跨境使用进出口手续进一步简化，港澳科研设备过关免办强制性产品认证，大型科研设备实施 24 小时预约、“即报即放、到厂检验”的通关模式。此外，中央财政和广东省财政科研资金过境港澳使用的渠道已打通，国家重点研发计划“干细胞及转化研究”“纳米科技”等基础前沿类专项全部对港澳开放申报，粤港、粤澳科技创新联合资助项目稳步实施。

第五节　打造全球高技术产业创新中心

一、问题与挑战

粤港澳大湾区内部科技、经济发展不平衡，协同发展进展缓慢。一方面，珠三角内部城市经济发展的差距明显，两极分化仍在扩大。2022 年，深圳和广州 GDP 占珠三角的比例超过 58.5%，而在 2013 年这一比例为 56.3%；排名后 5 位的中山、惠州、江门、珠海、肇庆 GDP 占珠三角的比例只有 18.7%，而 2013 年这一比例为 20.0%。另一方面，粤港澳大湾区优质高校和科研机构资源高度集中于香港和广州两地；深圳为弥补高等院校资源先天不足的缺陷，在近年着力吸引国内知名高校前来建立分校并建设了一批满足本地高科技产业需求的高等教育院校和科研机构，如南

方科技大学、深圳大学、中国科学院深圳先进技术研究院等。除广州、深圳外，东莞、佛山、中山等其他城市缺乏相应的知名院校，与其较为发达的经济地位不相匹配，本地人才培养和基础科研能力仍存在不足。

非技术性因素影响了粤港澳大湾区高技术产品出口。随着中国企业国际化布局的大跨步推进，中国企业海外经营风险集中爆发。不符合法律、规则的经营风险在全球化的模式中被成倍放大，合规发展问题成为中国企业开拓国际市场、向产业链高端攀升过程中的重大挑战。新市场的开发和新客户的推广作为企业可持续经营的重要环节，往往是合规风险最为集中的领域，但也是企业可以及时管控、有效防止风险蔓延的关键阶段。因此，加强对国外市场的市场准入、知识产权、消费者权益保护等政策法规的研究和相关法律支持更为重要。

粤港澳大湾区必须面对产业转型升级的新挑战。自 2019 年初《粤港澳大湾区发展规划纲要》出台，粤港澳大湾区正式上升为国家战略已经 5 年多。国家对大湾区的发展寄予厚望，但中美博弈、新冠疫情、地缘政治冲突等事件给大湾区经济的发展带来了重重困难和挑战。大湾区以外贸为主的产业结构在国家经济模式向双循环转型的过程中受到较大影响。珠三角毗邻香港，国际贸易非常便捷，高度依赖外贸产业，在外部环境较为友好的阶段，珠三角企业主要关注市场需求，通过紧跟市场需求、抢占市场份额获得更多的发展空间。但当外部环境变得动荡、外贸形势更加严峻时，珠三角企业受到技术和市场需求制约的冲击也随之加剧。此外，大湾区与长三角制造业相似度较高，存在一定的同质竞争。产业结构相似系数是衡量地区间产业同构程度的重要指标，数值范围在 0 ～ 1，越接近 1，表示两地区产业结构同构度越相似，反之则同构度越低。2019 年，粤港澳大湾区与长三角工业产业相似系数达 0.7987，表明两地区产业相似度较高。

二、几点建议

（一）培育未来产业推进大湾区“科技母工厂”建设

协同创新共进，打造产业生态多元的产业湾区。推动湾区共享创新，聚合湾区力量，引导科技企业设立湾区“科技母工厂”，探索“湾区研发 – 全球转化”的产业范式。面对全球科技创新的竞争与合作，粤港澳大湾区致力于打造支撑世界科创湾区的区域科创共同体。以“环湾科创带”推动科技协同走深走实，构建从前海的科创总部高地，到深港河套科技协同创新中心、沙头角文化科技群落，再到横琴的“环湾科创带”全链条布局，推动大湾区科技协同向实质化、高质量发展。同时，以“科技母工厂”推动科创辐射走稳走远，实现大湾区科创引领、产业带动的发展使命。

持续增强创新优势行业的产业支撑与服务能力。继续强化粤港澳大湾区在计算机通信电子、仪器仪表、通用设备和专用设备等行业的创新与产业优势，通过积极加强与全球创新网络的链接及增强自主创新，提升全产业链的创新优势与制造优势，尤其要在“卡脖子”的集成电路、芯片制造和中试环节实现创新突破，并推动与制造生产的深度融合，稳步提升相关产业的国际竞争力。

粤港澳大湾区应加速培育具有高成长、高潜力、高技术含量的未来产业，培育位于世界中高端、高端或顶端的高精尖产业，培育增加值占比处于全国前列的重大产业。聚焦未来产业的培育和发展，抢占未来产业发展技术制高点，围绕人工智能、区块链、智能传感、卫星互联网、空天科技、太赫兹、信息光子、低碳零碳负碳技术（碳达峰碳中和）、天然气水合物、氢能、材料基因工程、合成生物学、干细胞与再生医学等十三大领域实施研发专项，为提升粤港澳大湾区产业基础高级化、产业链现代化水平提供重要技术支撑。应按照相关要求，精准布局未来产业，重点聚焦类脑智能、量子计算、6G、未来网络、无人技术、超材料和二维材料、基因与干细胞等关键领域，着力在前沿科技领域实现产业培育与技术突破。

以先进算力、数字化等应用平台为支撑，在人工智能领域以智能芯片、开源框架等核心技术突破为切入点，开展超大规模智能模型、算力与智算平台建设，为人工智能技术开发应用提供创新支撑。在新一代信息技术、生物技术、新能源、新材料、高端装备、新能源汽车、绿色环保、航空航天及海洋装备等产业要攻克“卡脖子”技术，形成更加安全可靠的产业链。充分利用粤港澳大湾区产业链供应链集群优势，依托香港、澳门、广州、深圳等中心城市的科研资源密集优势和一些行业高新技术产业基础，充分发挥粤港澳大湾区总体创新研发能力强、运营总部密集，以及珠海、佛山、惠州、东莞、中山、江门、肇庆等地产业链齐全的优势，加强大湾区产业对接，提高协作发展水平。

（二）继续推进区域创新协作网络构建新发展格局

通过优化区域内的产业分工协作来引导创新的区域合作，形成功能明确、层次合理、各有侧重的区域创新协作网络。一方面，要建设粤港澳大湾区创新联盟，以产学研合作为轴线，实行同一产业在不同地市之间主导与协同式的创新协作，促进行业的全产业链创新与制造协同提升；另一方面，则要注重不同城市特色优势产业的创新融合，尤其要加强各城市具有竞争力和结构优势的行业，如交通运输设备制造、化学原料与化学制品、家具制造、纺织等的创新培育与科技成果转化工作，提高创新优势与产业优势的融合度。

（三）加快在粤港澳大湾区锻造一大批“专精特新”中小企业和冠军企业与领军企业进行协作

一是要培育处于产业链顶端的制造业单项冠军企业，衔接产业链断点，增强产业链韧性，提高经济抗风险能力。支持那些长期专注于基础零部件、基础装备、关键材料等细分产品市场的企业，发挥大国工匠精神，把企业做成“百年老店”。争取使特定细分产品销售收入占全部销售收入比重超过70%，生产技术或工艺国际领先，产品质量精良，单项产品市场占有率位居全球前三。

二是培育专精特新“小巨人”企业，使其与终端产品制造商和上游原材料、零部件供应商之间，建立相互支撑、相互连接、长期相对稳定的产业链上下游嵌套关系，促进粤港澳大湾区产业集群发展，提高产业链完整性、配套性与不可或缺性，增强其为大企业、大项目提供关键零部件、元器件和配套产品的能力。

三是培育一大批专精特新中小企业，使大量具有“专业化、精细化、特色化、创新化”特征的中小企业，使其成为在核心基础零部件和元器件、先进基础工艺、关键基础材料、工业软件、产业技术基础“五基”领域“补短板”“填空白”的企业。

四是鼓励支持量大面广的创新型中小企业，通过这些企业持续的技术、品牌和模式等创新能力，成为粤港澳大湾区技术创新的重要主体和制造业高质量发展的生力军。

粤港澳大湾区产业链、供应链密集，已形成产业链、供应链集聚和产业配套能力，专精特新中小企业与中国亟须高质量发展的要求和国家规划目标比较，还有相当大的差距。必须加大培育一大批以专精特新企业为代表的中小企业，使其成为发展壮大实体经济的主力军。发现并推广专注于产业链某一环节的中小企业，这些企业具有创新能力强、市场占有率高、掌握核心关键技术等特征，把创新发展的着力点放在实体经济上，把做大做强具有创新能力的实体经济作为主攻方向。建立专精特新企业上市融资绿色通道，使符合条件的企业快速对接资本，让创新型的中小企业得到快速发展，享受中小企业创新成长红利。培育专精特新中小企业、培育“隐形冠军”企业，具体做法就是要鼓励创新，做到专业化、精细化、特色化、新颖化，把企业打造成掌握独门绝技的“单打冠军”或“配套专家”，有望为国家解决制造业细分领域内的一批“卡脖子”难题。对于在一些领域出现的“卡脖子”问题，要优先从资本上给予支持，推动具有“冠军企业”潜质的企业提升创新能力，进一步掌握技术上的绝对领先优势，在国际竞争中占据主导地位，形成一批具有自主知识产权、自主创新的高精尖产业集群。

（四）建设具有制度优势的全球人才创新高地

粤港澳大湾区应充分利用好港澳创新能力和人才优势，通过相关制度衔接，推动港澳科技研发优势和内地产业化应用优势充分对接，推动三地科技资源融合，将港澳科技力量纳入国家整体科技创新体系中来。推动三地科技深入合作，打破资金、人才、设备、样本、材料、信息、技术等科研要素的跨境流动限制；推动三地科研资源的对接、匹配和整合，共同形成综合、系统、集成的科研生态和创新体系。探索建立粤港澳大湾区创新资源信息共享平台，打通大湾区科技信息互通的通道，推动科技创新资源与信息的开放共享。支持粤港澳高校、科研机构联合建立专用科研网络，实现科学研究数据跨境使用。

建立促进产学研深度融合的体制机制，探索“创新＋创业”“科技＋资本”“战略＋科学”等新范式，探索和完善战略科学家培养方式和实现路径。以提高中国总体创新能力的长远眼光，在粤港澳大湾区有意识地发现和培养更多具有战略科学家潜质的高层次复合型人才，形成国家战略科学家成长梯队中的基础性力量。坚持实践标准，在国家重大科技任务担纲领衔者中、在处于全球产业链供应链头部企业领军者中、在解决中国“卡脖子”技术的科研者中，发现和培养具有深厚科学素养、具有前瞻性储备性的战略科学家，以及视野开阔，具有前瞻性判断力、跨学科理解力、大兵团作战组织领导力的战略科学家。培育具有战略眼光的帅才型科学家，以更大的政策力度推动科技创新与高技术产业跨越发展的“领路人”脱颖而出。

粤港澳大湾区已经积淀了创新资源的存量优势，应以更高的起点、更新的高度构建支撑高质量发展的人才队伍。应将重点放在着力构建战略科学家成长梯队、打造一流科技领军人才和创新团队、造就具有国际竞争力的青年科技人才队伍及培育支撑广东制造业高质量发展的卓越工程师队伍上，优化世界一流新型研发机构配套支持政策，建立与国际接轨的治理结构和组织体系。依托国家级创新基地、新型研发机构等创新平台，以“大科学装置＋大科学任务＋大科学领军人才＋大科学创新机制”等形式，吸引全球顶尖科研人才开展科研工作。实施“高聚工程”等人才计划，面向全球引进和使用各类人才资源，引进首席研究员（PI）、高级算法工程师和平台架构师等核心技术人才。在推动人才、技术、资本和数据等创新要素流动方面走在全国前列，大湾区每万名就业人员中研发人员数、公民具备科学素质的比例处于全国领先水平，为创新创造提供制度供给优势，尽快使粤港澳大湾区成为全球创新网络的重要节点。

创新科研管理制度，释放研发活力。集聚国际顶尖创新资源，吸引一流的国际化人才。打破传统僵化的科研管理制度，试行职务发明实行科技成果混合所有制的办法，探索实施科技创新“包干制”改革，改革滞后的科研院所人事、财务制度，科技企业实施员工持股，落实知识产权保护，释放活力。支持科研事业单位探索试行更灵活的薪酬制度，探索具有重大产业变革前景的颠覆性技术发现和培育机制。依托重大科技基础设施、科技创新走廊和几大科学城，围绕物质科学、空间科学、生命科学等基础研究领域，开展国际联合研究项目，集聚国际知名科学家和团队资源，打造具有国际影响力和国际资源吸附力的创新综合体。

（五）发挥全球高技术产业中心与国际金融中心的双重叠加优势

粤港澳大湾区定位全球高技术产业创新中心，构建“国家队＋地方队＋企业队”的创新体系。创造条件争取更多国家队在粤港澳大湾区设立分支机构，与省队、市队合作融合，形成以基础研究、尖端技术、原始创新为主导的研究基础。建设一批一流的科研院所、高校和公共技术服务平台，加大长期持续投入，集中力量在基础应用研究及关键核心技术上取得实质性突破。建立符合科技创新规律、突出质量贡献绩效导向的科技评价体系。以高质量创新、创新成果产业转化、创造原创能力机制为导向，根据不同学科、不同研究领域及创新链不同环节，分别设置合理的评价指标，构建科技创新分类评价体系。加强与粤港澳大湾区的国家科技生态体系的“融合”、与外资企业创新链“咬合”、与本土头部企业创新能力配套“结合”，在全球产业链深度变化的基础上，加强构建跨境创新网络。

形成科技金融对高技术产业的支撑机制。高技术企业各个发展阶段有着不同的风险特征和金融需求。在种子期的高技术企业需要科技金融发挥孵化作用，促进优质科技项目的产业化和市场化；在起步期和成长期等企业快速发展阶段，高技术产业需要各金融主体发挥有力的助推作用；在企业进入成熟期，形成稳定的产品市场时，高技术产业需要科技金融对其新产品开发和市场渗透活动提供保障。在高技术产业的发展中，科技金融对其资本机制、风险分散机制、信息披露机制及激励约束机制的形成起到了促进作用。发挥粤港澳的金融优势，通过资金、政策引导金融机构围绕高技术制造企业，量身定制金融服务方案，打造专属金融产品。例如，兴业银行推出“技术流”授信模式，多维度量化企业的科技创新能力和发展趋势，配套适度宽松的授信准入政策；太平洋财险推出“一揽子”保险产品目录，从设备采购、技术研发、知识产权保护、融资增信等方面为企业提供全流程风险解决方案。依托专业投资机构在行业分析、投资尽调、投后管理等方面的业务优势，增强银行机构在企业成长期跟进“投联贷”等信贷产品的信心。

（六）加强河套、横琴、广州深度合作区建设，支持港澳更好融入国家发展大局

围绕发展新产业、建设新家园、构建开放新体系和健全新机制，全力支持澳门更好地融入国家发展大局。紧扣促进澳门经济适度多元发展这条主线，以更大力度、更多政策举措加快推进横琴粤澳深度合作区建设。一是发展促进澳门经济适度多元化的新产业。强化在企业所得税优惠、境内外人才引进等方面给予特别支持政策，着力吸引人才、资金、技术等优质发展要素，重点发展科技研发和高端制造、中医药、文旅会展商贸、现代金融等产业，从而逐步破解长期以来澳门经济结构单一化的问题。二是建设便利澳门居民生活就业的“新家园”。通过对澳门居民个人所得税、“澳门新街坊”和医疗联合体建设、基础设施互联互通等方面给予全面支持和便利，积极吸引澳门居民到横琴就业创业、居住生活，为澳门居民拓展建设高品质生活家园。三是构建与澳门一体化高水平开放的新体系。从根本上就是要加快推动实现横琴与澳门在规则、体制机制等方面的深度衔接，建立高度便利的市场准入制度，最大限度地便利人流、物流、资金流、信息流的顺畅流动，充分激发和联动澳门联系沟通世界的优势，实现更高水平的与澳门一体化扩大对外开放。四是健全粤澳共建共商共管共享的新体制。这是合作区建设的重大制度创新和保障，就是要发挥制度优势，通过更高规格的管理、更有力度的执行、更大程度上的收益共享，形成广东和澳门在推动合作区建设上的强大合力，确保横琴开发建设取得新突破、实现新飞跃。

推动香港与深圳、广州的专利合作，以河套港深合作区为科技创新合作的核心载体。在珠三角 9 市中深圳、广州与香港的创新联系呈现显著增强趋势。2010—2020 年，广州、深圳与香港的创新联系显著强于其他城市。其中深圳从香港受让专利占比超过 90%；广州与香港的创新联系也大幅增强，成为与香港联系第二密切的城市。

第六章

成渝区域科技创新中心

成渝城市群是继长三角、珠三角、京津冀之后我国最重要的国家级城市群，也是西部地区最大规模的城市群，作为我国重要的高新技术产业和制造业基地，是推动我国科技创新战略纵深的关键区域。2020 年 1 月，习近平总书记在中央财经委员会第六次会议上提出，使成渝地区成为具有全国影响力的科技创新中心。2021 年 10 月，中共中央、国务院印发《成渝地区双城经济圈建设规划纲要》(以下简称《纲要》)。当前，科技创新已经成为发展的核心要素，我国迫切需要打破传统的惯性思维，在相对落后的地区加快探索出一条通过增强科技创新能力引领经济社会发展的区域发展新路径。在成渝建设具有全国影响力的科技创新中心，不仅有助于优化国家科技创新的空间布局，构筑新的战略高地，还能推动成渝成为“一带一路”枢纽和前沿，扩大我国发展的战略腹地空间，有助于破除成渝之间的区域壁垒，释放科技创新潜力。

第一节　我国科技创新网络的枢纽之一

成渝地区综合科技创新实力位居全国前列，是继我国除东部三大国际科创中心之后，首选的战略科技资源纵深目的地。《国际科技创新中心指数 2023》显示，成都与重庆两大城市均已跻身全球前 100 强，科技创新基础坚实，发展态势较好。在世界知识产权组织（WIPO）发布的《2023 年全球创新指数》的全球科技集群百强榜中，成都居全球第 24 位，重庆居全球第 44 位。成都综合排名第 66 位，其中科学中心排第 43 位、创新高地排第 49 位、创新生态排第 85 位。重庆综合排名第 96 位，其中科学中心排第 84 位、创新高地排第 82 位、创新生态排第 98 位。整体上看，成都的科技创新实力更为雄厚，尤其从 PCT 专利数量、有效发明专利拥有量（每百万人）来看，成都已列入全球技术创新能力 20 强城市。

一、研发实力居西部首位

成渝城市群是西部地区科技资源最密集的区域，也是承载高新技术产业、聚集科技创新资源最具潜力的地区。在成渝城市群中，重庆和成都不仅是西部地区经济实力最雄厚的城市，经济实力也在中国城市中占据前列。2023 年，重庆 GDP 达到 30 145.79 亿元，居全国第 5 位；成都 GDP 达到 22 074.7 亿元，居全国第 7 位，这两个城市占西部地区全部 GDP 的 1/5。

从研发投入看，2022 年，重庆、四川全社会研发经费投入分别为 686.6 亿元、1215.0 亿元，合计 1901.6 亿元，占西部 12 个省（自治区、直辖市）全社会研发经费投入（3961.7 亿元）的 48%，远远超过以陕西省为核心的关中城市群，和西部其他省（自治区、直辖市）（表 6–1）。从技术成交额看，根据科技部火炬中心发布的《关于公布 2022 年度全国技术合同交易数据的通知》，2022 年成渝地区技术合同成交额超过 2280 亿元，占西部地区技术合同成交总额的三成。由此可见，对西部地区来讲，四川、重庆在科技创新中的地位远强于其在经济上的地位。在西部地区科技实力最强的成渝城市群推进科技创新，将有助于快速形成科技资源的集聚效应，形成西部地区科技创新中心区域，从而有利于我国构建更均衡的科技创新空间格局，形成新的战略高地。

表 6–1　2022 年西部各省（自治区、直辖市）全社会研发投入

各省（自治区、直辖市）	全社会研发经费投入 / 亿元	研发强度
四川	1215.0	2.14%
陕西	769.6	2.35%
重庆	686.6	2.36%
云南	313.5	1.08%
广西	217.9	0.83%
内蒙古	209.5	0.90%

续表

各省（自治区、直辖市）	全社会研发经费投入 / 亿元	研发强度
贵州	199.3	0.99%
甘肃	144.1	1.29%
新疆	91.0	0.51%
宁夏	79.4	1.57%
青海	28.8	0.80%
西藏	7.0	0.33%

二、基础研究实力处于全国第一方阵

成渝依托丰富的科教资源，形成了基础研究支撑产业发展的良好局面。*Nature* 增刊《2023 自然指数—科研城市》显示，成都和重庆是我国科研综合排名居前的区域，其中成都排在第 24 位，重庆排在第 36 位。从学科看，四川在药理学，化学，口腔医学，交通工程，电子、通信与自动控制，计算机科学等学科位居全国前列；重庆在生物学，化学，电子、通信与自动控制，临床医学和材料科学领域处于领先地位。软科 2023 年“世界一流学科排名”显示，四川共有 14 所高校 148 个学科上榜，均比上年有显著进步。其中，四川大学的化学工程、矿业工程、生物医学工程和口腔医学，电子科技大学的通信工程、遥感科学与技术，西南交通大学的交通运输工程共 7 个学科跻身世界前十。重庆共有 21 个学科上榜，13 个学科排名较上年提升，6 个学科进入全球前 50 强，分别是冶金工程（排第 12 位）、仪器科学（排第 12 位）、矿业工程（排第 17 位）、机械工程（排第 39 位）、土木工程（排第 44 位）、交通运输工程（排第 49 位）。此外，另有 9 个学科进入全球前 100 名。从研发团队建设看，成渝地区拥有四川大学、重庆大学等本科院校 48 所，年输送毕业生近 15 万人，其中电子科技大学在全国电子类专业中综合排名第一；聚集两院院士、国家级重点人才计划专家等高层次人才超 3000 人，拥有核心元器件、网络安全等领域院士团队 25 个；拥有国家地方共建硅基混合集成创新中心、“芯火”双创基地、国家示范性微电子学院等高能级创新平台 300 余个（表 6–2）。

表 6–2　成渝地区高校院所优势学科领域分布

科技产业	一级学科国家重点学科	二级学科国家重点学科
生物医学	四川大学：生物医学工程 重庆大学：生物医学工程 重庆医科大学：中医肿瘤科、急诊医学科	四川大学：生物医学工程 四川农业大学：作物遗传育种 重庆大学：生物医学工程、精密仪器及机械
新材料	四川大学：材料科学与工程	四川大学：材料学、材料加工工程 重庆大学：材料学
医学	四川大学：口腔医学	四川大学：内科学（呼吸系统）、外科学（普外）、儿科学
工程机械	西南交通大学：机械工程 重庆大学：机械工程	西南交通大学：车辆工程、电力系统及自动化、桥梁与隧道工程、机械制造及自动化 四川大学：固体力学、材料加工工程 重庆大学：机械制造及其自动化、机械电子工程、机械设计及理论
装备制造	西南交通大学：交通运输工程	西南交通大学：载运工具运用工程 重庆大学：车辆工程、电机与电器、电力系统及其自动化、高电压与绝缘技术
信息技术	电子科技大学：信息与通信工程 重庆大学：电气工程	电子科技大学：电路与系统、通信与信息系统 四川大学：计算机应用技术 成都理工大学：地球探测与信息技术 重庆大学：电力电子与电力传动、电工理论与新技术
人工智能	电子科技大学：电子科学与技术	电子科技大学：物理电子学
矿产资源开采装备	西南石油大学：石油与天然气工程 成都理工大学：地支资源与地质工程	西南石油大学：油气井工程 成都理工大学：地质工程 四川大学：岩土工程 重庆大学：工程热物理、城市规划与设计（含风景园林规划与设计）、岩土工程、采矿工程

三、关键核心技术不断取得新突破

成渝地区在先进装备、航空航天、人工智能、清洁能源等多个领域成功突破了一批关键核心技术，部分达到了国际领先水平。在先进装备领域，交付了全球首款18 MW级海上风电机组、国内首套1500米级水深采油树系统、国内外矿山行业首套自动控制钻孔机器人、国内首台高国产化率M701F5燃机等产品，打破国外垄断，研制出国内首个国产机器人控制器，并实现销量全国第一。在航空航天领域，研制出我国中远程、重型第五代隐身战斗机——歼20，以及全球首创的三发、模块化、多用途大型中空长航时无人机——翼龙-2等。在人工智能领域，成都人工智能领域多项技术全国领先，“AI成长潜力”排名居全国第2位，成功研发并量产国内首颗X86架构通用服务器CPU芯片、人工智能神经网络平台芯片、语音AI芯片等人工智能神经网络平台芯片，电子科技大学的“多媒体哈希检索理论与方法”荣获中国智能科学技术最高奖（吴文俊人工智能自然科学奖一等奖）。在清洁能源领域，新一代人造太阳“中国环流三号”取得重大科研进展。

四、联合打造“一带一路”科技交往中心

《成渝地区双城经济圈建设规划纲要》提出，成渝地区共建“一带一路”科技创新合作区。成渝按照“一区、两核、多园、众点”布局建设了“一带一路”科技创新合作区，联合打造“一带一路”科技交往中心，全球科技创新资源正在不断汇聚川渝。在建立科技交往合作机制方面，已经和80多个国家和地区的各类创新主体开展了科技交流合作，与匈牙利等国家和地区签订了科技创新战略谅解备忘录，建立起政府间、高校间、企业间多层次的科技创新合作机制。在深化科技人文交流方面，连续举办“智博会”“西博会”，召开了国际应用矿物学大会、“一带一路”微无创医学创新论坛等高端学术会议，进一步增进了对外交流。在创新合作平台打造方面，已建成国家“一带一路”联合实验室3个、国际科技合作基地109个、协同创新平台100个、引才引智基地108个，与奥地利、白俄罗斯、匈牙利等国家设立国家技术转移机构30多家。新加坡国立大学等10多家知名高校在成渝地区设立了研发机构，长安汽车、科伦药业等30多家企业在海外建立了创新研发机构。

第二节　西部产业创新高地

成渝地区工业体系完备、门类齐全、制造业基础雄厚，为参与全国产业竞争和打造世界级产业集群奠定了良好的基础。2023 年，成渝地区双城经济圈实现地区生产总值 81 986.7 亿元，占全国生产总值的 6.5%，占西部地区生产总值的 30.4%。目前，成渝正在重点建设装备制造、新能源汽车、电子信息、先进材料四大万亿级产业集群。《2022 年成渝地区双城经济圈经济发展监测报告》显示，电子信息、汽车、装备制造产业规模分别达到 2.2 万亿元、7500 亿元、1.02 万亿元。

一、电子信息产业西部创新中心

成渝地区电子信息产业形成了“芯—屏—存—软—智—网—端”的完整产业链，已实现电子信息制造业 5 个大类、21 个中类全覆盖，产业本地配套率达到 80%，拥有全国首个跨省域国家级电子信息先进制造业集群。2022 年，成渝地区电子信息产业规模占全国的比重达到 10.9%，成为中国大陆第三、全球前十的电子信息制造业聚集地。

在集成电路领域，成渝拥有国家地方共建硅基混合集成创新中心等重大创新平台及全球最大功率的半导体研究团队，量产全国首颗 X86 通用芯片，搭建国内首个基于 8 英寸硅基光电子工艺集成平台，建成国内第一条功率半导体 12 吋线，智能功率模块等产品全球市场占有率位居前列，拥有华润微电子、SK 海力士、中电科芯片集团、联合微电子中心等集成电路产业链重点企业。

在新型显示领域，成渝柔性显示研发全球领先，是全球最大的 AMOLED 生产基地，拥有国家超高清视频创新中心等国家级创新平台，以及全球第二条、国内第一条 6 代全柔性 AMOLED 生产线和全国首条自主建设运营的 8.6 代 TFT-LCD 生产线，建成我国首条自主研发的高精度 G11 代掩膜版生产线，新型显示产业占全国的比重超 30%。

在智能终端领域，成渝产业规模已达万亿级，已建成全球最大的智能终端生产基地、计算机整机生产基地和第三大智能手机生产基地，生产了全球 50% 的计算机整机、10% 的智能手机，智能投影设备全球市场占有率超过 15%，是中国大陆第三、全球前十的电子信息制造业聚集地。

在网络安全领域，成渝获批建设首个跨省域国家级网络安全产业园区，使其在工控安全、大数据安全、商用密码、电磁防护等多个领域处于国内领先水平。

二、我国重要的汽车制造基地

成渝地区是全国六大汽车产业基地之一，已聚集长安、赛力斯、长城等45家整车厂和1600多家配套商。传统燃油车的本地化配套率超过80%，新能源汽车“大小三电”、智能网联汽车关键零部件配套率接近40%。2022年，成渝地区汽车产量近300万辆，年产值达7000亿元以上，整车产量占全国比重超10%（表6–3）。

表6–3 2022年全国部分省份车产量排行及占比

排名	省份	12月当期产量/万辆	占比	1—12月累计产量/万辆	占比
1	广东	32.8	13.19%	415.4	15.12%
2	上海	28.1	11.29%	302.5	11.01%
3	重庆	20.6	8.28%	209.2	7.61%
12	四川	7.6	3.05%	72.5	2.64%
全国		248.8	—	2747.6	—

数据来源：国家统计局。

在智能网联新能源汽车领域，重庆是全国第3个开放自动驾驶测试、第4个建设国家级车联网先导区的省级行政区域，在全国率先开放城市快速路开展自动驾驶道路测试，已实现智能网联新能源汽车产业链三大系统、12个总成、56种部件全覆盖和集群式发展。在赛迪顾问汽车产业研究中心发布的2020年中国智能网联汽车产业投资潜力城市100强榜单中，重庆、成都分别排在第9、第11位，显示出其吸引投资的巨大潜力。

在燃料电池汽车领域，以成渝氢走廊为重要载体，成渝地区聚集了200余家企业和科研院所，初步形成了覆盖燃料电池系统、检测认证、燃料电池整车等主要环节的完整产业集群，并实现产业化应用，已具备良好的产业基础。同时，成渝出台了包括产业规划、财政支持、水电解制氢支持、加氢站安全管理等相关政策30余项，用以支持燃料电池汽车发展。

三、高端装备制造重要战略支点

成渝地区装备制造业基础良好，在智能装备、航空航天、轨道交通、节能环保等领域，已具备显著的竞争优势。2022 年，川渝两地装备制造业合计实现营业收入 14 023.7 亿元，其中四川 8815.5 亿元、重庆 5208.2 亿元。

在轨道交通领域，成渝地区轨道交通产业集群已形成集新造、检修、配件、运维、服务于一体的全产业链布局，并拥有国家川藏铁路技术创新中心及我国轨道交通领域第一个国家重点实验室——轨道交通运载系统全国重点实验室等高能级创新平台，建成了全球规模最大的山地城市轨道交通运营网络，培育了全球最大的跨座式单轨装备制造基地。2023 年，成渝地区轨道交通全产业链生产总值突破 4000 亿元，成都成为轨道交通领域唯一一个国家未来产业科技园试点城市。

在航空航天领域，成渝地区已建立完整的飞机总体设计、总装制造、系统集成和试验验证体系，成为全国重要的航空产业基地和军用飞机、航空发动机重要研制基地，是国内同时具备研发和制造飞机整机、发动机能力的地区之一，航空发动机产业营业收入规模约占全国营业收入规模的 1/5，拥有北斗、航空大部件、航空配套等全国中小企业特色产业集群。

在智能装备领域，成渝地区工业级无人机产业规模、企业竞争力位居全国前三，拥有规模最大的工业无人机企业中航（成都）无人机系统股份有限公司，研制出市场占有率居全国第一的垂直起降无人机产品、出口量居全国第一的翼龙系列产品。

在节能环保装备领域，成渝拥有高端能源装备国家级先进制造集群，能源装备研发、设计和制造能力国际领先，已具备水电、火电、核电、气电、风电、太阳能发电“六电并举”的研制能力，产出了全国 60% 的核电产品、50% 的大型电站铸锻件、40% 的水电机组、30% 的垃圾焚烧装备、16% 的风电装备、7.8% 的晶硅电池组件及光伏电站装备等，在国家能源装备制造版图和国家能源安全战略全局中具有举足轻重的地位。

四、新材料产业创新高地

成渝地区已经初步形成了锂电、晶硅光伏、稀土等新材料产业创新体系，特色优势产业集群不断壮大，2022 年实现营业收入 8439 亿元。

在锂电领域，依托锂资源富集的优势，成渝地区已发展为我国领先的锂电产业基地，锂系列产品综合产能居全国第一，研制出全国 15% 的动力电池，已基本建成动力电池全产业链，聚集了天齐锂业、盛新锂能、雅化集团、宁德时代等优势企业，遂宁“锂电之都”、宜宾“动力电池之都”成为新能源行业具有影响力的区域品牌。

在晶硅光伏领域，成渝地区已形成光伏产业全链条布局，建成全球最大的太阳能硅料生产基地，多晶硅产量占全国总产量的 20%，太阳能电池片产能居全国第一，约占全国的 1/6，聚集了通威、晶科、协鑫、天合光能等龙头光伏企业。

在稀土材料领域，绵阳是我国磁性材料技术发源地，拥有全国唯一的综合性应用磁学研究机构——中国电子科技集团公司第九研究所，汇聚了西磁科技、东辰磁材等一批技术水平领先的磁材企业，钐钴永磁等多项成果打破国外垄断。

第三节　我国战略科技力量重要承载区

成渝地区作为我国重要的科技创新策源地，通过大力推动高水平实验室、研究型大学、科研机构、领军企业及重大科技基础设施建设，已成为我国战略科技力量的重要承载区，为我国战略腹地建设奠定了坚实基础。

一、高水平实验室体系基本形成

成渝高度重视实验室体系建设，基本形成了“国家实验室 + 省级实验室 + 重点实验室”的高水平实验室体系。截至 2023 年底，四川拥有西部地区唯一的国家实验室——太行实验室（航空发动机领域），以及电子薄膜与集成器件、高分子材料工程、生物治疗、水力学与山区河流开发保护、油气藏地质及开发工程、牵引动力、地质灾害防治与地质环境保护、口腔疾病研究等领域全国（国家）重点实验室 17 个，省重点实验室 137 个，天府实验室 4 个，初步形成了具有四川特色的实验室体系；重庆重组形成了输配电装备及系统安全与新技术、煤矿灾害动力学与控制、机械传动、汽车 NVH 及安全控制、桥梁工程结构动力学、家蚕基因组学、超声医学工程等 10 个全国（国家）重点实验室，金凤实验室、国家地方共建硅基混合集成创新中心、国家生猪技术创新中心建设成果显现。

二、研究型大学实力雄厚

成渝地区是我国西南地区科教中心，根据教育部公布的2021年全国普通高校名单，成渝地区有高校123所，占全国总数的4.46%。从2017年国家公布的42所“一流大学”和95所“一流学科”建设高校名单来看，成渝地区有“一流大学”建设高校3所、“一流学科”建设高校7所，分别占建设高校名单总数的7.14%、7.37%①。国际高等教育研究机构QS（Quacquarelli Symonds）发布的2024年QS世界大学排名中，成渝有3所高校上榜，分别是四川大学（336）、电子科技大学（451）和重庆大学（489）。高等教育评价机构软科发布的“2024软科世界大学学术排名”中，成渝共有13所高校入围，其中四川大学入围百强行列，4所高校入围世界500强，分别是四川大学、电子科技大学、重庆大学及西南交通大学。具体排名为：四川大学（98）、电子科技大学（151～200）、重庆大学（151～200）、西南交通大学（401～500）、西南大学（501～600）、重庆医科大学（501～600）、中国人民解放军空军军医大学（601～700）、成都理工大学（701～800）、西南财经大学（701～800）、重庆邮电大学（701～800）、四川农业大学（801～900）、西南石油大学（801～900）、成都大学（801～900）②。

三、国家级科研院所资源富集

成渝地区科研院所资源丰富，集聚了较多的中央级科研院所，是我国国家级科研机构最密集的地区之一。四川拥有科研院所369家，其中包括中国科学院光电技术研究所、中国科学院成都生物研究所、中国科学院水利部成都山地灾害与环境研究所、中国工程物理研究院、四川航天技术研究所（航天七院）等中央驻川科研院所56家。依托中央驻川科研院所，四川集聚两院院士43人，占全省两院院士总数的2/3，研发人员占全省科研院所研发人员总数的近90%，孵化了中国网安、天奥科技、四维科技、地奥集团等一批科技企业；重庆拥有科研院所62家，包括中国电子

① 庞敏，詹芸．我国高等教育区域一体化的生态网模式探究：以成渝地区为例 [J]. 中国轻工教育，2022, 25 (1): 15-22，30.

② 括号中的数字是排名，100名以后为区间排名，余同。

科技集团公司第四十四研究所等中央在渝科研院所 4 家[①]，在资源环境、现代农业、高端制造、检验检测等领域积累了深厚的科研力量。

四、科技领军企业加快发展

成渝已成为我国科技领军企业培育与发展的重要一极。根据财富世界 500 强企业排名榜，2023 年，成渝地区有 3 家企业上榜，分别是新希望（第 95 位）、蜀道投资集团（第 436 位）、通威集团（第 467 位）。长城战略咨询发布的《中国独角兽企业研究报告 2024》显示，成渝地区独角兽企业共有 14 家，占全国独角兽企业总数的 3.7%，总估值约 323.8 亿美元，分布在智能网联新能源汽车、集成电路、数字医疗、智慧物流等领域。此外，截至 2023 年，成渝两地共拥有国家高新技术企业 21 595 家，其中，成都高新技术企业数量由 2018 年的 3113 家增至 13 041 家，年均增长 33.18%，增速仅次于武汉（33.92%），在北京、深圳、上海等 9 个城市中排第 2 位[②]。在科创板上市企业培育方面，截至 2024 年 8 月，成渝两地科创板上市企业达到 21 家，市值超过 1500 亿元。其中，成都科创板上市企业数量居中西部第一。

五、国家重大科技基础设施高效运行

当前，四川和重庆两地已布局建设高海拔宇宙线观测站、跨尺度矢量光场时空调控验证装置、超瞬态实验装置、大规模分布孔径深空探测雷达等国家重大科技基础设施 11 个，占全国重大科技基础设施总量的 15% 左右，初步形成了先进核能、空气动力、生物医学、深地科学、深空探测等世界级大科学装置集群，产出了一批高水平原创成果，高海拔宇宙线观测站记录发现人类观测到的最高能量光子、开启“超高能伽马天文学时代”，中国锦屏地下实验室助力核天体物理加速器成功出束，大型低速风洞完成 C919 大飞机、高速磁悬浮列车等多项型号试验。

① 王宗德，郑洁．关于推动重庆战略科技力量提质强能的建议 [J]. 重庆行政，2023, 24 (6): 105–106.

② 9 个城市是指北京市（4.18%）、深圳市（11.49%）、上海市（21.67%）、苏州市（23.80%）、武汉市（33.92%）、杭州市（32.11%）、成都市（33.18%）、广州市（2.09%）、重庆市（25.02%）。

第四节 一流创新生态正在形成

成渝地区创新生态持续优化，正在形成有利于全面创新的生态环境。2023年《“中国100城”城市创新生态指数报告》显示，成都、重庆创新生态指数排名分别列第9、第11位，是西部地区创新生态最优的两座城市。

一、人才集聚效应不断增强

成渝两地作为西部地区的两座国家中心城市，均拥有良好的人才引进氛围，人才集聚“磁场效应”正在不断增强。截至2023年，成都人才总量达到650.77万人，总量居全国第4位，在蓉两院院士增至36人。重庆人才总量超过630万人，人才密度居西部地区第一。猎聘大数据研究院发布的《2021年成渝双城中高端人才发展报告》显示，从2021年全国城市中高端人才占比数据来看，成都占比为4.04%，重庆占比为2.82%，两市中高端人才占比在全国分别排第5、第8位，中高端人才占比位居中西部地区第一。此外，在《中国城市人才吸引力排名：2023》中，成都、重庆在年度最具吸引力城市百强中分别排第7、第24位，居全国前列。其中，2018—2022年，成都人才流入占比、应届生人才流入占比、硕士及以上人才流入占比均位居全国前五，人才流入、流出量均较大，整体人才流动性较强。

二、金融与科技加快深度融合

以争创科创金融改革创新试验区为牵引，成渝持续创新“科技+金融”服务保障体系，推动科技金融深度融合。一是政府引导基金体系不断完善。截至2023年，四川和重庆分别设立了28支、12支政府引导基金，包括产业类、创新创业、天使投资等多种类型的引导基金，同时采用“直投+子基金”等较为灵活的运作模式。此外，四川与清华大学联合设立了母基金规模为100亿元的高校科技成果转化基金，用于承接高校科技成果转化。二是获得的风险投资金额位列中西部城市前列。2022年，成都和重庆获得的风险投资金额分别达到17 259.37亿元、11 447.26亿元，分别列中西部地区城市第1、第3位。三是科技金融服务不断创新。针对科技型中小微企业遇到的难题，成都在全国首创了以科创贷、人才贷、成果贷为代表的“一揽子”科技金融贷款产品，其中截至2023年11月，科创贷已经实现累计放款9748笔（3247家），科创通平台科技金融服务模式受到国务院大督查通报表扬，重庆在全国首创了境外合格投资者投资区域性股权市场等业务。

三、区域协同体系不断完善

川渝科技创新主体不断加强资源共享、技术合作、产业联动，协同创新能力稳步提升。《成渝地区双城经济圈协同创新指数2023》显示，2022年成渝协同创新总指数较2020年增长57.07%。一是协商合作机制不断健全。川渝两地建立多层次、常态化合作机制，联合办公室实体化、常态化运行，共同制定贯彻落实规划纲要联合实施方案，联合印发加强成渝双核联动行动方案等100余个政策文件，以“清单制+责任制”推动落实年度重点工作。二是重大科技合作平台加快建设。全国一体化算力网络成渝国家枢纽节点建设扎实推进，西部科学城（重庆）、西部科学城（成都）加快建设，成渝（兴隆湖）综合性科学中心启动建设，第二批双城经济圈产业合作示范园区获批。三是重点产业领域合作实质性推进。实施成渝科技创新合作计划，截至2023年，共联合实施攻关核心技术项目115项。汽车制造、电子信息等产业链全域配套率超过80%，成立全国首个河长制跨省市联合办公室。四是保障措施有效推进。出台经济区与行政区适度分离改革推进方案，发布首批川渝“一件事一次办”和“免证办”事项清单，“川渝通办”事项全面落地。

四、科技体制机制改革深入推进

一是科技创新顶层设计不断完善。四川和重庆分别成立了由省委书记和省长担任“双主任”及由市长担任主任的科技委，统筹推进教育科技人才体制机制一体改革。二是落实国家全面创新改革重点任务。重庆全面推进“地方科学基金项目‘负面清单+包干制’”等4项国家全面创新改革。四川职务科技成果权属混合所有制改革的典型经验在全国推广，四川大学等7家单位职务科技成果转化前非资产化管理改革试点取得初步成效。“探索产教融合发展新模式”“探索‘地方推动+院所技术牵引+N个研发团队’模式”等改革举措，先后入选2022年与2023年“中国改革地方全面深化改革典型案例”名单。三是深化科技体制改革。重庆在全国率先实行项目结题、绩效评价、监督检查结果互认。四川基本建立了科研项目管理体系、科研诚信体系、科技奖励制度、科技评价制度。

第五节　构筑我国科技资源战略腹地

成渝科技创新中心建设取得了积极进展，但面临纷繁复杂的国内外环境，需要进一步明确定位，强化科技创新建设，推动成渝科技创新中心成为我国内陆地区科技创新发展的重要支柱。

一、主要不足

目前，成渝科技创新中心建设还存在很多不足，主要表现在以下方面。

（一）与发达地区比较，科技创新实力相对薄弱

由于区位、自然禀赋、发展条件等方面的限制，与长三角、京津冀、粤港澳大湾区相比，成渝城市群科研基础相对薄弱，科技创新能力差距明显。据《2022 年全国科技经费投入统计公报》统计，重庆研究与试验发展（R&D）经费投入强度为 2.36%，位列西部第一，四川为 2.14%，同期长三角城市群为 3.23%、粤港澳大湾区为 3.4%、京津冀为 4.11%。在创新产出方面，2022 年每万人有效发明专利拥有量四川为 13 件、重庆为 16.14 件，同期粤港澳大湾区为 20.56 件、长三角城市群为 24.7 件、京津冀为 80.1 件。重庆更是缺乏有实力的大学和科研机构，只有一所“985”高校且排名靠后，高校科学装置缺乏、高水平实验室较少、基础前沿研究人才团队不足、开创型研究和引领型研究能力不强，从 0 到 1 的原创性成果不多。要构建成渝城市群创新共同体，打造能与长三角、京津冀、粤港澳大湾区相比拟的西部科技创新中心，需要进一步加强科技能力建设。

（二）协同创新机制有待加强

成渝地区中存在严重同质化竞争问题，多数城市没有比较优势产业，产业同构

现象加剧。成都和重庆两市均将汽车制造和电子信息产业作为地方支柱产业大力发展，导致区域产业竞争激烈，在一定程度上扭曲了资源配置。并且，成渝城市群城际铁路建设尚处于初期阶段，城市之间高速公路没有形成“网络”格局，阻碍了人流、物流、信息流的顺畅流通。另外，成渝城市群跨区域协调机制尚不健全，虽已签订了《关于推进川渝合作、共建成渝经济区的协议》，但政府层面的合作机制仍多流于形式，对区域分工和利益分配的调节乏力。需要促进城市合理分工，加强交流合作，实现成渝城市群科技创新协同发展。

（三）创新驱动发展能力有待强化

虽然成渝地区集聚了西部地区近三成的科技资源，但创新驱动经济社会发展的能力仍然不足。重庆总体上产业创新能力不强。例如，重庆汽车行业，生产制造环节很强大，但是研发环节整体较弱小，在当前汽车行业转型升级中显得比较迟钝，引领带动能力很差；重庆的笔电、手机产业规模巨大，但是以代工和配套为主，研发设计等环节薄弱。更为高端的芯片、软件设计等更是一片空白。重庆在主要的产业链条上处于较弱势的制造加工环节，产业生态不完善，导致新的增长点很少、中低端过剩，产业的引领性、对周边区域的经济带动能力、抗风险能力均不足。

二、若干建议

未来，成渝科技创新中心建设，需要进一步强化定位、加强科技合作。

（一）打造我国战略科技资源的纵深大后方

目前国际局势风云变幻，需要我们未雨绸缪，在内陆地区建设若干战略大后方。成渝地区从地理、交通、产业、科技等条件方面看，是比较理想的地区。第一，地理位置优势，成渝位于长江中上游，地理位置重要。它地处内陆，远离沿海地区，相对较为安全。在抗日战争期间，重庆成了国民政府的临时首都，被视为国家的政治、军事和经济中心。第二，交通便利，成都是西南地区的交通枢纽，重庆是长江的重要港口城市，拥有发达的水陆交通网络。成渝地区双城经济圈位于“一带一路”和长江经济带交汇处，是西部陆海新通道的起点，具有连接西南西北，沟通东亚、东南亚与南亚的独特优势。第三，工业基础雄厚，成渝在抗日战争和三线建设时期，发展了一系列的军工和重工业，成为国家的重要军工基地。成渝是我国的制造业聚集地，制造业体系完备，在39个工业行业大类中，成渝有产品生产的行业达到38个，已成为西部最重要的工业重地。第四，科技资源丰富，成渝地区的科技资源主要集中在重庆、成都、绵阳和德阳。成都、绵阳、德阳聚集了丰富的国家级科技资源，绵阳是全国唯一一个党中央国务院确定的科技城。

（二）加强成渝地区双城经济圈科技创新协同体系建设

历史上成渝地区双城经济圈本就是一个经济共同体，产业联系比较紧密，文化相通，重庆被列为直辖市后，行政壁垒反而阻碍了成渝之间的经济合作。随着我国城市化进程的深入推进，以城市合作为特征的城市群发展趋势十分明显。城市群已经成为代表国家参与国际竞争特别是科技竞争的最重要的地域单元。打破区域壁垒，建立协同发展机制，有利于促进市场一体化发展，形成合力，是提高城市群创新能力的重要举措。应当进一步破除区域壁垒，释放科技创新潜力。重庆、成都、绵阳、德阳等科技优势城市在科技发展方面各有优势，推进成渝科技创新一体化发展，有助于促进创新资源共享共建，集中创新资源，突破关键共性技术难题。有助于建立“川渝一盘棋”大格局，合理分工、优势互补、错位发展，避免同质化竞争，构建协同高效的区域创新体系。要加强成渝地区双城经济圈协同创新机制建设和产业布局协调，促进人流、物流、信息流的顺畅流通，协调区域分工和利益分配，促进城市间建立比较优势和合理分工，避免同质化竞争等问题，优化资源配置，实现成渝城市群科技创新协同发展。

（三）构建协同高效的区域科技创新协调机制

成渝科技创新一体化关键是要突破区域分割，构建一体化的利益共享机制，建立协同高效的创新机制。可以研究考虑建立由科技部牵头，会同四川省和重庆市科技部门的协同创新机制。第一，在科研基础设施等方面实现共建共享、合理布局；第二，探索合作兴办新型研发机构，共同承担国家战略任务，在重大科技项目方面实行合作攻关；第三，在大数据、人才、技术等科技要素等方面实行一体化配置实践；第四，在知识产权、技术标准、科技金融、科技信息、成果转移转化等方面进行一体化建设和发展；第五，深化科技体制改革，培育创新生态，构建一体化的区域创新体系，为西部地区科技创新发展树立榜样。

（四）推动成渝与三大都市圈共建科技创新网络

围绕成渝地区产业转型升级和经济社会发展的重大科技需求，以各类创新平台和产业集聚区为载体，通过市场机制促进东部科技创新要素向成渝地区合理流动。推动成渝地区高校、科研院所、企业与国家大院大所、东部科技强省建立长期稳定的科技合作关系。完善和细化跨行政区域经济总量和税收分享等“飞地”政策，鼓励东部发达地区在成渝城市群设立离岸科技企业孵化器和科技产业园区等创新载体。突出区域科技创新互补性，加强成渝城市群与长三角、京津冀、粤港澳大湾区的科技创新合作，共建开放合作、协同互助的科技创新网络，共同推动创新型国家建设。

（五）深化成渝地区双城经济圈国际科技合作

成渝地区双城经济圈在国家区域发展和对外开放格局中位势突出，应当坚持全球视野，推动开放合作。把握全球新一轮科技革命和产业变革趋势，充分发挥“一带一路”区位优势，以更大力度推进国际国内创新开放合作，以全球视野谋划和推动创新，积极融入全球创新网络，整合全球创新资源共同推进成渝地区双城经济圈科技创新能力建设，成为全球创新网络的重要力量。第一，积极吸引和推动国内知名高校院所在成渝地区设立分支机构，鼓励世界500强企业、国内500强企业和独角兽企业总部或区域性总部落户。第二，加强与全球一流机构在创业培育等方面的合作。引进全球一流的科技企业孵化器。引进国际孵化器设立分支机构。积极引进培育国内国际学术交流平台，打造有影响、有品牌、有规模的国内外学术会议。第三，加强国际一流人才引进。特事特办，引进世界级顶尖人才和团队。建立海外人才离岸创新创业基地。设立中国（西部）国际人才交流会和全球高端科技创新论坛。第四，建设西部国际技术转移中心，完善市场化、国际化、专业化的服务体系，吸引国际高端科技成果落地，形成面向西部、辐射“一带一路”的技术转移集聚区。加强在研发合作、技术标准、知识产权、跨国并购等方面的服务，构筑全球互动的技术转移网络，加快国际技术转移中心建设，推动跨国技术转移。

第七章

武汉区域科技创新中心

武汉作为长江经济带的中游增长极、中部崛起和长江经济带两大国家战略的核心交汇点，承担着“立足中游、引领中部、服务全国、链接全球”的区域功能。加快推进武汉建设具有全国影响力的区域科技创新中心，对于实现中部崛起、带动长江中游城市群创新发展、更好服务和融入双循环新发展格局具有重要现实意义。自2022年4月国家批复湖北建设武汉具有全国影响力的科技创新中心以来，武汉聚焦打造世界科学前沿领域和新兴产业技术创新、全球科技创新要素“汇聚地”的战略使命，着力从搭建高能级创新平台、营造一流创新生态、优化创新创业环境、打通科研供给和需求通道、提高科技创新成果转化能力等方面，深入推进各项重大任务的落地实施。

第一节　引领中部崛起的动力引擎

一、经济实力稳居中部地区首位

2023年武汉全市地区生产总值（GDP）为20 011.65亿元，位列全国第九、中部地区第一，成为中部地区唯一一个经济总量突破两万亿元的城市，经济规模在全国和中部城市中处于领先地位。其中，长江中游城市群GDP为11.68万亿元，武汉占据了长江中游城市群GDP的17.14%。此外，武汉经济增长动能强劲，2023年全市GDP同比增速为5.7%，高于全国0.5个百分点，中部省会城市中仅次于郑州和合肥

（图 7–1），是引领中部地区和长江中游城市群发展的核心城市。

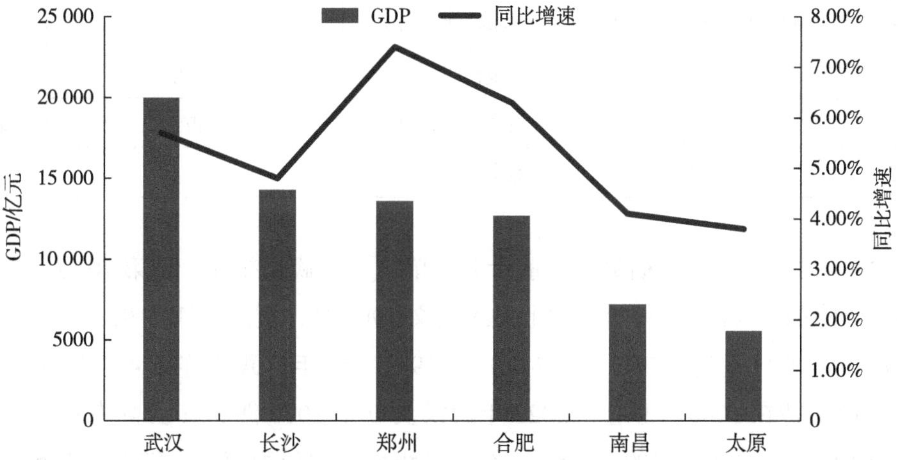

图 7–1　2023 年中部省会城市 GDP 及同比增速

二、科创水平跻身中部第一方阵

根据世界知识产权组织（WIPO）发布的《2023 年全球创新指数》（GII 2023）[①]，武汉全球创新指数的科技集群排名连续 6 年上升，2023 年首次进入全球十五大科技集群，排在第 13 位。在 2018—2023 年的世界科技集群排名中，武汉从第 43 位起步，位次逐年向上递进，先后进阶第 38 位、第 29 位、第 25 位、第 16 位、第 13 位，并保持快速上升的趋势（表 7–1）。

表 7–1　2023 年全球十五大 GII 科技集群

排名	科技集群	所属国家	排名	科技集群	所属国家
1	东京—横滨	日本	5	上海—苏州	中国
2	深圳—香港—广州	中国	6	加利福尼亚州圣何塞—旧金山	美国
3	首尔	韩国	7	大阪—神户—京都	日本
4	北京	中国	8	马萨诸塞州波士顿—剑桥	美国

① 根据 WIPO 的评价方法，科技集群排名主要考量区域《专利合作条约》（PCT）国际专利申请量和科学发文量占全球总量的份额。

续表

排名	科技集群	所属国家	排名	科技集群	所属国家
9	加利福尼亚州圣地亚哥	美国	13	武汉	中国
10	纽约州纽约市	美国	14	杭州	中国
11	南京	中国	15	名古屋	日本
12	巴黎	法国			

《2023 自然指数—科研城市》前十名榜单[①]中，武汉排在全球第 10 位，在自然指数所追踪的 82 种自然科学期刊上发表论文 1902 篇，贡献份额为 928.55 份，占全国贡献份额的比重达 4.79%（表 7–2）。2019—2022 年，武汉连续 4 年 PCT 国际专利申请量保持在 1000 件以上。2022 年武汉贡献了 1070 件 PCT 国际专利申请，占全国的 1.53%，占湖北省的 78.05%，在副省级城市中位列第六，知识创新水平显著提升。

表 7–2　2023 自然指数全球十大科研城市

排名	城市 / 都市圈	地区	2022 年贡献份额 / 份	2022 年发表论文数 / 篇	占地区贡献份额的比重
1	北京	中国大陆	3734.62	7841	19.30%
2	纽约都市圈	美国	1924.53	4693	10.90%
3	上海	中国大陆	1919.13	4162	9.91%
4	波士顿都市圈	美国	1617.84	3850	9.19%
5	旧金山湾区	美国	1497.95	3647	8.51%
6	南京	中国大陆	1343.7	2762	6.94%
7	巴尔的摩 – 华盛顿	美国	1157.73	3238	6.57%
8	广州	中国大陆	1113.07	2460	5.75%
9	东京都市圈	日本	1017.49	2410	37.10%
10	武汉	中国大陆	928.55	1902	4.79%

① 全球知名学术机构施普林格·自然根据 2022 年在自然指数所追踪的 82 种自然科学期刊上的科研产出情况发布《2023 自然指数—科研城市》。

在国家创新型城市创新能力监测评价中，2022年武汉科技创新能力位列全国第五[①]，前4名分别是深圳、南京、杭州、广州。从具体指标看，武汉高度重视科技创新，财政科技支出占比达6.34%，是全国平均水平的2.3倍；武汉科技创新活跃，全社会研发经费投入强度达3.51%，是全国平均水平的1.5倍，每万人就业人员中研发人员是全国平均水平的2倍；武汉科技创新对高质量发展支撑引领作用强，高新技术企业和规上工业企业营业收入比达到98.8%，是全国平均水平的2.1倍，在全国主要创新型城市中竞争力位居前列。

第二节　构建光电子信息等三大产业创新优势

武汉坚持把增强产业创新策源能力放在突出位置，围绕培育光谷科创大走廊世界级产业集群，强化高端产业创新引领作用，重点实施"世界光谷"建设行动计划，打造光电子信息、汽车及零部件、生命健康领域世界级产业集群，推动"世界光谷"建设全面起势。当前，三大产业集群均已达到千亿级规模，并逐步向万亿级产业集群发展。

一、光电子信息产业集群在全球创新地位突出

光电子信息产业是武汉的重要支柱产业之一，在全国乃至全球光通信领域都占据重要战略地位，武汉光电子信息产业集群入选2022年底工业和信息化部公布的45个国家先进制造业集群名单。从"产业最完整"到"产业链自主可控"，武汉已经发展成全球最大的光纤光缆制造基地、全国最大的光电器件和设备基地、全国最大的中小尺寸显示面板基地，其中，新型显示器件、下一代信息网络入选国家战略性新兴产业集群，成为代表国家参与全球光电子产业竞争的主力军。

一是光电子信息产业链条完善，基础雄厚。当前武汉光谷已经形成了覆盖光通

① 中华人民共和国科学技术部．国家创新型城市创新能力监测报告2022[M]. 北京：科学技术文献出版社，2022；中国科学技术信息研究所．国家创新型城市创新能力评价报告2022[M]. 北京：科学技术文献出版社，2022.

信、激光器、新型显示、广电传感等光电子产业核心领域的全产业链条，是全国基础最好、竞争力最强的光电子产业集群（图 7–2）。其中，产业细分领域中光通信领域产品约占全国市场的 50%、全球市场的 25%，光电器件约占全国市场的 60%、全球市场的 12%；激光领域，产品品种占全国激光设备品种的 70% 以上，产值占全国的 50% 以上。2022 年，武汉光电子信息产业规模近 6000 亿元，烽火通信、京东方、华星光电、长飞光纤、海思光电子等 11 家光电子信息企业规模超过 100 亿元。

二是集聚了一大批科技型企业，创新主体实力不断增强（图 7–2）。例如，在光通信产业领域，集聚了长飞光纤、光迅科技等一批细分领域的省级、市级科技领军企业。其中，长飞光纤作为 2021 年湖北省级科技领军企业重点培育企业，自主研发建立了全球最大的光纤智能立库，实现快速存取、协同分拣、智能排程；光迅科技作为市级科技领军企业，领衔制定中国主导的有源光器件 IEC 国际标准。

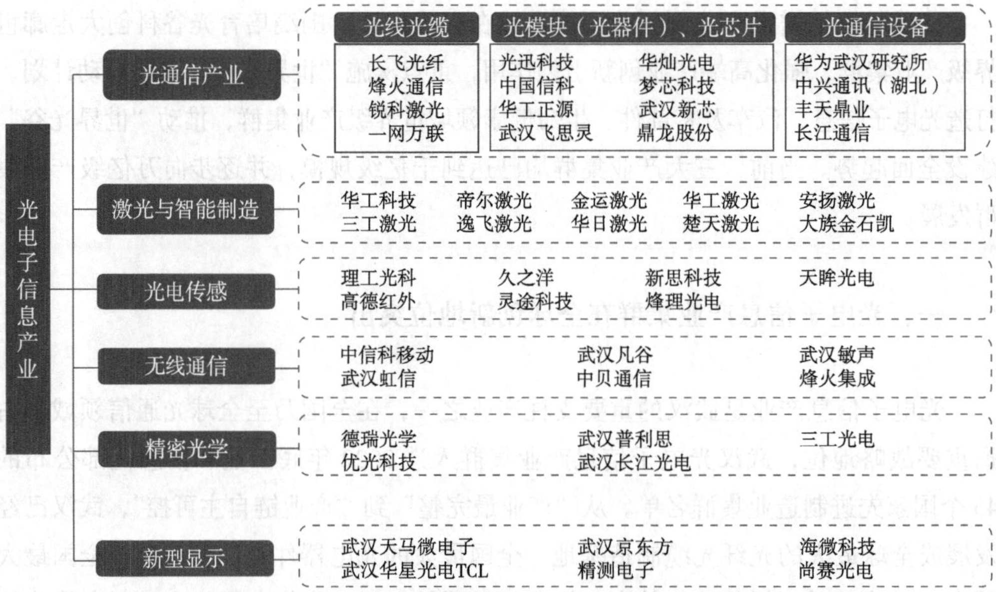

图 7–2　武汉光电子信息产业细分领域及代表企业

（资料来源：https://baijiahao.baidu.com/s?id=1784853210344486203&wfr=spider&for=pc）

二、新能源汽车全产业链体系较为完善

武汉聚焦智能网联汽车、软件定义汽车、新能源三大方向，依托传统汽车产业基础全力打造全国新能源汽车全产业链发展示范区。当前，武汉新能源汽车产业以

经开区为核心布局，联动江夏、光谷、蔡甸等周边区域协同发展，加快推进武汉智能汽车软件园建设，推动新能源动力系统、智能驾驶、智能座舱系统等重点领域多点突破，形成“传统零部件 + 三电 + 软件 + 芯片”的完整布局。

一是产业链上下游企业不断集聚。在政策指引和市场需求驱动下，武汉新能源汽车产业链不断完善，在锂电池材料、电池制造、电控电机、底盘系统、车内外饰、整车制造及配套市场环节均有企业布局，在中国新能源产业集聚度最高的十大城市中，列第 4 位[①]。当前，武汉依托武汉经开区国家“双智”试点和全国新能源汽车全产业链发展示范区等平台已集聚 25 家原材料企业、1000 多家零部件企业和 95 家新能源汽车整车制造企业[②]，在整车制造领域已形成岚图汽车、猛士科技、路特斯等覆盖高端、主流、经济型全领域的新能源乘用车品牌格局。同时，武汉引进采埃孚、安波福等 50 余个关键汽车零部件项目，以动力电池龙头企业中创新航为引领，布局建设动力电池及储能电池武汉基地，加速国内新能源企业集聚（图 7–3、图 7–4）。

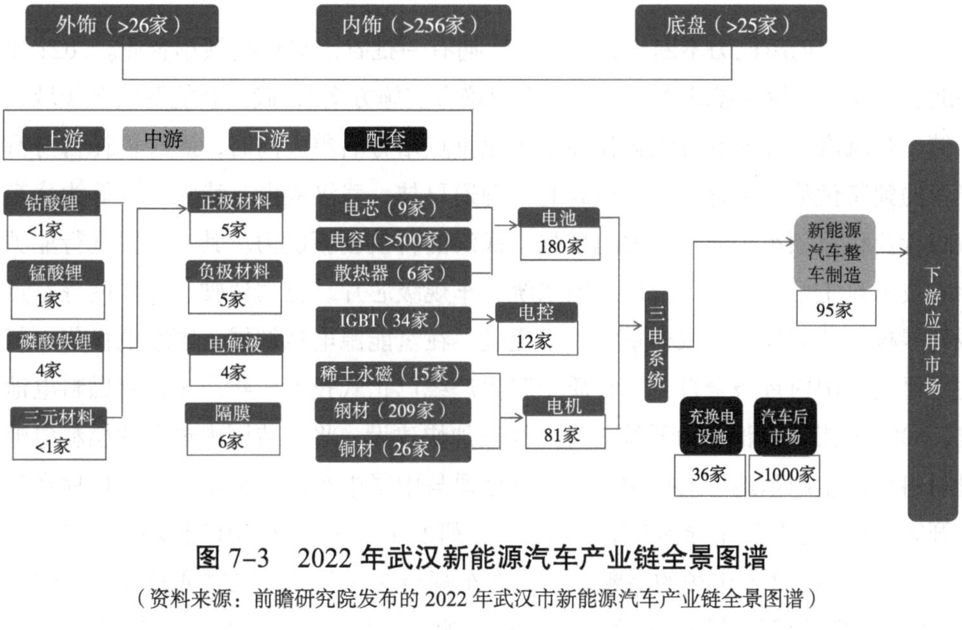

图 7–3　2022 年武汉新能源汽车产业链全景图谱

（资料来源：前瞻研究院发布的 2022 年武汉市新能源汽车产业链全景图谱）

① 2022 年胡润研究院发布的《2022 年胡润中国新能源产业集聚度城市榜》。

② 前瞻研究院发布的 2022 年武汉市新能源汽车产业链全景图谱。

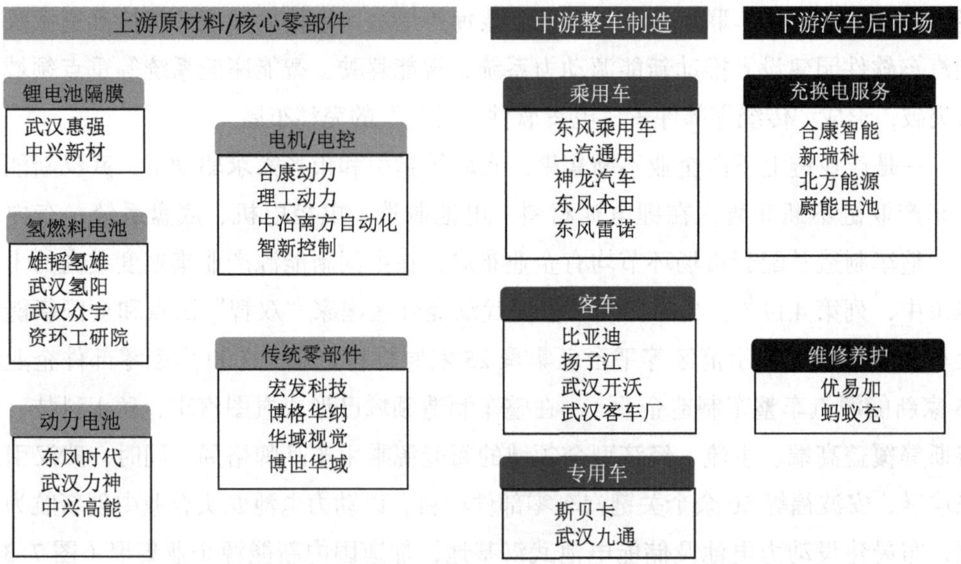

图 7-4　武汉新能源产业链上下游企业布局

（资料来源：前瞻研究院发布的 2022 年武汉市新能源汽车产业链全景图谱）

二是产业创新能力不断增强。其一，拥有一批省市级科技领军企业。2021 年，湖北省科技厅印发《湖北省科技领军企业培育实施方案》，武汉新能源汽车领域长江存储、东风汽车等入围省级科技领军企业重点培育名单。同时，武汉依托自身汽车产业的独特优势，培育了一批以湖北亿咖通科技、武汉菱电、武汉光庭等为代表的市级行业科技领军企业，极大地增强了武汉的科技创新能力。其二，实现行业关键核心技术自主可控。武汉围绕三电系统、车规级芯片、自动驾驶、车联网等重点领域开展核心技术攻关并取得重大技术突破。在氢能源电池领域，国家电投华中氢能主导研发的国内首条全自主可控质子膜生产线已正式投产，年产 1 万套燃料电池电堆、5000 套燃料电池动力系统的生产线正加快建设，将打造国内最大的燃料电池关键材料研发生产基地。电控领域，东风公司与中国中车两大央企，前瞻性地在武汉经开区合资成立智新半导体有限公司，自主研发生产车规级 IGBT 模块，打破欧美日企业在中高端 IGBT 市场的垄断地位。在车规级芯片领域，亿咖通科技与安谋中国（ARM）合资组建的芯擎科技掌握 7 纳米车规级芯片的制程工艺，能够完整提供从传统汽车电子架构到下一代智能网联汽车电子架构中的全部高端芯片。

三、大健康产业具有一定的辐射带动能力

大健康产业是武汉的支柱产业之一，2022 年全市大健康产业规模达 4500 多亿元。其中，作为武汉“一城一园三区”的三区之一，汉阳大健康产业发展区发展迅速，2022 年该区大健康产业营业收入突破 1600 亿元，较 5 年前增长 60%，成长为华中地区大健康产业高地。武汉计划依托光谷南大健康产业园打造生物医药、医疗器械、健康服务、健康金融、医药流通 5 个产业集群，最终形成万亿级大健康产业规模（图 7–5）。同时，在光谷生物城的驱动下，武汉集聚了国药集团、人福医药、鼎康生物和远大医药等世界 500 强知名企业，同时培育出广济药业、永安药业、润都制药、共同药业、璟泓科技等一大批上市公司和头部企业。其中，人福医药自主研发的化学药 1 类新药注射用苯磺酸瑞马唑仑获批上市，打破了国内外临床广泛使用的镇静药物领域近 30 年无创新药上市的局面，也是湖北省首个化学药 1 类新药。

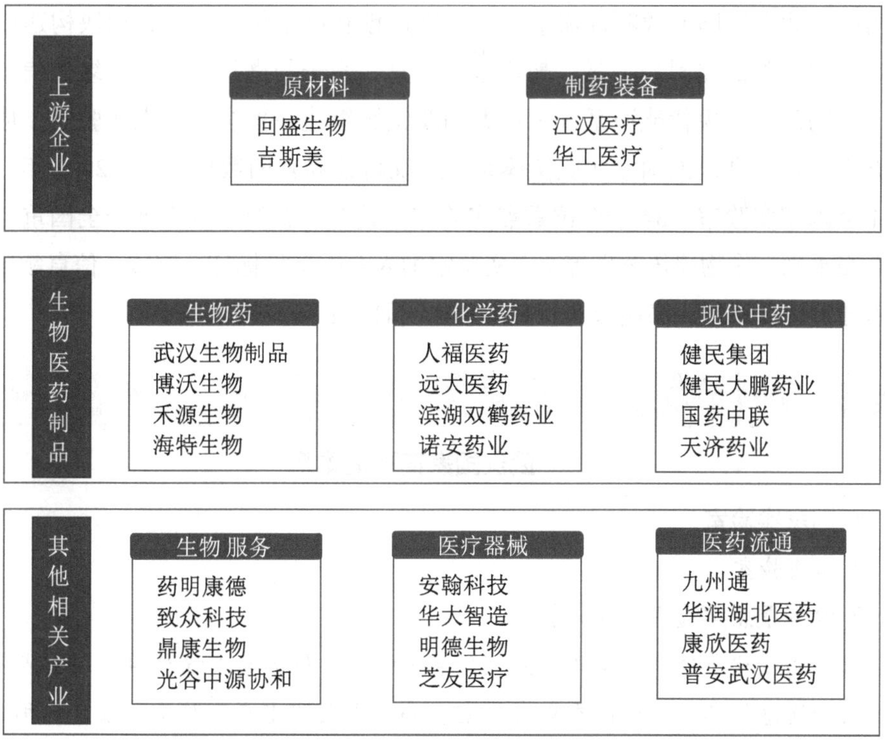

图 7–5　武汉生物医药产业链相关企业布局

第三节　国家战略科技力量（中部）基地

武汉通过建设重大科技基础设施集群、高标准建设实验室体系、打造高水平研究型大学、建设高水平科研机构和加快培育科技领军企业，以及积极建设新城光谷科学岛大科学装置预研平台、科技共享服务平台等措施，体系化推进国家战略科技力量（中部）基地建设，加快打造科学特征明显、创新要素集聚、策源能力突出、科创活力迸发的世界一流东湖科学城，构建原始创新强大引擎。2022 年，武汉共有五大国家级重大科技基础设施、1 个国家实验室、34 个全国重点实验室、155 个国家级创新平台。

一、高能级实验室体系加快构建

当前，武汉以国家战略性需求为导向推进创新体系优化组合，加快构建以国家实验室为引领的战略科技力量，聚焦量子信息、光子与微纳电子、网络通信、人工智能、生物医药、现代能源系统等重大创新领域组建一批全国重点实验室，形成了结构合理、运行高效的国家实验室体系。武汉科技局官网数据显示，2022 年，武汉拥有 1 个国家实验室、34 个全国重点实验室。其中，新获批建设 8 个全国重点实验室，杂交水稻、作物遗传改良等 2 个实验室纳入全国首批标杆，制造、信息领域 4 个实验室通过优化重组，高能级实验室体系建设取得显著成效。

专栏 4

武汉国家实验室体系

1. 国家实验室

汉江实验室

2. 全国重点实验室（部分）

依托高校院所建立的全国重点实验室：水资源与水电工程科学全国重点实验室、测绘遥感信息工程全国重点实验室、病毒学全国重点实验室、杂交水稻全国重点实验室、煤燃烧与低碳利用全国重点实验室、人畜共患传染病重症诊治全国重点实验室、材料成形与模具技术全国重点实验室、强电磁技术全国重点实验室、智能制造装备与技术全国重点实验室、材料复合新技术全国重点实验室、硅酸盐建筑材料全国重点实验室、作物遗传改良全国重点实验室、多谱信息智能处理技术全国重点实验室、果蔬园艺作物种质创新与利用全国重点实验室、农业微生物资源发掘与利用全国重点实验室、地质过程与矿产资源全国重点实验室、生物地质与环境地质全国重点实验室、波谱与原子分子物理全国重点实验室、岩土力学与工程全国重点实验室、大地测量与地球动力学全国重点实验室。

依托企业建立的全国重点实验室：光纤通信技术和网络全国重点实验室、光纤光缆制备技术全国重点实验室、生物质热化学全国重点实验室、桥梁智能与绿色建造全国重点实验室、电网环境保护全国重点实验室。

省部共建的全国重点实验室：精细爆破国家重点实验室、纺织新材料与先进加工技术国家重点实验室、耐火材料与冶金全国重点实验室、生物催化与酶工程全国重点实验室。

二、国家重大科技基础设施稳步推进

近年来，武汉稳步推进国家级重大基础设施建设，目前已经布局 5 个国家重大科技基础设施。已建成的脉冲强磁场实验装置持续发挥作用，2022 年综合科技成果产出已优于国外同类设施。脉冲强磁场实验装置优化提升项目获得国家发展改革委批复，已正式启动建设。精密重力测量设施基建工程已完成，自主研制出量子绝对重力仪并交付使用。发挥中国科学院在武汉的优势科研力量作用，积极推动深部岩土工程扰动模拟、作物表型组学等 2 个设施的可研报告报批工作。

专栏 5

武汉国家级重大科技基础设施

（1）脉冲强磁场实验装置。2008 年开工建设，2014 年 10 月通过验收，由华中科技大学承建，是我国“十一五”期间计划建设的 12 项国家重大科技基础设施之一。该装置拟建设场强为 50 ～ 80 T、孔径为 34 ～ 12 mm、脉宽为 15 ～ 2250 ms 的系列脉冲磁体，以及 12 MJ 电容储能型和 100 MVA/100 MJ 脉冲发电机型脉冲电源系统；配备低温、高静压、光源等其他实验条件，建设电输运、磁特性、磁光特性、压力效应、极低温等科学实验测试系统，为脉冲强磁场下凝聚态物理、材料、磁学、化学、生命与医学等领域科学研究提供理想的研究平台，装置建成后将面向国内外科学家开放。

（2）精密重力测量设施。2018 年 6 月开工建设，2023 年 10 月通过验收，由华中科技大学、中国科学院精密测量科学与技术创新研究院、中国地质大学（武汉）和中山大学等单位联合筹建。聚焦突破被发达国家垄断的高精度原子绝对重力测量、重力梯度测量、卫星重力测量等精密重力测量领域关键核心技术，为我国地球科学基础研究及精密重力仪器研制、测量与应用研究提供必要的实验条件。

（3）深部岩土工程扰动模拟设施。2023 年 6 月开工建设，中国科学院武汉岩土力学研究所为承建单位，已纳入国家“十四五”规划。主要目标是建设模拟器主舱、工程扰动行为辅舱、环境载荷控制辅舱、多参量监测辅舱等系统。建成后，设施将成为国际领先的深部岩土工程科学研究综合性试验平台，提升我国深部岩土工程科学认知水平和工程技术创新能力，为相关行业领域的工程建设加速向深部拓展提供技术支撑。

（4）脉冲强磁场实验装置优化提升项目。2023 年 10 月 23 日，国家发展改革委正式批复“十四五”国家重大科技基础设施脉冲强磁场实验装置优化提升项目的投资概算。重点开展设施性能提升和功能扩展，突破超高脉冲磁场技术、高低温超导磁体技术、多时空脉冲强磁场调控技术等关键核心技术。设施建成后，将成为性能参数领先、功能完善的多时空超强脉冲磁场实验研究平台，为材料科学、信息科学、生物医药等领域的物质科学及量子物态调控研究、脑科学及生物大分子动态特性等研究提供条件支撑。

（5）国家作物表型组学研究设施。在国家发展改革委的支持下，由中国科学院遗传与发育生物学研究所牵头，南京农业大学、华中农业大学、武汉理工大学、中国科学院武汉植物园参与建设。主要功能是综合利用现代组学、基因操作、分子育种和成像、信息科学等技术，建设国家作物表型组学研究设施，实现主要农作物 50 万～100 万株 / 年基因型与表型复杂关系解析，建立完善作物表型决定的现代遗传理论体系。设施建成后，面向国内外开放共享，可快速、高效培育设计型、绿色、超级作物新品种，缩短育种周期，成为我国作物基因型 – 表型组深度解析研究中心，基因型与表型大数据分析和共享平台，作物高效品种选育的加速器，推动生命科学和现代农业的跨越发展，助力打赢“种业翻身仗”。

三、高水平研究型大学策源能力优势显著

优势学科具有核心竞争力。2022 年，武汉共有高校 83 所，与广州并列居全国第二，仅次于北京（92 所），“双一流”高校共 7 所，入围“2022 软科世界大学学术排名”前 500 强的共有 5 所，重点高校规模优势显著。武汉拥有“双一流”学科 32 个、“中国顶尖学科”（以全国前 2 名或者前 2%）17 个，优势学科数量在全国科技创新中心城市、长江中游地区均处于领先地位（表 7–3）。各高校结合武汉重点产业布局，积极设置集成电路设计与集成系统、智能制造、储能科学与工程、人工智能等交叉学科专业，培育“高、精、尖、新、缺”新兴学科，如武汉大学成立华中地区首个前沿交叉学科研究院，围绕“卡脖子”难题和经济社会发展的现实问题，整合力学、材料、机械、控制、电气、动力等工科主干学科资源，建强先进材料、先进制造、机器人工程、储能技术等专业，实现高水平自立自强。

表 7–3　不同层级科技创新中心城市“双一流”学科情况

单位：个

层级	科技创新中心城市	“双一流”学科	“中国顶尖学科”数量
国际级	北京	94	115
	上海	63	50
	广州	21	10
国家级	武汉	32	17
	成都、重庆	19	12
	西安	19	12

高校基础研究和原始创新能力不断增强。近年来，武汉充分发挥在汉高校创新引领作用，推动武汉建设具有全国影响力的科技创新中心。2022 年，武汉拥有国家级科技创新平台 155 个，大多集中在高校，以这些平台为载体，武汉高校集聚了大量战略科技人才、科技领军人才和创新团队，为武汉构建原始创新策源地、建设区域科技创新中心提供了坚实人才支撑。同时，武汉鼓励校地、校企联合创新，截至 2023 年 5 月，武汉建有 1000 多个校企联盟，开展产学研合作项目近万个，推动在汉高校创新要素得到更快集聚裂变，全球首颗北斗高精度 AI 控制芯片、中国首台高精度量子重力仪、中国首套三维五轴激光切割机等一批领先全球的“武汉原创”硬核科

技涌现，实现了将科教优势转化为经济发展优势。

专栏 6

武汉依托“双一流”高校建立的国家级科技创新平台

1. 武汉大学

国家多媒体软件工程技术研究中心、国家卫星定位系统工程技术研究中心、湖北梁子湖湖泊生态系统国家野外科学观测研究站、武汉大气遥感国家野外科学观测研究站、湖北国家应用数学中心、国家领土主权与海洋权益协同创新中心、地球空间信息技术协同创新中心。

2. 华中科技大学

激光加工国家工程研究中心、制造装备数字化国家工程研究中心、国家企业信息化（CAD）应用支撑软件工程技术研究中心（武汉）、国家数控系统工程技术研究中心、国家防伪工程技术研究中心、国家纳米药物工程技术研究中心、下一代互联网接入系统国家工程实验室、新型电机国家专业实验室、外存储系统国家专业实验室、国家能源煤炭清洁低碳发电技术研发（实验）中心、武汉引力与固体潮国家野外科学观测研究站、武汉国家生物产业基地生物医药技术服务平台。

3. 中国地质大学（武汉）

国家地理信息系统工程技术研究中心、湖北巴东地质灾害国家野外科学观测研究站。

4. 武汉理工大学

光纤传感技术与网络国家工程研究中心、国家水运安全工程技术研究中心。

5. 华中农业大学

国家家畜工程技术研究中心、国家油菜工程技术研究中心、国家植物基因研究中心（武汉）、微生物农药国家工程研究中心、武汉国家生物产业基地实验动物中心、药用植物繁育与栽培国家地方联合工程研究中心（湖北）、蛋品加工技术国家地方联合工程研究中心（湖北）。

6. 华中师范大学

国家数字化学习工程技术研究中心、国家数字化学习工程技术研究中心。

四、科技领军企业引领创新作用突出

（一）高新技术龙头企业不断壮大

2022 年武汉科技创新报告数据显示，武汉共有高新技术企业 12 654 家，在副省级城市中位列第三，比 2021 年前进 1 位；在全国主要城市中位列第六，较 2021 年前进 2 位（图 7–6）。武汉高新技术产业中产值在 200 亿元以上的工业企业比 2021 年增加 2 家，达到 9 家，分别是东风本田汽车有限公司、武汉钢铁有限公司、中韩（武汉）石油化工有限公司、上汽通用汽车有限公司武汉分公司、摩托罗拉（武汉）移动技术通信有限公司、烽火通信科技股份有限公司、长江存储科技有限责任公司、鸿富锦精密工业武汉有限公司、东风汽车股份有限公司（总部），高新技术企业创新动能显著增强。

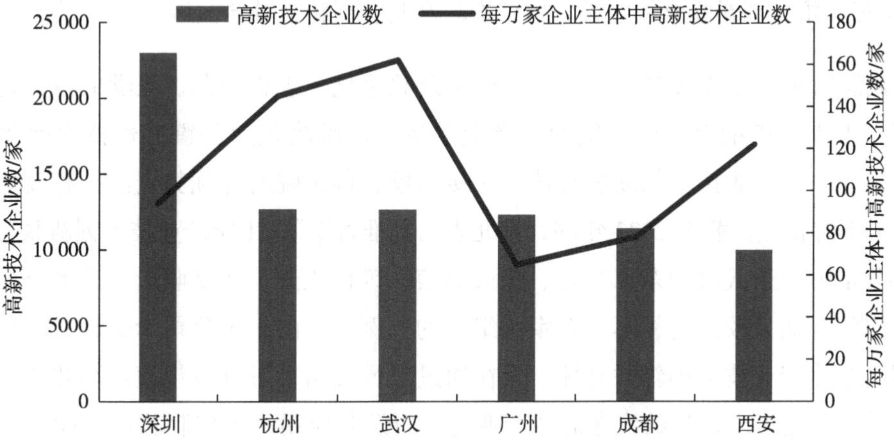

图 7–6　副省级城市 2022 年高新技术企业数

（二）高新技术企业推动优势产业集群及战略新型产业快速崛起

2022 年，武汉高新技术企业中有 9775 家高新技术企业集中在电子信息、先进制造与自动化、高技术服务三大优势产业领域，助力万亿产业集群形成及战略性新兴产业崛起。2023 年，武汉民营企业科技创新 50 强分布在电子信息、先进制造与自动化、高技术服务、生物与新医药、新材料、资源与环境、新能源与节能、航空航天（图 7–7），积极引领人工智能、新材料、空天等未来产业发展，助力产业发展实现关键核心技术自主可控。

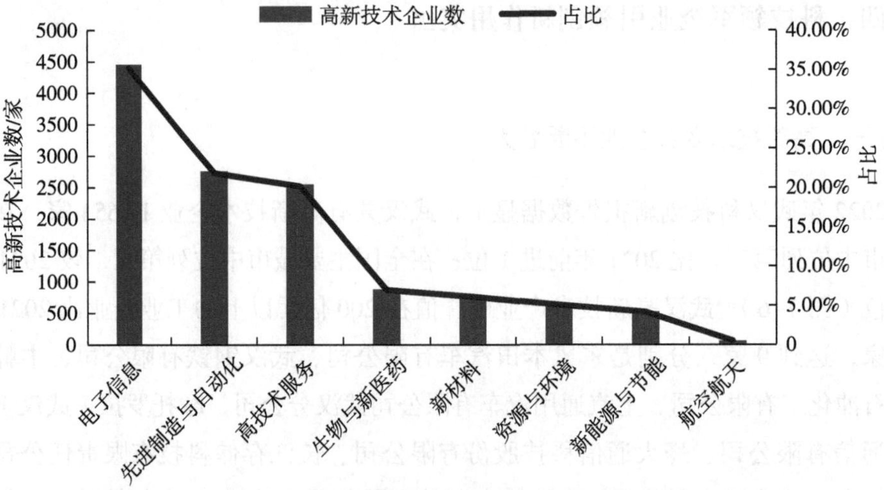

图 7-7　2022 年武汉高新技术企业按技术领域分布及占比情况

（三）依托创新联合体建设，持续推动产业链创新链融合发展

武汉市聚焦车规级芯片、新一代网络及数字化、生物医药、医学成像、光纤激光器、先进低碳冶金、综合能源等产业领域，以解决行业关键共性技术问题为目标，建立一批产业技术创新联合体，对接高校、科研院所等优势资源，有效集聚产业链上下游企业。截至 2023 年底，湖北省已批准备案了 21 家产业技术创新联合体，大部分是由位于武汉的东风公司、烽火通信、锐科激光、武汉联影、武钢公司等创新资源整合能力较强的领军企业牵头组建的。例如，由东风公司牵头建立的湖北省车规级芯片产业技术创新联合体，旨在通过东风公司百万辆级规模汽车芯片应用需求拉动，组建国内领先的汽车芯片产业链，研发与应用汽车控制芯片（MCU）和专用芯片，功能性赶超国际同类同期先进产品，打造全国领先、具备湖北特色的汽车芯片产业集群，实现关键核心技术自主可控，合力助推中国汽车芯片产业发展壮大。

第四节　高质量科创生态

近年来，围绕"一带一路"内陆地区新节点、长江经济带高水平开放新门户、国际创新开放合作新引擎等功能定位，武汉积极推动人才高地建设，加快完善科技金融体系，持续优化创新创业生态环境，加快构建内外联通、开放包容的区域创新体系，加快打造新时代内外融合创新枢纽，有力支撑了武汉建设具有全国影响力的科技创新中心。

一、人才高地建设成势见效

武汉被中央组织部纳入国家高水平人才高地和吸引集聚人才平台建设名单，成功获批中央工程硕博培养改革专项试点5座城市之一，招生规模全国第一。优化实施“武汉英才”计划，认定和支持高端人才692人，引进海外优秀人才2046人。围绕光电信息、生命健康等领域，引进培育国际表观遗传学、集成电路领域等10个高端创新团队。建立动态顶尖人才引进清单，深化实施“学子聚汉”工程，全年新增在汉就业创业大学生超过30万人。推进国家科技人才评价改革试点，在东湖高新区实施人才注册制、积分制、举荐制，吸引1.5万名海内外人才、1500余家企业注册。实施高层次人才举荐制，赋予重点高校、重大科技创新平台、重点企事业单位等举荐权，华工科技、长飞光纤、高德红外等3家企业首次获批正高级职称评审权，人才集聚效应显著增强。

二、科技金融体系不断完善

武汉积极申报科创金融改革试验区。设立总规模100亿元的武汉创新发展投资基金，引导社会资本投资阶段前移。推广“科保贷”等科创金融产品，2023年第三季度末全市科技贷款余额达4583亿元，同比增长14.4%。设立武汉产业发展基金300亿元，东湖科技保险创新示范区加快建设，全国首个地方版科技保险业务和服务标准在武汉出台。同时，新型政银担合作体系进一步完善，中国科学院科技成果转化创业投资基金落户武汉，总规模28.5亿元。武汉产业发展基金与科研院所、产业园区、创新平台、社会资本合作设立17支科技成果转化子基金及天使基金、创投基金，总规模超过25亿元。发行政府债券63.9亿元，用于东湖科学城重点项目建设。全国首单环保装备产品质量安全责任保险、首例农业制种知识产权保险，全省首单共保模式的建筑工程质量潜在缺陷保险、软件首版次保险、集成电路流片费用损失保险、知识产权海外侵权责任保险等一批全国、全省首发产品相继落地，科技金融支撑作用显著增强。

三、科技成果转化全面发力

武汉加快建设汉襄宜国家科技成果转移转化示范区，中国工程院院士专家成果湖北展示与转化中心正式揭牌。积极推广湖北工业大学科技成果所有权改革试点经验。体现多元价值的科技成果分类评价指标体系基本建立。编制《武汉市科技成果转化中试平台建设规划》，推动建成中试平台 198 个，备案市级中试平台 94 个，提升 12 个中试平台服务功能，认定成果转化中心 10 个。全市成果转化联络员达到 220 人，已促成超过 60 个项目落地转化或取得明显进展。推动专利转移转化和开放许可工作，武汉理工大学首个亿元级专利技术转化项目成功签约。2023 年，武汉市技术合同成交额 2198.43 亿元，同比增长 62.23%，在全国副省级城市中排名第三，较上一年度上升 1 位。

四、创新创业环境持续优化

武汉推行科研项目经费使用“负面清单 + 包干制”改革试点，将项目立项权下放到项目承担单位并简化项目立项管理，充分调动科研人员积极性，营造良好科研生态环境。更新武汉创新地图，发布《武汉市创新街区（园区、楼宇）建设规划（2022—2025 年）》，梳理现有存量 360 万平方米，谋划未来 3 年可新增建设面积 400 万平方米以上，全年新建创新街区（园区、楼宇）110 万平方米。新获批国家级众创孵化载体 16 家、省级孵化器 4 家、众创空间 16 家。举办东湖论坛、武汉科技创新大赛等活动，创新创业环境不断优化。

五、开放创新体系加快构建

（一）区域科技合作系统推进

武汉都市圈协同创新格局初步形成。编制《武汉都市圈科技创新协同规划》，成立光谷科创大走廊孵化服务联盟，黄石、荆州、黄冈、咸宁、天门、荆门、鄂州 7 个城市在汉布局离岸科创中心，组织武汉市院士专家、科技特派员 1315 人次到都市圈各城市开展技术支持，武汉都市圈“创新策源在科学城、孵化转化在大走廊、价值溢出在都市圈”的协同创新格局初步成型。长江中游城市群协同创新加快推进。每年举办长江科技创新要素大会，与长江中游城市群城市在企业技术需求等方面开展深度合作。联合湖南、江西共同建设综合科技服务平台，成立综合科技服务联盟，发起中部天使投资联盟，创建长江中游国家技术创新中心，加快建设长江中游协同创新共同体。与国内科技创新中心对接融合不断加深。在京津冀、长三角、粤港澳大湾区布局建设湖北科创中心、科创园区，推动优质创新资源互联互通；深化与上海国际科创中心合作，加快打造承东启西、双向互济的创新合作格局。

（二）全球科技合作稳步展开

加强与“一带一路”沿线国家科技合作。“中国—智利 ICT”和“中国—波兰测控技术”2 家“一带一路”联合实验室加快建设。离岸创新平台加速布局。中法生态城光控特斯联（武汉）低碳智慧产业园一期项目投用。5 家中非创新合作（技术转移）离岸中心在海外布局建设。中比科技园在比利时布鲁塞尔，中国北京、合肥、武汉四地举办第四届中比科技交流视频研讨会。推进一批企业建设海外科技创新中心、离岸创新创业中心，支持中德产业园、中法生态城等加强对欧科技合作。组织高校参与国际科技合作专项。华中科技大学、武汉大学、中国地质大学（武汉）等高校参与国际热核聚变实验堆（ITER）计划、地球观测组织对地观测国际大科学计划、“深时数字地球”（DDE）国际大科学计划等。

第五节 增强武汉创新辐射带动能力

武汉科技创新中心建设取得了初步成效，但是对标国内主要科技创新中心，其影响力仍较弱，尚未发挥中部创新动力引擎的作用，辐射带动能力有待提升，主要表现在跨区域协调机制有待完善、科技领军企业培育不足、科技同发展及成果同产业对接不畅通、开放包容的创新生态尚待优化等，基于武汉科技创新中心建设的功能定位及当前武汉科技创新中心建设存在的问题，提出针对性的对策建议，强化武汉作为中部地区核心城市创新引领带动作用。

一、主要问题

（一）区域协调统筹机制有待健全

由于武汉都市圈和长江中游城市群各地战略发展目标不同，再加上行政体制障碍突出，武汉都市圈及长江中游城市群各城市之间尚未形成有效的区域协调机制，政策协同机制有待健全。同时，武汉与周边城市、中部省会城市之间尚未建立资源共享机制，影响创新要素顺畅流动，辐射带动作用有限。长江中游城市群产业发展不均衡且高度趋同，彼此之间的合作小于竞争，跨区域产业分工协作水平不足，产业之间替代性有余、互补性不足，城市群内部的各省份、各城市之间并没有形成优势互补的产业体系。

（二）科技领军企业招引不足

武汉本地科技领军企业较少，主要表现在优先培育的技术领域不清晰、尚未建立科学有效的培养体系、产业链创新链带动能力不强等方面（图 7–8）。同时，民营科技领军企业招引不足。武汉 2020 年度企业研发（R&D）费用投入排名前 10 位的企业，如东风汽车集团股份有限公司、长江存储科技有限责任公司、中铁十一局集团有限公司、武汉钢铁有限公司、海思光电子有限公司和烽火通信科技股份有限公司等以央企或国企占多数，科技含量高、带动能力强、辐射作用大的民营科技领军企业偏少，限制了武汉产业技术的创新引领作用和辐射带动作用[①]。

① 资料来源：武汉 2020 年度企业研发（R&D）费用投入百强名单。

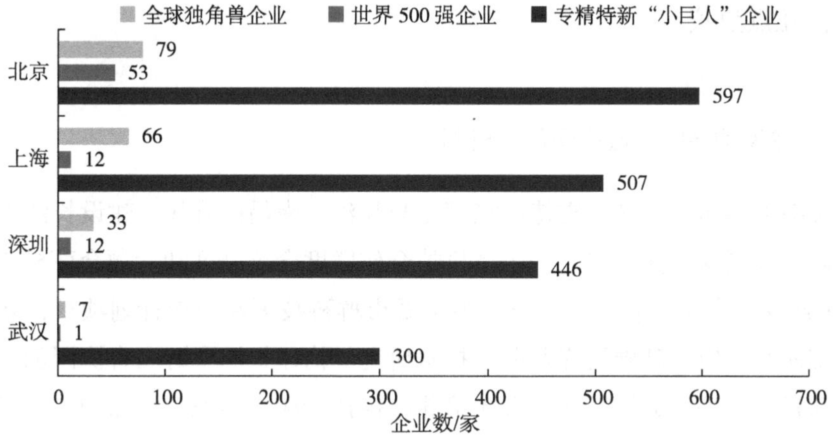

图 7-8　2023 年我国主要创新型城市科技领军企业情况[①]

（三）科技成果转化率有待进一步提高

武汉高校资源和人才资源丰富，但高校科技成果缺少供需对接平台，校企之间长效合作机制不完善，导致科技供需对接成本过高，影响高校成果向企业转移转化。同时，武汉科技成果转移转化机构规模小、数量偏少，知识产权评估、技术开发、技术转让、技术咨询等专业化科技中介服务机构发育滞后。加上技术成果交易市场化配套不够、专业化技术经纪人队伍培养不足，武汉高校、科研院所科技成果的交易质量和效益还不高。

（四）开放包容的创新生态有待优化

武汉对外开放程度相较于沿海地区偏弱，各类资源的开放共享程度较低，跨区域科技创新合作较少，对全球创新资源高端人才、研发机构、金融资本等优质创新资源的吸引力不足。科技创新容错激励机制不健全，职务科技成果权属改革有待深化，人才评价机制仍存在分类评价不足、评价标准单一等突出问题，影响了科技人员创新创业积极性。科技型中小企业融资渠道不畅通、融资方式单一，科技型中小企业面临较大的支出和营收压力，阻碍了科技创新。

① 资料来源：2023 年《财富》世界 500 强排行榜、《2023 全球独角兽榜》。

二、几点建议

（一）统筹构建跨区域协同创新机制

建议中央层面要引导和支持武汉深化与长沙、南昌的合作，建设长江中游城市群协同创新共同体。探索建立跨区域科技合作联席会议制度和专题会商机制、跨省（市）联合攻关合作机制，设立长江中游城市群科技创新合作计划项目，联合规划布局基础研究、应用基础研究及前沿技术研究。构建长江中游三省协同创新政策体系，推动科技管理、成果转化、人才培养、科技金融、知识产权保护、市场监管等方面政策有效对接。共同提升原始创新能力，跨区域共建大科学装置等重大科技基础设施集群，布局前沿交叉研究平台、科技基础支撑服务平台。促进创新主体高效协同，推动高校联盟、科研机构联盟等跨区域协同创新联盟建设。定期组织对接合作活动，搭建政府、企业、高校、科研院所、高端人才、金融机构、中介机构等跨领域交流平台。联合争创全国重点实验室等国家级创新平台，共同争取中国科学院等国家级研究院所落户或建立分支机构。

（二）推动产业链跨区域协同合作

以头部企业为引领，探索“总部+基地”“研发+转化”“终端产品+协作配套”等发展模式，带动中小企业发展。推动创新资源集聚地和产业集群发展地共建产业协同创新中心、科技合作基地等平台载体。鼓励跨区域联合组建科技创新联合体、产业创新服务综合体等机构。协同发展高端产业集群，以高新技术产业园区等各类产业园区为主阵地，引导区域优势产业协同和错位发展。联合推进科技成果转化，以武汉为中心，以周边产业功能区为载体，构建“总部研发+周边成果转化”模式，锻造“基础研究—技术创新—产业创新”全链条，加速高校、科研院所科技成果向周边产业园区应用转化。协同布局公共技术服务平台、科技成果中试熟化基地等功能型平台，推动长江中游城市群技术转化中心、科技成果转移转化示范基地建设。

（三）积极培育和引进科技领军企业

明确具体产业发展规划，根据产业链发展需求有针对性地开展专项培育科技领军企业。建立科技领军企业培育库，为入库企业产学研合作、研发机构建设、科技成果转化、投融资等各环节提供高效服务，推动创新人才、成果、资本等要素向企业集聚。依托科技领军企业布局建设一批技术创新中心、产业创新中心和制造业创新中心等产学研协同创新平台，突破一批关键核心技术，打造原创技术策源地。建立龙头企业“发榜”、中小企业“揭榜”的协同创新机制。制定担保和奖补政策，探索先使用后付费机制，推动高校院所将成果优先许可给企业使用。支持科技领军企业牵头组建任务型创新联合体，并在科技计划项目配置、高层次人才团队引育、创新基地建设等方面给予倾斜。鼓励国有企业联合民营科技型企业共同承担国家重大科技任务，联合产业链上下游企业实现融通创新。

（四）健全科技成果转移转化体系

围绕武汉产业发展需求推动创新链向产业链延伸，通过“基础研究＋技术攻关＋成果产业化”的路径，建立集“应用研究—技术开发—产业化应用—企业孵化”于一体的科技创新链条。构建创新链和产业链连接平台，支持新型研发机构以“赛马制”“揭榜制”等方式，实现技术供给和技术需求的匹配。鼓励产业链、创新链上的企业试行股权融合机制，引入产业链企业股权改革。支持以市场化原则建立人才、研发、资本与产业的全方位融合机制，构建定期融合交流会等线上线下沟通机制。在有条件的县（市、区）、科研机构与产业园区设立融合平台服务站，与研发、资本、中介服务等各类创新服务型机构加强合作，打造一批科技成果中试小试基地、概念验证平台和应用示范基地。

（五）持续优化开放包容创新生态

深化科技创新领域“放管服”改革，做优“政策链”“服务链”，以“最多跑一次”为目标，为高层次人才提供政策申请、项目申报、生活保障等全方位服务，系统构建人才创新创业全流程服务链条，打造热带雨林式科技创新生态。建立国有投资机构尽职免责制度，提高对初创期科技型中小微企业投资容错比例，鼓励投资机构“投早投小投硬科技”。加大科技型企业上市支持力度。抢抓全面实行股票发行注册制改革机遇，加快引导高新技术企业、专精特新企业、产业链龙头企业上市。落实科技创新容错机制，在科技创新评价体系、科研诚信体系、容错司法机制、创新纠错机制等方面，探索建立容错和救助机制，解除中小民营企业创新顾虑。

第八章

西安区域科技创新中心

西安是“一带一路”核心枢纽城市、关中平原城市群核心城市，也是国家重要科研和文教中心、高新技术产业和制造业基地。2022 年 12 月，西安获批建设综合性国家科学中心和具有全国影响力的科技创新中心，成为继北京、上海、粤港澳大湾区后全国第 4 个“双中心”地区，在科技强国建设中的地位显著增强。

随着区域科技创新中心建设的深入推进，西安在全国乃至全球创新版图中的地位和作用均发生了新的变化。从国际科技创新中心综合指标测算结果看（表 8–1），西安科技创新综合实力处于全球前列，是国内创新网络的次要枢纽、全球创新网络的节点之一。世界知识产权组织（WIPO）发布的《2023 年全球创新指数》（*Global Innovation Index* 2023，*GII* 2023）显示，西安居全球第 19 位，列中国上榜集群第 7 位。《国际科技创新中心指数 2023》（*Global Innovation Hubs Index* 2023，*GIHI 2023*）显示，西安综合排第 72 位。《2023 自然指数—科研城市》显示，西安在全球科研城市及都市圈的排名从 2021 年的第 35 位跃升至 2023 年的第 20 位。《2023 国际大都市科技创新能力评价》显示，西安居全球第 21 位。

表 8–1　西安全球科技创新排名（2021—2023 年）

出版机构	报告名称	2021 年	2022 年	2023 年
世界知识产权组织	全球创新指数	33	22	19
清华大学与施普林格·自然集团	国际科技创新中心指数	无	79	72
自然杂志	自然指数—科研城市	35	29	20
上海科学技术情报研究所	国际大都市科技创新能力评价	29	36	21

第一节　全国重要的科技创新策源地

西安属于创新策源地类别城市，科技创新策源能力主要表现在 3 个方面：基础研究能力、关键核心技术与前沿技术突破能力、技术扩散能力。

一、基础研究实力全国领先

西安依托科教资源优势，以高校、科研院所作为基础研究的主力军，基础研究和原始创新取得重要进展。从论文看，2021 年西安发表的国际论文数居全国第 5 位[①]。从学科看，西安在材料科学、工程科学、物理学、计算机科学、临床医学、地理科学、环境与生态学等学科具有优势，在计算机技术、热处理与设备、医疗技术、电机－仪器－能源、冶金材料、土木工程等领域处于领先地位。2023 年“软科世界一流学科排名”显示，西安共有 3 所高校 15 个学科入围全球前十，陕西全省有 15 个学科居全球前十，包括西安交通大学的机械工程（世界第一）、仪器科学、能源科学与工程、冶金工程；西北工业大学的机械工程、航空航天工程、遥感技术、冶金工程；西安电子科技大学的通信工程（世界第一）、遥感技术、电力电子工程。表 8-2 给出了西安高校院所优势学科领域分布。

表 8-2　西安高校院所优势学科领域分布

领域	一级国家重点学科	二级国家重点学科	国家重点（培育）学科
人工智能	西北工业大学：控制科学与工程 西安电子科技大学：信息与通信工程、电子科学与技术	西北工业大学：计算机应用技术、机械电子工程 西安电子科技大学：电路与系统、通信与信息系统	西安交通大学：通信与信息系统
航空航天	西北工业大学：航空宇航科学与技术	西北工业大学：武器系统与运用工程 空军工程大学：航空宇航推进理论与工程	西北工业大学：流体力学、导航、制导与控制

① 资料来源：《2021 年度中国科技论文统计与分析（年度研究报告）》。

续表

领域	一级国家重点学科	二级国家重点学科	国家重点（培育）学科
生物医药	西安交通大学：生物医学工程	西安交通大学：生理学、法医学、外科学（泌尿外） 第四军医大学：生物化学与分子生物学、细胞生物学、神经生物学、人体解剖学与组织胚胎学、航空航天与航海医学、病原生物学、军事预防医学、口腔临床医学等	西安交通大学：皮肤病与性病学 第四军医大学：口腔基础医学、外科学（整形）、影像医学与核医学、外科学（普外）
光电芯片	西安交通大学：电气工程	西安电子科技大学：电磁场与微波技术、微电子学与固体电子学、电路与系统、物理电子学	—
信息技术	西安交通大学：管理科学与工程	西安交通大学：微电子学与固体电子学 西安电子科技大学：信号与信息处理 长安大学：交通信息工程及控制	西安交通大学：物理电子学
新材料	西安交通大学：材料科学与工程 西北工业大学：材料科学与工程	—	—
新能源	西安交通大学：动力工程及工程热物理	西安交通大学：核能科学与工程	—
智能制造	西安交通大学：机械工程	西安交通大学：固体力学 西北工业大学：固体力学、机械电子工程 西安建筑科技大学：结构工程、环境工程	—

二、核心技术攻关前沿阵地

西安年均获得国家自然科学奖、国家技术发明奖和国家科学技术进步奖 30 余项，突破了一批具有全局性、前瞻性、带动性的关键核心技术，形成了大量原创性、变革性、标志性科研成果（表 8–3）。研制出世界首台 30 W 蓝激光手术设备、国内首款体外膜肺氧合设备、重组人胶原蛋白生物制造技术、电动汽车群智能充电技术等。在航空航天高性能制造、微纳制造等领域解决多项“卡脖子”难题，在低温超导线材、大飞机发动机高温合金等领域填补国内空白。另外，2022 年，中国科学院国家授时中心相关团队的发明专利“基于铯原子饱和吸收谱的半导体自动稳频激光器”获得第二十三届中国专利奖金奖。

表 8-3 西安重大引领性原创成果（2019—2023 年）

主要成果	社会影响
中国科学院西安光学精密机械研究所的“阿秒光脉冲测量技术”	实现目前国内最短、国际先进的阿秒光脉冲
中国科学院国家授时中心的“铯 / 铷原子钟技术”	研制出目前国际唯一的光抽运小铯钟产品，解决了铷原子钟输出频率漂移问题，国内首家、国际第二家实现铷原子喷泉钟
中国船舶集团有限公司第七〇五研究所的“水下光纤通信技术”	解决了万米海底至水面实时双向光纤数据传输等一系列世界海洋研究领域难题，实现“奋斗者”号载人潜水器全球首次马里亚纳海沟水下作业视频直播影像传输
西北工业大学的“领航者”深海光学智能导引系统	为无人潜航器的能源供给和数据传输提供了可靠的光学导引装备支持，在水下光学通信导引一体化领域实现国际首创
西安电子科技大学“柔性天线机电耦合技术”的场耦合理论模型、非线性因素对电性能影响机制研究	成果应用于多项国家重大工程和装备
西安翔腾微电子科技有限公司的“无人系统领域核心芯片技术”	实现高算力、强实时、高可靠、低功耗等性能，解决计算、导航、通信、驱动跨域异构异质集成的微型一体化问题
西安交通大学的“高品质原镁制备技术”	制备出公斤级 5N7 级超高纯镁，是世界上公开报道纯度最高的镁。攻克了高品质镁低成本规模化制备难题，建成了全国首条年产千吨级 3N5A 级生产示范线
华陆工程科技有限责任公司的“高纯晶硅制备技术”	弥补国内技术短板，达到国际领先水平。装置生产规模从每年 1000 t 提升至 5 万 t，投资成本从每千吨 10 亿元降至 0.85 亿元
西安泰金新能科技股份有限公司的“高强极薄铜箔制造技术”	超大尺寸钛阴极辊和生箔一体机属全球首创
西安交通大学联合国内多家单位构建了首个中国人群专属的泛基因组参考图谱	为破译中国人群基因密码奠定重要基础
西北工业大学突破了仿生飞行器设计关键技术	研制的仿生飞行器刷新世界纪录

续表

主要成果	社会影响
蓝极医疗研制出世界首台功率 30 W 的蓝激光手术设备	实现了国产重大医疗器械在半导体激光领域自研、自制的重大突破
西安特来电智能充电科技有限公司的“电动汽车群智能充电技术”	世界首创、国际领先的电动汽车群智能充电系统

三、西部地区科技创新枢纽

从新兴技术论文看，《2023 国际大都市科技创新能力评价》显示，西安 10 项新兴技术[①]的 SCI、CPCI 收录论文总数为 26 173 篇，排名居全球第 6 位，其中有 4 项新兴技术排名进入全球前五（表 8-4），表明西安在新兴技术学术研究上处于全球领先地位。从技术成交额看，根据火炬中心发布的《关于公布 2022 年度全国技术合同交易数据的通知》，2022 年西安技术合同成交额超过 2881.3 亿元，居全国第三，仅次于北京和上海。这一数据在 2020 年、2021 年分别达到 1648.56 亿元和 2209.49 亿元，反映了西安在科技成果转化方面的实力，也表明了西安在中国科技创新和经济发展中的重要地位。从区域影响看，在西部地区，西安依托国家技术转移西北中心、西安科技大市场等平台机构，大力推动西安科技服务资源向西部地区特别是西北地区开放共享。此外，与成都、重庆西部科学城等西部地区重大创新平台形成联动，引导西部地区企业在西安建立。在陕西省内，以西安秦创原为总平台的区域协同创新体系初步形成，先后在榆林、延安、汉中、商洛等 11 个地市成立秦创原总窗口地市协同创新基地，在 50 余个县区（行业）建设创新分中心，形成了以西安为中心的关中协同创新走廊。

表 8-4　西安新兴技术 SCI、CPCI 收录的论文数及排名

排名	人工智能		区块链		石墨烯		自动驾驶	
	城市	论文数 / 篇	城市	论文数 / 篇	城市	论文数 / 篇	城市	论文数 / 篇
1	北京	20 091	北京	2321	北京	30 198	北京	7963

① 10 项新兴技术：人工智能、石墨烯、基因编辑、量子技术、氢能、区块链、自动驾驶、精准医疗、沉浸式体验、mRNA 技术。

续表

排名	人工智能		区块链		石墨烯		自动驾驶	
	城市	论文数 / 篇	城市	论文数 / 篇	城市	论文数 / 篇	城市	论文数 / 篇
2	德黑兰	1618[①]	上海	808	上海	16 407	南京	2881
3	上海	9003	南京	696	南京	12 051	西安	2808
4	武汉	7471	广州	668	首尔	9114	上海	2580
5	西安	7169	西安	625	西安	8938	首尔	1980

资料来源：上海科学技术情报研究所发布的《2023 国际大都市科技创新能力评价》。

四、全球创新网络重要节点

西安是“一带一路”建设的重要节点，被国家赋予建设内陆改革开放高地和丝绸之路经济带重要通道、开发开放枢纽等重大任务。西安深度参与国家“一带一路”科技创新行动计划，成立陕西省国际科技合作基地联盟，与 43 个国家和地区建立了全方位、多层次、宽领域的合作关系，建立了 19 个国家级、64 个省级国际科技交流合作基地。2021 年，获批建设陕西省首家“一带一路”联合实验室——中国—中亚人类与环境“一带一路”联合实验室。截至 2022 年底，西安共有 114 家国际科技合作基地，成为推动西安与国外开展国际合作交流、丰富对外科技交流合作形态的重要载体。全市各类主体共建离岸创新中心、海外科技服务站、海外研发中心等国际化合作平台 31 个。西安经开区获批中国科协海智计划工作基地。西安交通大学发起成立“丝绸之路大学联盟”，推动 37 个国家和地区的 150 多所高校开展人才培养、科学研究、人文交流等多项合作。

第二节　硬科技产业创新发展高地

西安拥有良好的工业基础和完备的产业体系，全国 41 个工业大类西安拥有 36 个。2022 年，西安经济总量达到 1.148 万亿元，排名居全国第 23 位。《西安市“十四五”产业发展规划》中明确提出打造“6+5+6+1”现代产业体系，即六大支柱产业（电子

---

① 目前判断原文数据有误。

信息、汽车、航空航天、高端装备、新材料新能源、生物医药)、五大新兴产业(人工智能、5G 产业、增材制造、大数据与云计算、机器人)、六大生产性服务业(现代金融、现代物流、检验检测认证、研发设计、软件和信息服务、会议会展)及一大特色产业(文化旅游)。截至 2022 年底，西安已形成电子信息、汽车制造、航空航天、高端装备、新材料新能源 5 个千亿级的硬科技产业集群(表 8–5)。赛迪顾问发布的《2023 先进制造业百强市研究报告》显示，西安列全国第 11 位。西安的硬科技产业[①]具有高资本投入、高知识产权壁垒、高信息密集度、高产品附加值和高产业控制力等特点。

表 8–5　西安 5 个千亿级的硬科技产业集群基本情况(截至 2022 年底)

产业	产值 / 亿元	主要产品	核心企业	影响力
电子信息	1461	智能终端、新型显示、光电芯片、集成电路、电子元器件、电子新材料	奕斯伟、紫光国芯、源杰科技、西安炬光、中航富士达、西安瑞联、陕西电子集团、三星、美光、中兴	集成电路产业集群入选第一批国家战略性新兴产业集群发展工程
汽车制造	2173	新能源轿车、中型卡车	陕汽集团、比亚迪、陕西法士特	新能源汽车产量全国第一；法士特重型变速器产量连续 17 年居全球行业首位
航空航天	1350	大中型运输机、轰炸机、特种飞机	中航西飞、中航工业西航、中国电科 39 所	工业和信息化部首批 45 个国家先进制造业集群，并且是全国唯一入选的航空制造集群
高端装备	1299	电力装备、专用通用装备和轨道交通装备	博世、西门子、三菱、中钢西重、中交西筑、陕煤重工、西安中车长客、中车永电、长庆机械总厂、鑫隆石油、西安煤矿机械有限公司、西电集团、秦川集团、铂力特、威思曼	增材制造技术专利量全国第一，技术水平国际领先
新材料新能源	1600	有色金属材料、复合材料、太阳能光伏、风电产品、材料装备制造	隆基绿能、乐叶光伏、特变西科、西部超导、陕煤新能源、石金科技、西部超导、埃恩束能、莱特光电	《2023 胡润中国新能源产业集聚度城市榜》显示，西安排在全国第 11 位

① 2021 年 12 月，国家发展改革委对硬科技的代表性领域进行了界定，认为硬科技包括光电芯片、人工智能、航空航天、生物技术、信息技术、新材料、新能源、智能制造等领域。

一、中国电子信息产业的重要支点

西安是我国电子信息产业的领军城市，半导体产业规模居全国第四，闪存芯片市场占有率全球第一，工程产值位居全国第三，是我国集成电路产业版图上的重要支点。2022 年，西安电子信息产业实现规模以上工业总产值 1461 亿元，同比增长 9%。西安在电子信息全产业各环节均有布局，主要产品包括智能终端、新型显示、光电芯片、集成电路、电子元器件、电子新材料等。集聚了奕斯伟、紫光国芯、西安炬光、中航富士达、西安瑞联、陕西电子集团、三星、美光、中兴等一批知名企业（图 8–1）。其中，紫光国芯是存储领域集成电路设计行业龙头企业。奕斯伟是国内极少能够量产大尺寸硅片的半导体材料企业，工艺技术已达到全球第一梯队所具有的水平。源杰科技 25G 激光器芯片成功打破国外技术垄断，产品出货量在国内行业中排名第一。西安炬光已发展成国内实力最强的高功率半导体激光器品牌之一。

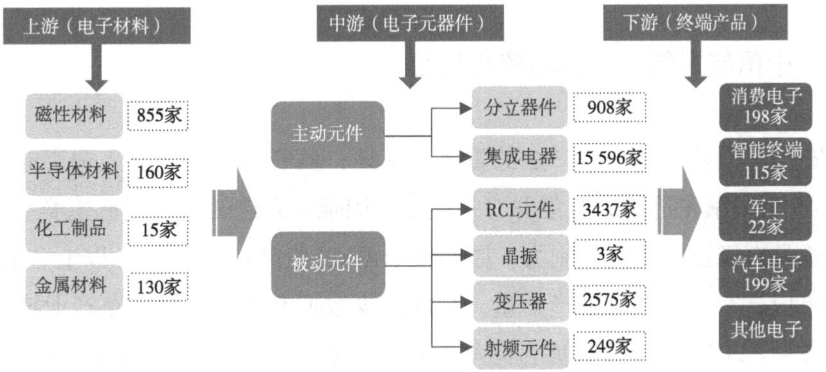

图 8–1　西安电子信息产业

（资料来源：前瞻产业研究院）

二、中国新能源汽车产业的制造中心

西安是 2022 年全国新能源汽车产量（101.52 万辆）居第一位的城市。2022 年，西安汽车制造产业实现规模以上工业总产值 2173 亿元，同比增长 56%。形成了以陕汽集团、比亚迪、陕西法士特为龙头的汽车产业集群，形成了以新能源轿车和中型卡车为优势特色的现代汽车产业体系（图 8–2）。其中，比亚迪在西安建成全球最大新能源生产基地和完整的产业链供应链体系。陕西法士特重型变速器国内市场占有率达 70%，产量连续 17 年居全球行业第 1 位。

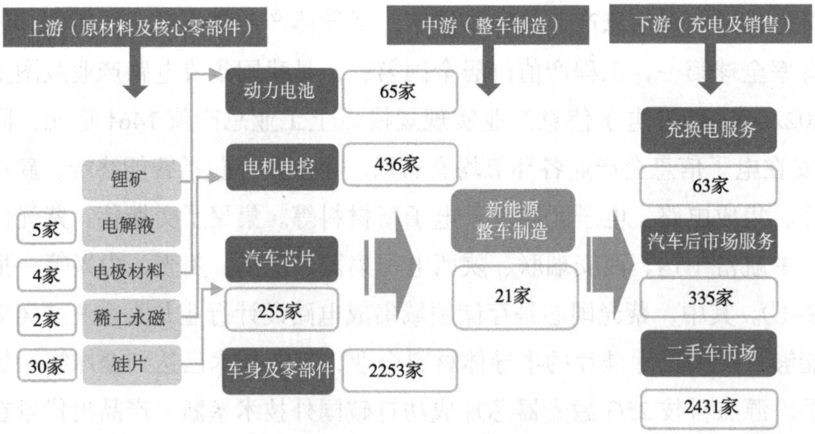

图 8-2　西安汽车制造产业

（资料来源：前瞻产业研究院）

三、中国航天航空产业的核心枢纽

西安是中国航天高科技产业的重要聚集地，西安市航空集群入选工业和信息化部首批 45 个国家先进制造业集群，并且是全国唯一入选的航空制造集群。西安航天航空产业具有极强的产业控制力，原因在于西安拥有国内航天 1/4 以上、航空近 1/4 的科研单位、专业人才及生产力量，是国内少数拥有航天系统完整产业链和创新链的城市之一。2022 年，西安航空航天产业实现规模以上工业总产值约 1350 亿元，近两年平均增速为 15%。主要产品包括原材料及核心零部件、航空产品制造（大中型运输机、轰炸机、特种飞机等）、航天卫星数据应用等。集聚了中航西飞、中航工业西航、中国电科 39 所等 600 余家各类航空制造企业，在大飞机、探月工程、载人航天工程、北斗导航等领域均贡献了西安航天科技力量（图 8-3、图 8-4）。

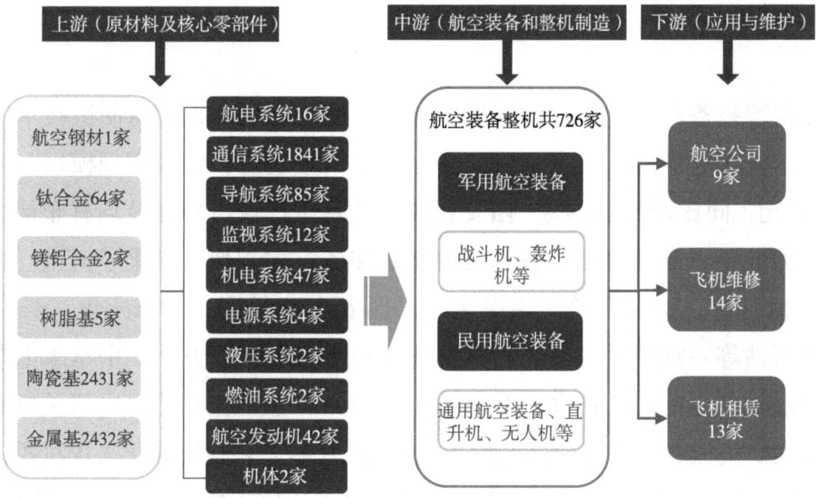

图 8-3　西安航天航空产业

（资料来源：前瞻产业研究院）

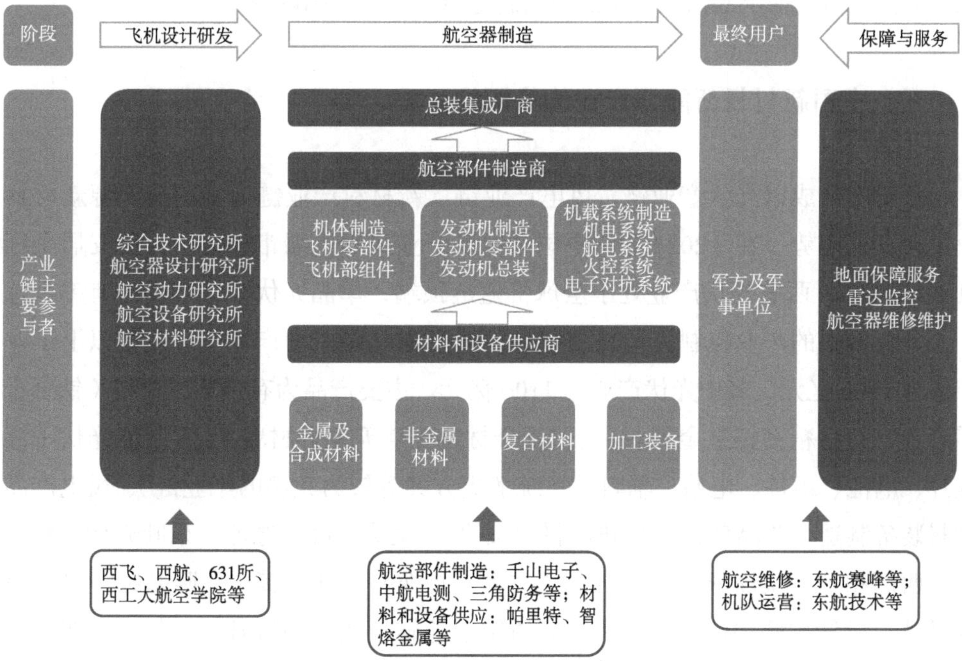

图 8-4　西安航天航空创新链

（资料来源：前瞻产业研究院）

四、中国高端装备产业的支柱之一

西安高端装备产业处于价值链高端和产业链核心环节，增材制造技术专利量居全国第一，技术水平国际领先。2022 年，西安高端装备产业实现规模以上工业总产值 1299 亿元，同比增长 27.8%。西安在高端装备全产业链各环节均有布局，主要产品聚焦电力装备、专用通用装备和轨道交通装备三大领域。集聚了博世、西门子、三菱、中钢西重、中交西筑、陕煤重工、西安中车长客、中车永电、长庆机械总厂、鑫隆石油等一批企业。在产业核心技术与市场占有率方面，中车永电全球最大功率直驱永磁风力发电机成功下线，实现了 20 MW 级以上风力发电机关键技术新突破。西安煤矿机械有限公司研制的世界首台 10 米超大采高智能化采煤机投入使用。西电集团特超高压输变电装备全国领先，170 kA（千安）发电机断路器成套装置国际领先。秦川集团数控磨齿机、螺杆磨床市场占有率居全国首位。铂力特成为国内最大的金属增材制造企业。威思曼高压电源零电流谐振技术及高电压绝缘技术全球领先。中科微精三轴至七轴超快激光高端制造装备填补了国内空白。

五、中国新材料新能源产业的策源地

西安已形成以光伏产业链、风电产业链、新材料产业链为主的新能源新材料产业集聚发展态势，在《2023 胡润中国新能源产业集聚度城市榜》中，西安居全国第 11 位。其中，西安光伏产业处于全球价值链顶端，单晶光伏组件市场占有率全球第一，具有极强的产业控制力。2022 年，西安新材料新能源产业实现规模以上工业总产值约 1600 亿元，其中光伏产业约 1100 亿元。主要产品为有色金属材料（钛合金、镁合金、特种精密铸造金属材料）、复合材料（空天复合材料）、太阳能光伏（涵盖硅片、电池、组件、电站、辅料及系统解决方案等较为完整的产业链）、风电产品、材料装备制造（单晶硅、多晶硅拉制生长炉）。集聚了隆基绿能、乐叶光伏、特变西科、西部超导、陕煤新能源、石金科技等一批龙头企业。其中，隆基绿能自主研发的晶硅 – 钙钛矿叠层电池效率和硅异质结电池转换效率均打破世界纪录；西部超导难熔钛合金均质熔炼及成形技术打破国际垄断；埃恩束能非晶碳基薄膜技术填补国内空白；莱特光电 OLED 终端材料打破国外专利垄断。

第三节　我国战略科技力量的纵深承载地

自获批建设“双中心”城市以来，西安依靠自身发展优势，牢牢把握历史机遇，培育出一批能够代表国家参与全球竞争的战略性科技力量（表 8–6）。

表 8–6　西安战略性科技力量（截至 2022 年底）

类型	名称	数量 / 个
实验室	全国重点实验室	22
大学	2024QS 世界大学	3
	2023ARWU 世界大学	9
科研院所	政府部门属独立科研院所	65
工程技术研究中心	国家级工程技术研究中心	2
创新中心	国家制造业创新中心	1
企业	全球 500 强总部	3
	独角兽企业	2
	国家高新技术企业	10 431

一、高能级实验室体系初步成型

西安高度重视实验室体系建设，出台了《西安市重点实验室认定管理与绩效考评实施办法》《进一步支持西安市秦创原创新驱动平台建设的若干政策措施》等一系列政策措施，对市级重点实验室资金支持额度最高为 100 万元，对全国重点实验室和陕西实验室最高支持 500 万元。截至 2023 年 6 月，西安拥有空天动力、含能材料 2 家陕西实验室（表 8–7），瞬态光学与光子技术、动力工程多相流、金属材料强度、大陆动力学、机械结构强度与振动、宇航动力学、肿瘤生物学等 22 家全国重点实验室（含国防领域 8 家）、168 家省级重点实验室、168 家市级重点实验室。其中，空天动力陕西实验室和含能材料陕西实验室正在积极申报国家实验室；材料陕西实验室正在筹建中。

表 8-7 陕西实验室基本情况

陕西实验室	基本情况
空天动力陕西实验室	聚焦航空宇航推进、材料与制造、空天能源、智能控制和基础与共性技术研究五大方向，搭建 8 个创新中心，重点推进新型空天组合发动机研发、高原物流无人机项、高温树脂基复合材料工程化、西部空天超算中心、微型发动机研发及产业化等项目
含能材料陕西实验室	围绕未来含能材料及其衍生材料创新领域需求，强化含能材料基础研究，构建国家级含能材料科技创新共享平台
材料陕西实验室（筹建）	依托西北有色金属研究院，联合西安交通大学、西北工业大学，在金属材料、超导及量子材料、复合材料、无机非金属材料、材料基因工程等领域，针对基础科学、关键核心技术开展科研攻关，实现材料领域原始创新和战略技术突破

二、部分高校进入世界一流行列

西安是我国科教重镇，拥有高校 84 所，数量居全国第 7 位。西安交通大学、西北工业大学等 7 所高校、19 个学科跻身“双一流”建设行列。国际高等教育研究机构 QS（Quacquarelli Symonds）发布的“2024 软科世界大学学术排名”中，西安有 3 所高校上榜，分别是西安交通大学（291）、西北工业大学（951 ～ 1000）和西北大学（1001 ～ 1200）。在高等教育评价机构软科发布的“2023 软科世界大学学术排名”中，西安共有 9 所高校入围，其中 3 所高校入围世界 500 强，分别是西安交通大学、西北工业大学和西安电子科技大学。具体排名为：西安交通大学（101 ～ 150）、西北工业大学（151 ～ 200）、西安电子科技大学（401 ～ 500）、长安大学（501 ～ 600）、西北大学（501 ～ 600）、陕西师范大学（501 ～ 600）、西安理工大学（501 ～ 600）、空军军医大学（701 ～ 800）、西安建筑科技大学（801 ～ 900）。

三、科研院所资源处于全国前列

西安拥有 460 余家科研机构，在数量上仅次于北京，是我国国家级科研机构最密集的地区之一。西安是中国科学院西安分院的总部驻地，旗下有中国科学院国家授时中心、西安光学精密机械研究所、中国科学院地球环境研究所等 5 家国家级科研院所。西安拥有国内独树一帜的国防军工体系，聚集了国内航天 1/3 以上、兵器 1/3 以上、航空近 1/4 的科研单位、专业人才及生产力量，如中国航天科技集团航天动力技术研究院、西安导航技术研究所、西安船舶工程研究院、中国电子科技集团公司第二十研究所（中电科二十所）等均是我国军工领域的重要战略科技力量。

四、科技领军企业领跑技术赛道

企业是科技和经济紧密结合的重要力量，是推动创新创造的生力军。西安拥有全球 500 强总部 3 家，分别是陕西煤化（第 169 位）、陕西延长石油（第 269 位）和陕西建工控股（第 432 位）。长城战略咨询发布的《中国独角兽企业研究报告 2023》显示，西安拥有独角兽企业 2 家，分别是英雄体育 VSPO（电子竞技）、奕斯伟材料（集成电路）；潜在独角兽企业 4 家，分别是华羿微电（集成电路）、博瑞集信（集成电路）、质子汽车（新能源）和星环聚能（新能源）。此外，截至 2022 年底，西安拥有国家高新技术企业 1.04 万家，占全市企业数量的 1.28%，超过上海（0.91%）、广州（0.91%）、深圳（0.81%）。培育入库科技型中小企业 1.23 万家。全市上市企业总数超过 100 家，科创板、北交所上市企业分别为 15 家和 5 家。诺瓦星云是目前 LED 显控领域唯一的国家级单项冠军。

第四节　富有竞争力的创新生态

一、科技人才队伍总量庞大

人才是创新的根基，创新驱动实质上是人才驱动。2022 年，西安市常住人口总量为 1295.3 万人，人口规模列全国第 8 位。过去 10 年，西安市常住人口增加约 448 万人，增长率（52.9%）仅次于深圳，列全国第 2 位。西安在校大学生超 130 万人，列全国第 7 位。人才总量 365.5 万人，科研人员突破 100 万人，两院院士 72 人，高被引科学家 32 人。在《中国城市人才吸引力排名：2023》中，西安居全国第 20 位、西部地区第 2 位。在外籍人才方面，西安在英国、法国、德国、俄罗斯、以色列等国家设立“西安海外人才工作站”，成为全国首个外国人工作许可“证件延期、变更业务”一次都不用跑的城市，在国外人才研究中心2022年“魅力中国——外籍人才眼中最具吸引力的中国城市”榜单中，居第15位。

二、科技创新平台体系完善

充分发挥发改、科技、工信、教育在推动科技创新中的叠加优势，布局建设了一批工程技术中心、工程技术研究中心、制造业创新中心和企业技术中心。截至2022年底，西安拥有37个国家级创新平台，包括1个国家技术创新中心、7个国家工程研究中心、5个国家级企业技术中心、15个教育部重点实验室。围绕重点产业领域，建成陕西高端机床创新研究院、大飞机创新原等研发平台74个，其中创新联合体31个、新型研发机构32个、共性技术研发平台11个。在园区方面，《2023园区高质量发展百强研究报告》显示，西安高新区位列2023高质量发展园区第十，稳居全国园区百强榜的“头部阵营”，是西北地区唯一获批国家级知识产权强国建设示范园区；西安经开区在经开区序列排名中居全国第14位、西部第1位。西安拥有国家级大学科技园3家，分别为：西安交通大学国家大学科技园、西北工业大学国家大学科技园和西安电子科技大学国家科技园。此外，西北工业大学联合西安市人民政府和陕西空天动力研究院共同申报建设的空天动力未来产业科技园是科技部、教育部认定的全国10家未来产业科技园建设试点之一。在孵化器方面，截至2023年6月，西安国家级孵化载体数量达到111个，列副省级城市第6位。其中，国家双创示范基地6家、国家级科技企业孵化器34家、国家备案众创空间71家。拥有国家级技术转移示范机构13家，航空基地等省级科技成果转化示范基地10家、西安科技大市场等技术转移机构150家（省级以上97家）、西安交通大学等科技成果就地转化示范高校13家。

三、国家重大科技基础设施集群初步形成

国家重大科技基础设施建设是国家科技创新在战略发展层面的整体布局，也是一个城市占据创新高地的重要战略支撑。截至2022年底，西安共有5个国家大科学装置（表8-8）。其中，已建成1个（中国科学院国家授时中心承担的长短波授时中心）；在建2个（中国科学院国家授时中心承担的高精度地基授时系统，空军军医大学承担

的国家分子医学转化科学中心）；正申请立项 2 个 [中国科学院西安光机所承担的先进阿秒光源（西安部分）和西安交通大学承担的电磁驱动聚变大科学装置——Z 箍缩科学实验装置]。此外，二氧化碳捕集利用和封存、“逐日工程”空间太阳能电站等重大科技基础设施开展预先研究。在超算方面，国家超算（西安）中心算力达到 300 P，位列全国第二，算力填充率达到 98.3%，成为国家超算体系中的重要组成部分。

表 8-8 西安大科学装置基本情况

国家大科学装置	基本情况
长短波授时中心	始建于 1966 年，1970 年建成 BPM 短波授时系统，可提供覆盖全球的毫秒级精度授时；1983 年建成 BPL 长波授时系统，达到微秒级精度授时；1988 年纳入国家重大科技基础设施管理。2009 年完成现代化改造，授时能力达到国际先进水平。西安成为我国时间频率科学研究、创新、发展的中心
高精度地基授时系统	位于高新区西安科学园，占地约 55.8 亩，总投资约 16.73 亿元，计划于 2026 年建成。建成后，将成为世界上规模最大、功能最完善、性能最先进的地基授时系统，将为我国电力、通信、金融、交通等关系国计民生的重要行业，以及量子信息、地球科学、射电天文、高能天体物理、空间天气等多学科重大研究提供高精度时间频率信号和技术支撑，为物理常数精密测量、基础物理理论检验等科学研究工作提供开放共享的创新实验平台
国家分子医学转化科学中心	位于西安市现代纺织产业园内，计划于 2025 年 12 月建成并试运行。项目主要围绕肿瘤、心脑血管和代谢性等重大疾病的预防诊断治疗开展系列研究工作，阐明人类疾病在分子、细胞和整体水平的生理、病理机制，并将有关成果转化为临床预测、诊断、预防和治疗的有效手段，建成后将成为国内先进的国家分子医学大科学创新设施、大型医学基础设施共享科技服务中心
先进阿秒光源（西安部分）	位于高新区西安科学园，已纳入国家“十四五”发展规划，由中国科学院西安光机所和中国科学院物理所负责，在西安和东莞两地分别建设，项目总投资 24 亿元，其中西安部分 9 亿元。项目主要围绕阿秒科技前沿和国家重大战略需求，开展长波红外、高重频高功率、大能量单周期飞秒驱动源等关键技术预研工作，建成后将为凝聚态物理、新材料、超快化学、原子核物理等领域提供崭新的研究平台与手段
电磁驱动聚变大科学装置——Z 箍缩科学实验装置	位于西咸新区沣西新城创新港，已列入国家“十四五”专项规划，正等待中国工程物理研究院（绵阳九院）完成相关手续后报国家立项

四、科技金融服务体系完备

以建设丝绸之路金融中心、国家西安科创金融改革创新试验区为牵引，创新“科技 + 金融”服务保障体系，形成金融服务科技创新的要素生态（表 8–9）。一是组建了“丝路创投基金联盟”，吸引红杉资本、IDG、深创投、君联资本等一大批国内外顶级投资机构相继落地。截至 2022 年底，西安共有 170 余家私募股权、创业投资机构，管理资金规模超过 1000 亿元。二是政府投资基金的引领作用也持续显现，国家级科技成果转化基金、中小企业发展基金相继在陕西设立子基金。西安创新投资基金、西安市小微企业融资担保增信基金、西安市人才发展基金相继成立。其中，创新投资基金已完成 36 支子基金的投资决策工作，子基金合作规模达 241.87 亿元。三是进一步完善适应科技型企业特点的产品服务，推动全国首单技术产权资产证券化业务在西安成功落地；设立全国首家精准服务硬科技企业的银行专业机构——浦发银行西安高新技术产业开发区硬科技支行；在全国首创“技术交易信用贷”，为科技型中小微企业开辟了获得纯信用银行直接贷款的新途径。搭建西安企业资本服务中心，开发“长安企融”金融服务平台，成为中国“青创板”陕西区域中心。2022 年度，科技金融服务企业达到 725 家次，贷款额达 33.6 亿元。

表 8–9　西安科技金融改革

主要政策领域	改革内容
硬科技支行	2022 年 6 月 8 日，全国首家精准服务硬科技企业、促进硬科技技术发展的银行专业机构——浦发银行西安高新技术产业开发区硬科技支行正式成立。硬科技支行从专属产品、服务模式、审批机制等方面开展了全方位创新，是满足硬科技企业要素资源需求、发展科创金融生态链、深化秦创原创新驱动平台建设的大胆尝试。硬科技支行为科技型企业配备了专属产品经理和企划团队，设立审查审批“绿色通道”，在法律法规和监管政策允许范围内，在计划管理、资源配置、信贷审批、考核评价、激励约束、不良容忍度等方面予以差异化政策和资源倾斜，并建立符合科技贷款业务特点的业务流程、风险控制、人力资源配置等机制，力争用 3 年时间达到硬科技企业贷款占全部法人企业贷款规模比例不低于 70%、户数占比不低于 90% 的目标
技术交易信用贷	西安着眼为科技型中小微企业纾解“获贷难”问题，依托秦创原创新驱动平台，在全国首创“技术交易信用贷”，利用技术合同支持科技型企业融资，有效降低了科技型中小微企业融资成本，推动创新链、产业链、资金链有效融合，开辟了科技型中小微企业获得纯信用贷款的新途径。其中，简化贷款申报流程的举措相较传统科技金融贷款流程，技术交易信用贷无须担保机构做担保，节省了担保环节，放贷时间最短可缩减至 8 天

五、全面创新改革深入推进

一是落实国家全创改重点任务。建立科技成果转化尽职免责机制，探索以事前约定收益为基础的职务科技成果协同转化模式，开展基于财政补贴降低融资成本的技术产权证券化试点。二是深化科技管理体制改革。深化推广“一院一所一校”模式，推进“三项改革”走深走实，改革科技项目组织管理方式，激发科研人员创新创业创造活力（表 8-10）。三是引导国企加大创新投入，把研发投入、重大原创科技攻关纳入省出资监管企业考核评价体系；对科技研发、重大项目、模式和业态创新转型等方面的投入，均视同于利润。四是加强知识产权服务创新。围绕重点产业链及“卡脖子”技术领域，完善重大科技项目知识产权管理制度，建立健全专利导航工作机制，培育高价值专利，完善知识产权运营服务体系，提升知识产权保护能力。五是举办全球硬科技创新大会、全球创投峰会、西安国际创业大赛、中国（西安）创新挑战赛等重大赛事峰会。

表 8-10　陕西省科技成果转化“三项改革”

主要政策	改革内容
许可“先使用后付费”	纳入试点的省内高校、科研院所将已实施单列管理的科技成果许可给中小微企业使用，许可双方可约定采取“零门槛费 + 阶段性支付 + 收入提成”或“延期支付”等方式支付许可费，支付具体时间由双方商定，或由被许可方基于此科技成果形成产品或提供服务产生收入之后支付
探索“权益让渡”转化方式	在职务科技成果赋权改革基础上，支持高校、科研院所将单列管理职务科技成果的留存部分所有权让渡给成果完成人，由成果完成人自主实施转化
开展“先投后股”试点	支持有条件的市（县、区）以科技项目形式向科转企业投入财政科技经费，在被投企业实现市场化股权融资或进入稳定发展阶段后，将投入的财政资金转换为股权，并按照“适当收益”原则逐步退出，形成财政资金循环运行的长效机制
设立“三项改革”计划项目	在省科技计划中设立科技成果转化“三项改革”计划项目，对开展“三项改革”综合试点单位、参与“三项改革”路演的优质项目等予以支持，推动更多科技成果转化、孵化、产业化
加强技术转移人才队伍建设	开展技术转移相关专业学历教育，加强高层次技术转移人才培养。支持科技经纪人全程参与成果转化活动
建立作价入股专门持股平台	深化职务科技成果单列管理，建立高校、科研院所科技成果作价入股的专门持股平台，将科技成果作价投资形成的国有资产单列管理

续表

主要政策	改革内容
加大科技金融支持	发挥政府投资基金作用，引导金融投资更早进入科技成果转化阶段，进一步丰富产投、创投、风投等金融产品，探索对科技成果概念验证、中试、产业化等不同阶段差异化的金融支持方式，满足科技成果转化全生命周期资金需求
加强知识产权运用和保护	完善知识产权转移转化体制机制，支持高校、科研院所提升高价值知识产权成果产出和转化能力，培育发展综合性知识产权运营服务平台，加大知识产权保护力度，促进知识产权转化运用
加大财税支持力度	将高校、科研院所横向科研项目结余经费视为科技成果转化收入。横向科研项目结余经费出资科技成果转化的，视同科技成果投资入股，可选择使用递延纳税政策
完善尽职免责机制	对科技成果转化活动实行审慎包容监管，落实“三个区分开来”要求，采取“一事一议”，高校、科研院所负责人履行勤勉尽责义务且没有牟取非法利益的，免于追究其在实施“三项改革”中的相关决策责任

资料来源：《陕西省人民政府办公厅关于印发深化科技成果转化“三项改革”十条措施（试行）的通知》。

第五节　科研机构与企业并进型创新模式

2022 年，西安研究与试验发展（R&D）经费为 601.08 亿元，和广州、杭州、成都、武汉、南京同处全国第二梯队。R&D 经费投入强度为 5.23%，在全国大中城市中仅次于北京、深圳，远高于成都（3.52%）和重庆（2.36%）。高校、政府属科研机构、企业是我国研发投入的 3 个主要组成部分，所占比重分别为 7.8%、12.4%、77.6%，企业是我国科技投入的主体。但西安不同，西安与北京、武汉、南京等城市类似，政府属科研机构、企业研发投入占比相近，在 45% 左右（表 8–11）。这类城市的共同点是高校、大院大所资源丰富，承担大量国家科研任务，政府属科研机构研发经费投入较为稳定，占比保持在 40% ～ 50%，明显高于全国平均水平（13%）。

表 8-11　西安 R&D 经费按执行部门区分（2018—2022 年）

单位：亿元

年份	R&D 经费及占比								
	合计	政府属科研机构		高校		企业		其他	
		总额	占比	总额	占比	总额	占比	总额	占比
2018	426.14	212.68	49.9%	41.51	9.7%	169.68	39.8%	2.27	0.5%
2019	481.76	212.15	44.0%	54.52	11.3%	213.00	44.2%	2.09	0.4%
2020	506.06	230.47	45.5%	53.95	10.7%	219.14	43.3%	2.50	0.50%
2021	553.67	234.20	42.3%	64.78	11.7%	252.96	45.7%	1.66	0.3%
2022	601.08	236.52	39.3%	68.28	11.4%	294.50	49.0%	1.78	0.3%

资料来源：西安市统计局。

西安的创新模式是由国家在计划经济时期对城市的综合布局、科教资源禀赋及经济发展现状特点所决定的，属于科研机构与企业并进型创新模式。具体为通过统筹企业、高校、政府属科研机构等创新主体，集成生产、教育、科研等优势资源，协调上游、中游、下游的创新链关键环节，促进高校、政府属科研机构核心技术与产业链深度融合，充分体现了依靠科技资源禀赋的创新路径。例如，在上游航天航空产业领域，西安拥有以西安工业大学和西安交通大学为代表的高端科技人才来源；在中游航空航天设备制造领域，有国内各重大航空领域研究院加持；在下游应用领域，拥有西安卫星测控中心、西安测绘研究所、中煤航测遥感局等机构，总体形成了航天创新链的完整闭环。在光伏产业领域，西安交通大学、西北工业大学、西北大学等高校在晶硅太阳能电池、钙钛矿太阳能电池研究等方面已积累多年。基于此，随着光伏产业链向西转移，国内单晶硅制造龙头企业隆基绿能以西安为中心，不断加大科技研发投入，积极推进技术和产品创新，与西安交通大学等高校开展研发合作，成立隆基中央研究院，推动西安成为全国的光伏研发“大脑”和产业中心。

第六节　打造“科技强国”建设的西北支点

西安科技创新中心建设面临的困难与不足主要表现为：一是企业技术创新主体

作用发挥不充分。西安规上企业共 1656 家，开展研发活动的企业约占 20%，远低于全国平均水平（36.7%）。二是科技成果应用不足。2022 年，西安科技进步对经济增长的贡献率不到 60%。三是财政科技投入不足。2022 年，西安财政科技支出 61.91 亿元，不足郑州的 2/3、武汉的 1/2。从占一般公共预算支出比重看，西安为 7.4%，而同为综合性科学中心的合肥为 17.8%。四是军民融合对接不畅。西安是我国国防科技资源综合评价居第 2 位的城市，但军工科研院所的研发与市场需求错配，2020 年西安 20 家重点科研院所共产出军民两用技术类成果 1357 项。其中，外地转化 71 项、本地转化 40 项，本地转化率不足 3%。

针对以上问题，结合党中央赋予西安建设具有全国影响力科技创新中心的战略任务，建议西安增强战略科技力量、强化企业主体培育、加强科技成果转化、营造良好创新生态、加强军地政策衔接。

一、强化企业创新主体地位

一是培育科技领军企业。加强科技领军企业建设方略的顶层设计，建立西安科技领军企业动态清单，依托清单企业组建国家技术创新中心、产业创新中心和制造业创新中心；有效引导科技领军企业参与国家战略科技任务，将企业目标与国家战略紧密结合，增强企业核心技术攻关能力。二是提升企业研发投入水平。将企业研发投入奖补政策作为制度性安排长期实施，持续加大对企业研发投入的财政金融及税收优惠；编制企业研发机构建设和评价指南，推动规模以上工业企业建设研发机构。三是加强创新要素保障。推动重大科研基础设施、大型科学仪器和专利基础信息资源等向企业开放，引导国家超算（西安）中心等面向企业提供低成本算力服务。

二、加强科技成果转化应用

一是完善科技成果评价机制，健全分类评价体系和科技成果评价应用体系，精准挖掘遴选高水平科技成果。二是借鉴合肥大科学装置“沿途下蛋”模式，构建就地研究、就地产出、就地应用的大科学装置成果高效转化机制。三是支持综合类、理工类高校设立概念验证中心，为科技成果从“实验室”走向“应用场”提供技术可行性、商业可行性研究服务。四是围绕高端装备制造、新材料新能源等硬科技产业，建设一批成果转化中试基地。五是发挥西安辐射西部大规模市场优势和场景驱动作用，建设一批重大示范应用场景，推动重大科研成果转化应用。

三、提升财政科技投入效能

一是设立西安科技创新中心科技预算管理委员会，建立跨部门的财政科技项目统筹决策和联动管理制度。二是聚焦国家战略目标，提升各种科技经费服务国家战略需求的效能，切实保障新型举国体制下关键核心技术攻关的资金需求。三是组建由科学家、行业专家、企业家、投资专家等组成的咨询委员会，按照不同类型的科研活动分类施策，确保科研资源的优化配置。四是构建以财政投入为引导，企业、金融机构、社会资本共同投入的科技金融支持机制。五是促进长期资本与硬科技产业高度匹配、高效对接，引导天使投资人、创业投资机构，投向硬科技产业。

四、构建军民融合创新体系

一是加强军地产学研用合作，以解决国防科技工业生产实践中重大问题为导向，建立共同凝练重大科学问题的制度机制。二是统筹考虑区域内军事和经济发展双重需要，在重点行业、重点领域，实施一批军民科技融合工程项目。三是加快建设国家军民融合技术转移中心、国防工业科技成果西北转化中心等科技创新综合服务平台，加强军民融合科技成果信息互联互通，完善军民技术成果信息交流机制。四是围绕航空、航天、兵器、军工电子等西安优势领域布局建设军民两用特色园区，推动军地先进技术成果产业化落地。

中国科技创新中心发展报告（2024）

专题报告

|第九章|

国家创新体系与区域创新体系

国际科技创新中心与区域科技创新中心作为区域层面的创新体系，都是国家创新体系的重要组成部分，是国家与地方共同推动建设的创新高地，肩负国家与地方发展的双重使命，与国家创新体系的关系密不可分。厘清国家创新体系与区域创新体系之间的关系，有助于更好地理解我国科技创新中心建设的目的与意义。

一、国家创新体系与区域创新体系的理论演进和共同点

（一）国家创新体系与区域创新体系概念的提出

国家创新体系与区域创新体系理论是基于国家与区域的不同层级作用提出的。1987 年，英国学者克里斯托夫·弗里曼（Christopher Freeman）[①②] 在研究日本产业发展经验后，正式提出国家创新体系（NIS）的概念，将其描述为一个国家公共部门和私营部门的各种机构相互作用构成的网络，它决定了该国扩散知识和技术的能力，并影响国家的创新表现。国家创新体系强调政府对技术创新的有效介入。在此基础

① 弗里曼 . 技术政策与经济绩效：日本国家创新系统的经验 [M]. 南京：东南大学出版社，2008.

② 克里斯托夫·弗里曼（Christopher Freeman）是英国著名经济学家和管理学家，研究领域涉及技术创新、技术扩散、世界经济结构化变革，以及东亚和拉美国家的“技术追赶”等，是“国家创新体系”理论的首倡者。他在苏塞克斯大学创办的科学政策研究所（Science and Technology Policy Research Unit，SPRU），已经成为全球科技政策研究领域的权威学术机构。

上，英国学者菲利普·库克（Philip Cooke）①② 围绕区域内产业集群的创新活动，于1992年提出了区域创新体系的概念，认为区域创新体系是在地理上相互分工与关联的企业、研究机构和高校等构成的区域性组织系统。

（二）"三螺旋"模型

随着知识经济的发展，创新成为经济发展主要驱动力。美国学者埃茨科维兹（Henry Etzkowith）③④ 在分析硅谷等产业创新集群的基础上，于1997年提出了"三螺旋"模型，强调创新体系建设的重点应放在以高校为代表的知识生产机构、产业部门、政府等创新主体，如何进行知识的生产与转化，形成相互影响的"三螺旋"关系？产学研一体化成为国家创新体系与区域创新体系的核心。

（三）创新生态系统理论

进入21世纪后，信息技术的快速发展和创新要素的大范围自由流动，使价值创造逐渐变为价值共创，国家之间的竞争成为一个生态系统对另外一个生态系统的竞争。创新生态系统作为一种新理论应运而生，2004年，美国竞争力委员会发布的《创新美国》（*Innovate America*）报告，首次正式提出了国家创新生态系统的概念。创新生态系统理论从关注创新系统要素构成的传统观点，向关注创新要素之间、要素与环境之间的互动转变，良好的创新生态决定了创新系统的整体效能。创新生态系统理论对创新系统相关理论进行了深化，赋予国家创新体系及区域创新体系新的内涵。

由上述分析可知，国家创新体系与区域创新体系都以创新为共同的理论逻辑起点，是围绕知识的生产、转化和产业化的创新系统。这个创新系统围绕政府、大学

---

① PHILIP C. Regional innovation systems: competitive regulation in the new Europe[J]. Geoforum, 1992, 23(3): 365-382.

② 菲利普·库克（Philip Cooke）是英国卡迪夫大学教授、高等研究中心创办主任，主要研究领域涉及区域创新体系、知识经济、企业家精神、集群和网络，曾任英国政府创新顾问，为国家和地区政府、欧盟、经合组织、世界银行等提供区域创新系统方面的建议。

③ HENRY E, LEYDESDORFF L. The triple helix of university-industry-government relations: a laboratory for knowledge-based economic development[J]. EASST review, 1995, 14(1):14-19.

④ 埃茨科维兹（Henry Etzkowith）是美国纽约州立大学教授、三螺旋协会的创始主席，研究领域主要是创新领域，通过将生物学DNA研究中的双螺旋模型推广至三螺旋模型来分析大学－产业－政府之间的关系，首次提出了创新系统中的"三螺旋"概念。

院所、企业三大创新主体的融合协作而构成，以人才、资金、信息等创新要素为能量供给，由中介、融资、咨询、培训、平台等各类机构提供运行服务和资源配置，在政府所制定的一系列制度规则条件下运行。无论是国家创新体系还是区域创新体系，在这一点上，其含义都是相同的。

二、国家创新体系与区域创新体系的区别

由于政治权力、空间范围等不同，国家创新体系与区域创新体系存在一定差别。

（一）范围、规模和复杂性不同

国家创新体系是由若干区域创新体系组成的。产业集群是形成区域创新体系的核心和基础，离开产业集群谈区域创新体系，是空洞的。产业集群是由一定数量的创新主体、服务型机构、创新资源等要素构成的产业在一定地理范围内的集中，具有明显的地理集聚特征。对一个大国来讲，出于安全利益，必须建立多样化的产业集群所构成的完整的产业体系，绝不能只建立少数几个产业聚集。因此，对国家创新体系而言，它是多个区域创新体系的有机集合。我国拥有全球最完整的工业体系，得益于中华人民共和国成立以后逐渐形成的遍布全国的、大型多样化的产业集群，如环渤海的重化工业集群、长三角的制造业集群、珠三角的轻工业集群等，还有大量的能源化工基地、汽车工业基地、特色产业基地等。这些产业集群通过产业链、创新链的竞争与合作，形成我国相较于全球复杂而坚固的产业优势和壁垒，形成我国强大而独具特色的国家创新体系。

（二）利益导向不同

国家有明确的边界和利益导向，包括军事、外交、信息、生物、粮食等安全利益导向。因此，国家创新体系承担着科技创新的“国家使命”，这决定了其并非完全按市场经济效益最大化原则布局创新活动，需要中央政府面向国家重大战略需求，组建开展长期基础性研究的科技创新“国家队”，围绕关系国计民生、国家安全的领域设立明确目标，进行前瞻性布局。中华人民共和国成立以后，国家在基础研究领域持续进行布局和投入，培养出陈景润、屠呦呦等大量优秀科学家。20 世纪 80 年代后，启动的国家高技术研究发展计划（简称“863”计划），使我国掌握了人类功能基因组、水稻基因组等一大批处于国际前列的关键核心技术。

相比之下，区域的利益导向在于本地经济增长、改善生态环境、提升居民健康状况、创建良好的地域文化等经济社会问题。所以，区域创新体系的经济社会利益目标更突出，受市场驱动的作用更强。区域创新体系的目标主要定位在产业发展，通过强化本地优势主导产业技术能力，进行技术开发、应用及本地化等，形成支撑本地经济发展的特色产业。

（三）创新要素布局的战略意志不同

国家创新体系与区域创新体系，虽然都具有强大的政治动员能力和政治意志，但由于利益导向不同，两者在对不同层次的创新要素布局中体现出不同的战略意志。国家创新体系是通过发挥举国体制优势，整合跨行政区的国家战略科技力量，服务国家需求、体现国家战略意志的创新体系。20 世纪 60 年代，我国的三线建设就是典型的依靠国家力量，进行跨区域创新资源布局的例子，目前中西部大量的科技型企业中有相当一部分得益于当年的三线建设布局。

区域创新体系则是由区域内所属的创新主体、创新基础设施、创新资源，以及本地特色的制度安排等要素构成的创新体系，以服务本地发展为使命。

（四）创新体系构建的影响因素不同

国家创新体系是参与国际竞争的主体，受技术变革、国外技术封锁、汇率、国际安全等外在因素的影响。中美贸易冲突清晰地表明，所谓国际自由贸易其实是发达国家居于优势地位后所创立和推行的一套理论，当其利益受到威胁时，便会指责目标国家违反了“基于规则的国际秩序”，以国家安全等为理由，设置贸易和技术壁垒。所以，国家利益、国家安全是国家创新体系运行的基本点。相比之下，区域创新体系所面临的环境要友好得多，主要受区位、资源、产业基础、行政关系等因素的影响。其中，由于体制问题，区域壁垒所导致的地方利益协调困难一直是我国很突出的一个问题。

三、我国国家创新体系与区域创新体系发展演变史

中华人民共和国成立以来，我国国家创新体系与区域创新体系建设经历了计划经济体制下的条块分割、市场经济条件下的区域创新崛起和大国崛起时代的创新体系构建 3 个发展阶段，与“站起来”“富起来”“强起来”3 个历史阶段相对应，具有

一定的历史发展必然性。

（一）计划经济体制下的条块分割

自中华人民共和国成立至改革开放前，我国处于典型的计划经济时期，国防安全是重点考虑因素，科技力量和工业基础的区域布局以均衡协调为主，以产业部门为主的“条条管理”和以地方为主的“块块管理”形成我国经济体系的主要特点，可以说，我国的科技创新资源在空间布局方面是相对均衡的。但在地方经济体系中则存在央地科技、产业等资源配置相互分割的局面。这个问题到现在依然存在，成为国家创新体系与区域创新体系的矛盾之一。

（二）市场经济条件下的区域创新崛起

改革开放后，地方自主权加大，市场经济日益成为资源配置的主要机制，地方经济迅速崛起，形成以“块状经济”为标志的大量具有地方特色的产业集群。2012年，地方财政科学技术支出第一次超过中央财政科学技术支出，标志着区域创新体系走向成熟。我国逐渐形成以京津冀、长三角、粤港澳大湾区为代表的跨越行政边界的大型创新型产业集群。各地方也在不断探索符合地方产业发展需求的各具特色的创新体系，形成了以上海、北京、深圳、合肥、成都等为代表的多样化产业汇聚的创新型城市，也形成了以昆山、江阴、新昌、晋江等为代表的一大批创新型县（市）。

从国家创新体系角度看，由于实行“国际大循环”战略，受“造不如买”“买不如租”等思潮影响，国家在很多方面弱化甚至放弃了对重大战略性产业和产品的主导和布局，如大飞机研制计划下马、对芯片产业缺乏重视等。

（三）大国崛起时代的创新体系构建

经过20多年的发展，我国经济实力获得巨大提高，自主创新的需求和意识开始苏醒。2006年，在《国家中长期科学和技术发展规划纲要（2006—2020年）》中首次提出“自主创新”，开始扭转过分依靠国外技术的思路，着眼于发挥社会主义集中力量办大事的优势，国家层面开始布局大飞机、航空母舰等一系列重大战略性产品研制。党的十八大后，随着我国经济发展由要素驱动向创新驱动转型，特别是面对以美国为代表的西方国家对中国进行的围堵和技术封锁，国家对创新体系开始深化部署。在国家创新体系建设方面，进一步强化新型举国体制，加强国家实验室、国家技术创新中心等重大科研平台建设，围绕产业链现代化需求，加强创新链布局，集中力量推动重大战略性产业发展和产品研制。

在区域创新体系建设方面，布局京津冀、长三角、粤港澳大湾区三大国际科技创新中心，以及成渝等有全国影响力的区域科技创新中心，加强创新型城市、创新型县（市）建设。习近平总书记在2021年的“科技三会”讲话中指出：“各地区要立足自身优势，结合产业发展需求，科学合理布局科技创新。”要支持有条件的地方建设综合性国家科学中心或区域科技创新中心，使之成为世界科学前沿领域和新兴产业技术创新、全球科技创新要素的汇聚地。对未来区域创新体系建设提出了要求，指明了方向。

四、实现国家创新体系与区域创新体系的融合互动

（一）推动科技政策由项目为主导向注重区域创新生态建设转变

在要素与投资驱动时代，一个区域的经济活力主要依托于大量的要素和资金投入，长期以来，我国区域科技政策以供给型科技政策为主，围绕产业发展，以项目为主要抓手，引导或推动地方经济发展。在以知识为基础的创新驱动时代，创新环境更加重要，创新生态成为一个区域能否获取优质资源的主要原因。国家区域科技政策应从注重供给型政策和项目推动，向鼓励地方（区域）完善创新生态方向转变。

（二）“双循环”新发展格局下，以国家意志引导地方发展

2020年9月以来，习近平总书记多次强调，加快形成以国内大循环为主体、国内国际双循环相互促进的新发展格局。这是我国已经全面建成小康社会，进而开启全面建设社会主义现代化国家新征程的历史节点，面对世界百年未有之大变局、面对国家发展优势和现实约束而提出的发展新战略，是关系我国发展前途的重大谋划。我国在20世纪60年代实施的三线建设的经验表明，国家的战略布局在很大程度上会促进地方创新资源的聚集，对地方产业和科技发展产生深远影响。在新的历史时期，我国可根据国家创新体系发展中面临的重大技术挑战，在技术领域具有明显竞争优势的区域，在中西部、东北老工业基地等地区前瞻性布局若干技术创新中心，以国家意志引导地方发展，引领创新资源向这些区域有效集聚，推动区域创新体系建设，形成“双循环”新发展战略有力的支撑和引领。

（三）加强国家意志与地方发展相结合，有效实现央地联动

从国家利益出发，必须始终加强国家战略在全国空间的系统谋划和部署。中央政府需要根据国家创新体系的建设需求，明确各区域创新体系在国家创新体系中的战略定位，以差异性原则构建各具特色的区域创新体系。地方政府需要根据区域创新优势对接国家创新体系的建设要求，合理设定区域创新体系的目标、运行模式等，承担国家创新体系构建赋予的任务和使命。通过央地联动、开放创新，确保国家创新体系与区域创新体系有机融合与互动，避免国家科技力量在区域成为“孤岛”。区域创新体系在服务于国家创新体系需求的同时，也一定受益于国家创新体系整体效能的提升，推动区域经济社会发展。

第十章

统筹推进国际和区域科技创新中心建设

科技创新是引领高质量发展的第一动力。作为科技创新关键组成部分的国际和区域科技创新中心更是引领高质量发展的动力源泉，肩负着抢占未来产业竞争制高点、服务引领全国创新发展、辐射带动区域协同发展的重大使命。党的二十大报告提出“统筹推进国际科技创新中心、区域科技创新中心建设”。近年来，我国在东部沿海发达区域先后布局建设北京、上海、粤港澳大湾区三大国际科技创新中心，在西南、中部和西北地区分别部署成渝、武汉和西安 3 个具有全国影响力的科技创新中心，在空间上由东部发达地区向中西部全面推进部署，并逐步发挥“主引擎”和“硬支持”的功能。当前，在国际局势日趋复杂与欧美加快同我国科技脱钩步伐叠加影响下，必须加强体系化设计，全面增强科技创新中心创新能级，为中国式现代化建设和中华民族伟大复兴提供更高质量的科技支撑。

一、统筹推进国际和区域科技创新中心建设的路径及意义

当前，世界百年未有之大变局加速演进，逆全球化给世界经济带来深刻冲击，欧美国家加快推动对我国的产业脱钩和技术封锁。为应对国内外发展环境新变化，贯彻落实党的二十大战略部署，要求统筹推进科技创新中心建设，加快实现高水平科技自立自强，为我国实现高质量发展提供全面科技支撑。

（1）实现中国式现代化需要统筹推进国际和区域科技创新中心建设，增强我国整体科技支撑能力。党的二十大强调“坚持创新在我国现代化建设全局中的核心地位”，要求科技把提升经济发展水平、促进全体人民共同富裕和维护国家安全稳定等作为根本宗旨，为中国式现代化建设提供全方位支撑。当前我国东部中心城市和城

市群正成为高端要素集聚地，对创新资源的吸引力远高于其他地区，全国区域创新发展分化趋势十分明显。例如，京沪粤三地研发投入占全国总投入的 30% 以上，“双一流”高校占比超过全国的 35%、两院院士占比达 60% 以上。而中国式现代化战略目标要求解决区域发展不均衡、不协调问题，防范化解因“虹吸效应”而导致创新资源和产业布局过度向中心城市集聚。对此，必须在进一步增强北京、上海、粤港澳大湾区三大国际科技创新中心原始创新能力的基础上，在我国中西部和东北等欠发达地区培育若干具有较强影响力和区域辐射带动力的科技创新中心，以激活区域科技创新潜力，并与东部地区合力构建创新协同网络和产业协作体系，推动全国科教资源和产业资源互联互通，对冲区域分化风险，提升不同区域发展的自主性、协调性和可持续性。

（2）应对日趋激烈的国际竞争需要统筹推进国际和区域科技创新中心建设，提升我国科技集群化竞争力。当前国际竞争主要体现在以全球科技创新中心为代表的区域科技创新集群的竞争。加快建设科技创新中心已然成为各国积极融入全球创新网络，提升国际竞争主动权、话语权的一项战略举措。《国际科技创新中心指数 2022》显示，欧美在全球科技创新领域仍然处于领导地位。例如，50 强城市（都市圈）中美国占 19 席、欧洲占 18 席；微型科创中心城市均位于欧美地区[①]。中国城市（都市圈）中，北京、粤港澳大湾区、上海等位列 50 强。虽然南京、杭州、武汉、苏州、合肥、成都、西安、天津等跻身全球创新城市行列，但分布较为离散，整体实力与欧美国家城市还存在较大差距。统筹推进国际和区域科技创新中心建设，打造一批科技集群或学科中心，有助于优化国家战略性科技创新资源布局，增强原始创新能力，重构底层技术支撑体系，提升我国科技集群化竞争能力。

（3）应对新一轮科技革命和产业变革需要统筹推进国际和区域科技创新中心建设，强化不同领域创新策源功能。当前，新一轮科技革命和产业变革正在重构全球经济结构、重塑国际治理体系。我国既面临前沿技术交叉融合与快速迭代带来新科技赋能、新产业融合的历史机遇，又面临大国博弈和全球疫情引发底层技术竞争和产业链供应链失控的严峻挑战。维护产业链供应链安全稳定，迫切需要掌握关键核心技术，依靠科技自立自强实现更高质量发展。而新技术的发展往往先从某个区域诞生，再向全球扩散。对此，应进一步明确不同科技创新中心各自的技术策源功能，围绕制约国家和区域发展全局的重大科技问题，集聚战略科技力量，加快突破

① 微型科创中心城市：人口不足百万、集聚顶尖创新资源的城市。

一批具有先发优势的关键技术和引领未来发展的基础前沿技术，构建高质量发展底层技术架构，化解“卡脖子”风险，以支撑国家经济发展方式的根本转变。

二、我国科技创新中心建设取得重要进展，但仍然面临诸多不足

（一）科技创新中心建设取得整体突破

近年来，北京、上海和粤港澳大湾区三大国际科技创新中心和武汉、西安、成渝三大区域科技创新中心建设加速推进，创新策源能力和国际影响力持续提升。《2022年全球创新指数报告》显示，全球科技集群百强榜单中深圳—香港—广州居第2位，北京居第3位，上海—苏州居第6位；武汉、西安、成都和重庆分别居第16位、第22位、第29位和第49位。我国科技创新中心整体实力进入国际领先行列，已经成为全球创新网络的重要力量。

（1）在原始创新策源上形成“硬支撑”，科技创新中心正成为推动我国高质量发展的核心引擎。随着基础研究投入力度持续加大，三大国际科技创新中心创新策源能力显著增强。例如，2021年北京基础研究经费投入强度为16.1%，投入强度已接近发达国家水平，在建和拟建大科学装置已达16个，成为继东京之后第2个世界著名的大科学装置集群。上海基础研究经费投入强度上升至9.5%，已建和在建的国家重大科技基础设施达14个。广州基础研究经费投入强度达13.9%，接近世界先进国家水平，目前已集聚（含在建）12个大科学装置。三大国际科技创新中心PCT专利申请量占世界份额达13%，科学论文产出量占世界总份额的7.7%。与此同时，成渝、武汉、西安三大区域科技创新中心加快崛起，为我国中西部发展提供了重要科技支撑（表10-1）。例如，成都国家新一代人工智能创新发展试验区、国家川藏铁路技术创新中心（成都）等一批重大平台相继落地；重庆金凤实验室、天府兴隆湖实验室等相继揭牌运行；武汉全面启动东湖科学城建设，建成脉冲强磁场实验装置、精密重力测量、武汉国家生物安全实验室（武汉P4实验室）等国家重大科技基础设施，加上在建和谋划中的重大科技基础设施共达11个；西安建成运行国家超级计算西安中心、高精度地基授时系统和国家分子医学转化科学中心，正在布局建设“先进阿秒激光设施”等重大科技基础设施。

表 10-1　2022 年我国国际和区域科技创新中心建设进展

城市	全球科创中心城市综合排名	研发经费投入强度	高新技术企业数量 / 家	发明专利授权量 / 件	技术合同成交额 / 亿元
北京	5	6.53%	27 600	79 000	7005.70
上海	10	4.21%	20 035	32 900	2761.25
广州	21	3.12%	12 000	24 000	2413.11
深圳	12	5.49%	20 000	45 202	1627.08
重庆	82	2.16%	5108	9413	310.8
成都	61	3.17%	7800	19 000	1800.00
武汉	57	3.51%	9151	18 553	1127.75
西安	78	5.18%	7140	14 055	2209.49

数据来源：《2022 年全球创新指数报告》、国家及各省市统计局。

（2）突破一批关键核心技术，打破欧美绝对主导地位，为全国产业转型和战略性新兴产业培育提供了重要支撑。目前，科技创新中心正成为我国关键核心技术与前沿技术研发的“开路先锋”。例如，北京涌现出柔性显示屏、新冠灭活疫苗、5G+8K 超高清制作传输设备等具有全球影响力的创新成果；培育并形成新一代信息技术、科技服务业两个万亿级产业集群和智能装备、医药健康、节能环保、人工智能 4 个千亿级产业集群；2020 年，北京技术合同输出到京外的比重为 70%，对全国高新技术产业辐射带动作用明显。上海布局建设了上海光源、硬 X 射线自由电子激光装置等重大科技基础设施，产出一批国际领先的原创成果，有力保障了神舟十二号、天和核心舱、天问一号等国家重大科技任务；技术成果已辐射引领长三角区域乃至全国，2020 年上海技术合同成交额达到 2761.25 亿元，其中流向外省的占比超过 50%，流向苏浙皖地区的占比达到 24.6%。粤港澳大湾区推出全球首款 31 英寸喷墨打印柔性显示样机、全国首款视觉数字全自动口罩机等自主研究成果，以自主创新打破国外技术垄断，突破国外技术封锁。武汉研制出首款百万像素级双色双波段红外探测器、首台新型显示喷印装备等“光谷原创”重大技术成果，并建成全球最大的光纤光缆制造基地。成渝地区航空发动机和燃气轮机高温核心部件、可诱导多孔钛人工骨等关键技术取得重大突破，并初步形成“芯、屏、器、核、网”世界级产业集群。

（3）探索形成一批领先的创新创业政策，为全国其他地区提供了示范和借鉴。

作为改革创新先行区，近年来我国各科技创新中心大胆创新，出台了一系列重大改革政策。例如，北京先后出台《北京市促进科技成果转化条例》、“科创 30 条”和“科研项目和经费管理 28 条”等系列法规政策。上海在全国率先试点设立“基础研究特区”，制定实施了上海科改“25 条”、扩大投资“20 条”、新基建“35 条”等一系列政策。粤港澳大湾区实施大湾区职称评价和职业资格“一试多证”、建设“1+12+N”港澳青年创新创业孵化基地等系列举措，为其他区域创新创业提供了新思路。成都在全国率先开展职务科技成果所有权改革及技术经纪职称制度改革，探索建立赋予科研人员职务科技成果所有权或长期使用权的机制和模式，让“躺在”高校院所实验室里的科研成果加速走向生产线。重庆在全国率先推行人才项目经费“包干制”，让人才有更多的经费管理自主权。武汉在全国率先组建科技成果转化局，探索实施“科技成果转化联络员”制度，形成了科技成果转化的“武汉样板”。

（二）科技创新中心建设仍然面临困境

尽管我国科技创新中心建设已取得良好成效，但在一定程度上仍然存在定位不清、功能同质化、创新体系整体效能不高、统筹协调机制和政策支持体系不完善等问题。

（1）功能定位不清晰和产业选择同质化，导致不同科技创新中心之间竞争多于合作。从定位来看，已批复的 6 个科技创新中心的定位均为“具有全球影响力的科技创新中心”和“具有全国影响力的科技创新中心”，在发展目标中均笼统提出打造“创新策源地”和“人才集聚地”，在各自建设方案中也缺乏对战略定位的细化和对建设目标的区域化设计。从产业选择来看，各科技创新中心均围绕新一代信息技术、生物医药和大健康、智能制造、新能源汽车等产业开展研发布局。由于缺乏与区域资源和特色产业的融合，必然会导致各科技创新中心对技术、人才等资源争夺的加剧。

（2）区域创新资源配置落差过大，导致不同科技创新中心发展失衡。我国创新资源主要集中在东部发达地区，中西部和东北欠发达地区创新资源布局较少。例如，我国“双一流”高校主要集中在京津冀和长三角地区，国家实验室、全国重点实验室、国家技术创新中心等国家重大科技创新平台，主要布局在北京、上海、南京、武汉、广州、深圳等东中部区域中心城市（图 10–1），我国全球 R&D 投入 2500 强的领军企业集中于北京、上海、深圳等地。创新资源极化效应明显，进一步拉大了区域创新能力的差距，这必将影响科技创新中心下一步的均衡发展。例如，北京、上海、深圳的研发投入强度较部分创新型国家有优势，但武汉、成都、重庆等城市研发投入强度仍然相对较低，建设科技创新中心的基础仍需巩固（表 10-2）。

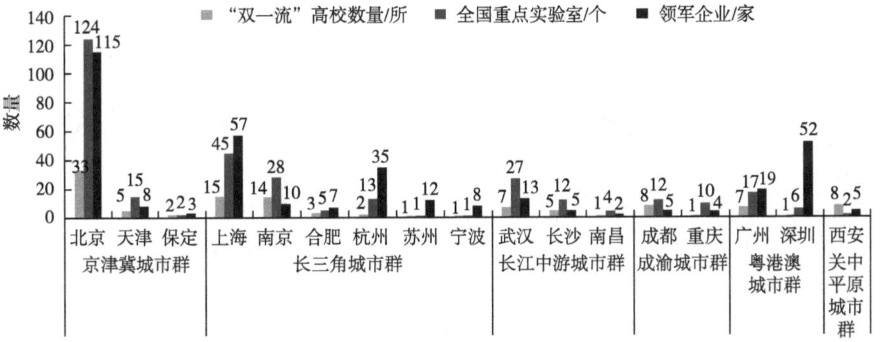

图 10-1　2021 年我国区域"双一流"高校、全国重点实验室、领军企业分布情况

（数据来源：教育部第二轮"双一流"建设高校及建设学科名单、《中国科技统计年鉴（2021）》、*2021 EU Industrial Research and Development Scoreboard*）

表 10-2　2021 年全球创新型国家和我国城市研发投入强度对比

创新型国家	研发投入强度	我国城市	研发投入强度
以色列	4.80%	北京	6.53%
韩国	4.50%	上海	4.21%
瑞士	3.37%	深圳	5.49%
德国	3.31%	广州	3.12%
瑞典	3.31%	武汉	3.51%
日本	3.30%	成都	3.17%
奥地利	3.20%	重庆	2.16%
美国	3.07%	西安	5.18%

数据来源：联合国教科文组织 https://www.unesco.org/、国内各地统计局。

（3）科技创新中心区域辐射带动能力不足。在推进科技创新中心建设过程中，各中心城市更多侧重于提升自身创新能级，往往忽视了作为创新引擎对周边城市的辐射带动作用。例如，京津冀、长三角、粤港澳大湾区，以及成渝和武汉等区域中心城市仍存在空间规划缺乏一体化、区域经济差异过大、圈层结构定位模糊、城市联系松散等问题（图 10-2）。即使是在北京和粤港澳大湾区周边地区，也仍然存在环首都圈贫困带和相对欠发达的珠江口西岸都市圈。成渝城市群和长江中游城市群部分城市增长势头较好，但城市间同质化竞争明显。例如，四川和重庆在全国具有比较优势的行业中有 9 个重叠，分别占四川、重庆比较优势产业的 47% 和 75%[①]，产业同质化竞争和资源错配现象严重。

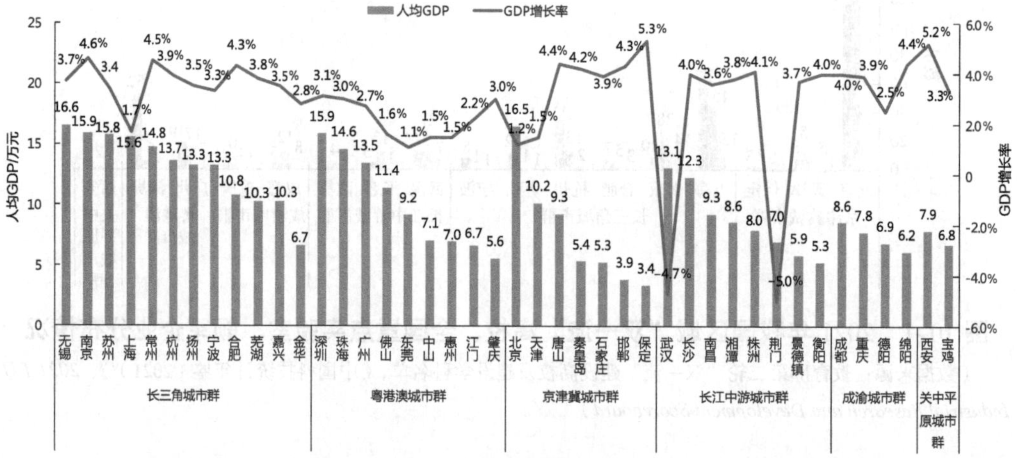

图 10–2 2021 年我国部分城市群城市经济发展情况

（数据来源：《中国城市统计年鉴（2021）》）

（4）国家层面对科技创新中心建设缺乏顶层设计与政策构建。当前，在科技创新中心的方案申请、批复建设、项目推进等环节，国家相关部委各自为政、自成体系，省级各部门也缺乏强有力协作，导致政策不协调、资源配置分散。其原因在于国家层面对科技创新中心建设缺乏顶层设计，部门分工不明确，统筹推进科技创新中心建设的常态化协调机构、联席会议制度等有待建立。国家层面也尚未出台科技创新中心的建设指引，未能明确科技创新中心各自的功能定位与任务重点，导致跨区域科创资源与成果的开放共享、重大专项任务的一体部署、重大科技平台的优化布局等目标难以实现。同时，科技创新中心建设与综合性科学中心、国家自主创新示范区、自贸试验区等国家战略布局缺乏联动，政策难以叠加互补。

三、对策建议

新时期应将统筹推进国际和区域科技创新中心建设放在世界百年未有之大变局

① 数据来源：四川省商务厅。

中谋划，放在中华民族伟大复兴大战略中布局，加强体系化设计，明确不同科技创新中心的功能定位，提升国际和区域科技创新中心建设质量，进而提高国家创新体系整体效能。

（1）在国家层面建立科技创新中心建设统筹推进机制。在中央科技委员会统一领导下，由国家相关部门共同参与，组建科技创新中心建设工作组，全面系统部署国际和区域科技创新中心建设任务，并建立横向协同、纵向联动的工作推进机制。国家有关部门要按照职能分工，从战略规划、政策法规、资源配置和监测评估等方面建立任务落实机制，加强宏观指导；各省（自治区、直辖市）要制定具体实施方案，完善政策体系。建立健全央地定期会商机制，促进国家部委与地方政府在规划设计、体制改革、政策突破和战略科技力量布局等方面实现上下联动、通力合作。同时，要通过战略衔接、资源共享、平台共建和园区互联等方式，探索建立和完善各科技创新中心的区际协同机制与产业协作体系。

（2）在区域层面明确不同科技创新中心的功能定位与建设重点。根据科技强国和中国式现代化建设整体需求，立足区域优势和战略需求，按照功能尺度及创新能级进行分类，明确不同科技创新中心的空间布局、功能定位和发展重点。制定完善的科技创新中心遴选标准，分阶段、分层次开展科技创新中心培育试点，对于试点成效显著的区域，可尽早批复纳入正式建设序列；反之，则取消试点资格。推动科技创新中心与中部崛起、西部大开发、东北振兴、长江经济带、黄河三角洲等国家区域战略和主体功能区建设的有效衔接与一体化部署，强化同国家自主创新示范区、国家级新区、全面创新改革试验区、国家级自由贸易区等的政策叠加、协调统一，提高创新体系整体效能。

（3）在功能层面突出科技创新中心的改革创新职责。科技创新中心不仅要成为高质量发展先行区、新兴产业重要策源地，更要成为探索科技现代化的试验田。要聚焦我国科技创新中遇到的体制障碍和制度瓶颈，支持不同科技创新中心因地制宜开展各有侧重的科技体制改革和政策创新试点。重点围绕科技人才评价、企业创新主体地位构建、现代科研院所制度建设、创新国际化拓展和知识产权法治保障等领域开展体制改革与政策创新，形成支持全面创新的基础制度，优化重大科技攻关新型举国体制和问题导向、需求导向的选题机制。加强人工智能、生物科技等新兴前沿领域立法，推进科技创新领域依法行政，提升科技创新管理的法治化水平，完善科技创新政策法规体系。

（4）在任务层面强化科技创新中心的战略使命。聚焦四个面向，支持科技创新中心依据各自功能定位，积极承接国家重大科技基础设施和重大战略任务，统筹推进战略科技力量在不同科技创新中心的体系化、协同化布局，打造一批世界级高水平研发平台，形成全球人才聚集的“生态圈”，推动“科技＋产业”深度融合，破解“卡脖子”关键核心技术，履行好国家及区域重大使命任务。支持科技创新中心依托大科学装置和前沿研究平台，组织实施一批国际大科学计划和大科学工程，在生物技术、海洋科技、航空航天、智能制造等领域面向全球“揭榜挂帅”，促进“全球问题中国研究、中国问题全球研究”；并在“一带一路”沿线国家和地区建设一批国际科技创新平台与产业园区，以高水平科技对外开放带动多边经贸合作。

第十一章

优化科技创新中心布局

党的十八大以来，习近平总书记总揽全局，从战略高度在中国版图上先后布局了北京、上海、粤港澳三大国际科技创新中心，以及成渝、武汉和西安3个具有全国影响力的科技创新中心。然而，作为世界第二大经济体，对于全国31个省（自治区、直辖市）、19个城市群、30多个都市圈、10个国家中心城市和24个GDP超过万亿元城市的广大地区来讲，未来仍需布局更多的科技创新中心[①]。北京、上海和粤港澳大湾区三大国际科技创新中心是我国科技资源最为密集的区域，远远超越其他地区。布局更多的科技创新中心，主要着眼于区域科技创新中心。下面就区域科技创新中心的内涵和布局等问题进行分析和讨论。

一、什么是区域科技创新中心

对区域科技创新中心内涵的理解，可以从其核心功能、空间载体、建设目标等方面展开。

（一）区域科技创新中心是集"科学—技术—产业"为一体的区域创新高地

首先，要明确区域科技创新中心的核心功能。第三次工业革命后，科学、技术和产业的关系呈现出互相渗透、依赖和促进的趋势，科技创新活动逐渐向"科学—技

① 美国《无尽前沿法案》明确提出，授权美国商务部5年约100亿美元的预算，在全美布局至少10个区域技术中心，支撑美国区域发展战略的规划及实施。

术—产业”的方向发展[①]，推动高校与产业界关系日益密切，衍生出高校促进区域经济与社会发展的第三使命[②]。一个区域的知识资源越密集，知识资源转化为产品、产业的机制越顺畅，该区域创新能力就越强，该区域就越有可能成为科技创新中心。2021 年，习近平总书记在“科技三会”上，从科技和产业方面对区域创新中心建设提出要求：“各地区要立足自身优势，结合产业发展需求，科学合理布局科技创新。要支持有条件的地方建设综合性国家科学中心或区域科技创新中心，使之成为世界科学前沿领域和新兴产业技术创新、全球科技创新要素的汇聚地。”

因此，区域科技创新中心不仅要具备基础研究和源头创新的功能，还要具备关键技术研发、科技成果商业化和产业化的功能，是“科学—技术—产业”创新链完整链条均衡化发展的结果。对此，区域科技创新中心需要具有丰富的创新资源与科技基础设施，能够持续产生原创性科技成果，同时，也需要拥有一批领军企业和充满活力的创新创业环境。

（二）区域科技创新中心以城市、都市圈或城市群为空间载体

其次，要明确区域科技创新中心建设的空间载体，即对区域范围的理解。对科技创新中心空间载体的讨论，最早可追溯到英国学者贝尔纳所撰写的《历史上的科学》（1959 年）一书，书中首次提出“世界科学活动中心”的概念。日本学者汤浅光朝用定量化的方法进一步界定了“科学活动中心”，认为当一个国家在一定时期内，如果科学成果数超过世界科学成果总数的 25% 时，则该国就可成为世界科学中心。可见，早期关于科技创新中心的讨论主要从国家层面出发。

20 世纪 80 年代后，随着硅谷、波士顿等一批具有世界影响力的科技活动中心在全球崛起，推动学术界将科技创新中心研究从国家层面转向区域和城市层面，科技创新逐渐成为城市的重要功能。《在线》杂志最早于 2000 年提出全球技术创新中心（global hubs of technological innovation）的概念，并评选出 46 个全球技术创新中心。当前，随着信息技术的持续发展，科技创新活动的地理边界不断淡化，已突破单一城市地理界限，在都市圈、城市群等更大空间展开，表现为以一个或几个中心城市为核，周边腹地环绕一批开放度高、有产业配套和技术吸纳能力、创新要素和产出

① 王涛，王帮娟，刘承良．综合性国家科学中心和区域性创新高地的基本内涵 [J]. 地理教育，2022（8）：7–14.

② 埃茨科威兹．国家创新模式：大学、产业、政府“三螺旋”创新战略 [M]. 周春彦，译．北京：东方出版社，2014.

密集的城市，与中心城市形成分工、协同的创新格局。

（三）区域科技创新中心的建设目标是辐射带动区域和全国创新发展

最后，要明确区域科技创新中心建设的目标。根据城市在全球创新网络中的创新能级及影响力，可将全球创新城市分为支配型（nexus）城市、枢纽型（hub）城市、节点型（node）城市、潜力型（upstart）城市[①]。其中，支配型城市和中心型城市可认为是对全球创新格局起着支配和枢纽作用的全球性创新城市，这些城市知识、人才等创新资源最为密集，通常处于价值链高端环节，被称为国际科技创新中心或全球科技创新中心。根据 2021 年 2thinknow 的最新排名，第一等级支配型城市有 38 个，第二等级中心型城市有 61 个。其中，上海、北京、深圳属于支配型城市，香港、广州属于中心型城市。在世界知识产权组织（WIPO）发布的《2022 年全球创新指数报告》对全球创新指数百强科技集群的排名中，深圳—香港—广州分别居第 2 位、第 3 位、第 6 位[②]。可以认为，北京、上海、粤港澳大湾区已形成具有全球影响力的科技创新中心的基本框架。

相比之下，成渝、武汉、西安等城市科技创新能力相对较弱，在全球网络中处于节点或潜力型位置，在我国被定位为具有全国影响力的科技创新中心[③]，其影响力基本局限于国内范围，主要发挥对周边区域和全国社会发展的辐射带动作用。区域科技创新中心创新资源相对密集，通常处于价值链中高端环节，能够形成解决产业、生态、社会、城镇、环境等发展共性问题的方案，推动区域实现技术跨越、产业跨越及生产力发展的跨越，成为支撑区域高质量发展的中坚力量。

总体而言，区域科技创新中心是占据价值链中高端环节、汇聚国内外科学前沿领域和新兴产业科技创新要素，带动周边区域或全国创新发展的城市或都市圈。明确区域科技创新中心的核心功能、建设载体、建设目标等，有助于推动地方厘清思路、突出重点；有助于聚集全国乃至全球科技资源；有助于发挥国家与地方双方的

---

① 2021 年，澳大利亚智库 2thinknow 发布了《城市创新指数年度报告》，从文化资产、产业与基础设施、市场网络三大维度界定创新城市，并将全球创新城市细分为支配型（nexus）城市、枢纽型（hub）城市、节点型（node）城市、潜力型（upstart）城市 4 个等级。在其划分的 4 个城市等级中，支配型城市和枢纽型城市可以认为是对全球创新格局起着支配和枢纽作用的全球性创新城市。

② WIPO 公布 2022 全球创新指数百强科技集群，https://www.sohu.com/a/587180996_626579。

③ 正式文件中，将成渝、武汉、西安称为具有全国影响力的科技创新中心（又称“区域科技创新中心”）。

力量，优化科技资源布局，协同推动科技创新，促进科技资源的共建共享共用。

二、布局建设区域科技创新中心的几点考虑

通过以上对区域科技创新中心内涵的分析，在区域科技创新中心布局中应考虑以下几点因素。

（一）选择科技创新或产业发展基础较好的区域进行布局

基于区域科技创新中心的核心功能，应推动区域科技创新中心在科技资源相对丰富或在某些产业中具有龙头潜质和独占性优势的区域布局，更好地发挥这些地区的科技创新潜力及对周边城市的辐射带动作用。一般来讲，这些地区多为省会城市、国家中心城市等国家战略性区域，位于我国“两横三纵”①交叉点，科技创新与产业基础相对较好，空间区位也十分重要，发展潜力较大。根据科技和产业发展情况，这些地区可以进一步分为 3 类，分别是科技基础与产业基础均较好的地区（主要集中在东部地区）、科技基础较好但产业基础较弱的地区（如沈阳、大连、西安等）及科技基础较弱但产业基础较好的地区（如郑州等）。其中，科技基础与产业基础均较好的地区已形成了科技与产业的自我良性循环。对此，应重点关注科技基础较好但产业基础较弱及科技基础较弱但产业基础较好的地区，优先在这些地区布局区域科技创新中心，加大科技投入、优化或引入创新团队，形成国家对这些地区科技创新的系统支持，补足创新链与产业链的短缺环节，增强区域科技与产业竞争优势。

（二）依托都市圈布局建设区域科技创新中心

根据城市发展规律，单体城市向都市圈、城市群发展，是一个必然趋势。当前，我国城市化率达到 64.72%，高于 56.2% 的全球平均水平②，已形成 19 个城市群、30 多个都市圈的空间格局。随着我国城市化进程的深化，未来区域竞争将不再是单体城市的竞争，而是都市圈之间的竞争。区域科技创新中心的布局，一方面

① “两横三纵”，即以陆桥通道、沿长江通道为两条横轴，以沿海、京哈京广、包昆通道为三条纵轴，以主要的城市群地区为支撑，以轴线上其他城市化地区和城市为重要组成的“两横三纵”城市化战略格局。

② 《2020 年世界城市报告》研究表明，未来 10 年，世界将进一步城市化，城市人口占全球人口的比例将从目前的 56.2% 达到 2030 年的 60.4%。

应继续关注创新型城市等单体城市；另一方面也要关注这些创新型城市所在的都市圈，选择那些有较好创新协同基础的都市圈，通过整合都市圈内的自创区、高新区等各类创新平台与资源，发挥都市圈内部的创新网络效应。如郑州都市圈[①]，郑州、洛阳、新乡均为国家创新型城市，同时，受益于三线建设时期国家在郑州、洛阳、新乡等地进行的集中生产力布局，都市圈内部发展水平相对均衡，呈现出“多中心”协同发展格局，具有协同推进区域科技创新的有利条件。

（三）在内陆地区布局区域科技创新中心培育新增长极

面对内外部形势变化，推动区域科技创新中心向内陆地区布局，形成若干新的增长极，辐射带动内陆地区高质量发展成为必然要求。一方面，百年变局、世纪疫情、中美关系、俄乌冲突等正在对世界政治经济格局产生重大而深远的影响，统筹发展与安全成为布局区域科技创新中心的重要原则之一[②]；另一方面，依据世界各国区域发展格局演变的倒“U”字形曲线规律，我国区域发展差距开始进入从扩大到缩小的拐点（1 万美元左右），区域发展战略和政策的着力点应当转向区域发展差距的缩小。在此背景下，应推动区域科技创新中心向广大内陆地区布局，激活广大内陆腹地科技创新潜能，发挥内陆地区人口、市场、区位等战略腹地作用，与东部地区形成协同创新网络。对此，需要综合研究考虑内陆经济科技资源优势区域和关乎国家长远战略需要的区域，进行区域科技创新中心布局，加强与东部发达地区创新链产业链的连接，把中国广大地区从为跨国公司提供配套服务，发展成为能够自主掌控关键核心技术、形成自主循环产业网络的区域，充分发挥我国超大规模市场优势，形成国民经济内循环的基础和条件。

① 郑州都市圈包括郑州、济源、漯河、开封、平顶山、新乡、许昌、洛阳、焦作 9 个城市，占地面积 5.88 万平方千米。2021 年，郑州都市圈 GDP 为 3.5 万亿元。

② 习近平总书记指出：“坚持统筹发展和安全，坚持发展和安全并重，实现高质量发展和高水平安全的良性互动”https://www.ccps.gov.cn/xtt/202205/t20220525_153952.shtml，中共中央党校官网。

|第十二章|

加强内陆地区布局区域科技创新中心

习近平总书记在2021年的“科技三会”上指出，“要支持有条件的地方建设综合性国家科学中心或区域科技创新中心”。问题的关键是“有条件的地方”是指哪些地方？厘清这个问题对于区域科技创新中心如何在全国统筹布局，具有重要意义。

我们认为，不能简单地将“有条件的地方”等同于经济发达和科技创新能力强的地区。改革开放40多年来，我国已经形成粤港澳大湾区、长三角、京津冀三大动力源，引领我国高速发展几十年。目前，我国已经进入平稳增长新阶段，需要再打造若干新的动力源，推动我国形成区域协调发展和高质量发展新格局。选择新的动力源，目光应当投向广大的中西部地区和东北地区。

一、创新资源的空间布局应当成为国家意志

改革开放后，我国在沿海地区设立了14个经济特区，实行“两头在外”的国际大循环战略，推动沿海地区快速融入全球经济体系。经过40多年的发展，东部地区已经成为我国经济的重要支柱，2020年，北京、天津、河北、山东、上海、浙江、江苏、广东、福建等东部地区以全国9.19%的国土面积，创造了全国经济总量52.1%的GDP。相反，内陆和东北地区以90%以上的国土面积，经济总量却不足全国一半。经济发展差距一目了然。

从科技投入来看，东部地区已经有能力依靠自身财力，向创新持续投资并形成强大创新能力，而中西部和东北地区则相形见绌。2012年，地方财政科技支出总额首次超过中央财政科技支出总额；2016年，地方财政科技支出占全部财政科技支出的比例已经达到57.9%。东部沿海发达地区，如江苏地方财政科技支出已经是中央财

政科技支出的2倍多，浙江也近2倍。但是，西部及东北地区省份的地方财政科技支出还是普遍低于中央财政科技支出，即使如四川、陕西这样的西部科技发展大省，2016年的地方财政科技支出也分别只是中央财政科技支出的80%和70%左右，而辽宁地方财政科技支出只占中央财政科技支出的43%左右。

地方政府公司化所导致的产业竞争、区域壁垒、条块分割一直是我国经济发展的顽疾。目前，已经形成了大量金融资本、产业资本和科技创新资源在东部地区聚集的现状，如果在新一轮科技革命和产业变革中科技创新资源再次大规模向沿海发达地区聚集，必然会导致更加严重的区域不平衡，会导致“双循环”新发展格局无法实现。阻止这一局面继续发展，需要政府进行主动调节。市场在资源配置中起决定性作用，并没有否定或忽视政府作用。社会主义市场经济体制的本质特征是把坚持社会主义制度与发展市场经济结合起来。科技创新中心的布局是引导创新资源流动的重要手段，目前，我国已布局了北京、上海、粤港澳三大国际科技创新中心，以及成渝、武汉、西安3个具有全国影响力的科技创新中心，为了促进区域协同发展，需要进一步在内陆和东北地区通过布局科技创新中心，培育若干个创新极和动力源。

二、在内陆和东北地区布局区域科技创新中心的意义

（一）有助于形成自主、安全、可控的产业链创新链

20世纪中期以后，特别是我国加入WTO以来，在国内市场一体化尚未充分发育的情况下，东部地区加快融入全球产业网络，导致其与中西部和东北部地区的产业链供应链关联度下降乃至断裂，东北地区强大的装备制造业“无用武之地”就是一个很好的例子。这种沿海与内地之间经济联系相脱离的现象在荷兰等国也发生过，最后因缺乏巨大的内陆腹地市场的支撑，导致国家整体衰落[①]。新冠疫情、中美贸易冲突清晰地表明，沿海发达地区单打独斗面临巨大风险。“贸易应该由眼光向内的动态积累过程派生而来”[②]，以低成本为比较优势融入全球产业链的发展模式不可持续，脱离广大内陆腹地的外向型发展也不可持续。需要积极应对以“精细化、即时生产”为基础的全球化供应链，向以产业安全为基础的“保障性生产”模式转变。这一“保障性生产模式”的内涵是关键核心技术、高端装备制造业必须掌握在自己手中。而中

① 贾根良．国内大循环：经济发展新战略与政策选择 [M]. 北京：中国人民大学出版社，2020.

② 森哈斯．欧洲发展的历史经验 [M]. 梅俊杰，译．北京：商务印书馆，2015.

国的中西部、东北地区拥有巨量的科技创新资源，也是装备制造业的最主要基地。

（二）有助于支撑内需主导型经济发展

世界经济发展史表明贸易保护和自由贸易是交替出现的，以美国为主导的全球化已告一段落，我国出口导向型经济必须进行转型。借鉴英国16世纪重商主义和美国18世纪“保护主义”[①]推动工业化“狂飙突进”的经验，推动实现内需导向型经济（双循环）发展。我国内陆和东北地区具有广阔腹地，在这些地区构建若干区域科技创新中心，有利于形成新一轮科技革命条件下推动创新驱动高质量发展的重要新引擎；有利于破除对外向型经济发展的路径依赖，构筑战略性市场空间，形成构建新发展格局进程中独立自主、自力更生（自立自强）的重要支点；有利于形成若干“奇兵”，破解长期以来形成的“外向与内需相分割的‘二元经济’”[②]，真正实现“双循环”新发展格局。

（三）有助于形成协同创新效应

我国拥有世界上最全的工业门类，在全国从东到西、从南到北，构建一个一体化的分工合作的产业网络、创新网络，有助于推动全国的科技创新资源、产业资源、管理资源相互链接、相互流动；有助于扩大沿海发达地区的市场腹地，形成规模化优势；有助于激发中西部和东北地区的科技潜力。

（四）有助于构建面向“一带一路”的桥头堡

亚欧大陆是“一带一路”的核心地带。1904年，英国地理学家哈尔福德·麦金德发表《历史的地理枢纽》，通过分析全球各个大陆，认为亚欧大陆具有压倒性优势，将亚欧大陆称为“世界岛”。当前，亚欧大陆总面积占全球陆地面积的40%，居住着世界75%的人口，创造了世界GDP的60%，分布着75%的已知能源。2019年2月，麦肯锡全球研究院发布的《全球化大转型，贸易和价值链的未来在何方》认为，未来30～50年，将会发生一个全局性的趋势性变化，即国际经济的重心将由大西洋转移到亚欧大陆，这将是未来30～50年的最重大的一个世界发展格局的变化。

① 赫德森.保护主义：美国经济崛起的秘诀（1815—1914）[M].北京：中国人民大学出版社，2010.

② 贾根良.国内大循环：经济发展新战略与政策选择[M].北京：中国人民大学出版社，2020.

世界发展格局的变化，为我国紧邻亚欧大陆的内陆地区带来了新的发展机遇。在中西部和东北地区布局和发展若干区域科技创新中心，有助于创建和发展若干面向西亚、阿拉伯、欧洲、东北亚的科技创新基地。

（五）有助于科技创新资源的均衡布局

目前有一种流行观点，即科技基础设施集群化发展，而且这种观点越来越多地出现在政府文件、规划和研究报告中。我们认为，这种观点是错误甚至是危险的。首先，主张科技基础设施集群化观点的依据是集群带来的效率提升，这是偷换的产业集群的概念。产业集群指的是产业链在地域上的聚集带来网络效应和持续的竞争优势。但是，科技基础设施作为一个研究平台、载体，其实是产业链、创新链的一个部分，是创新体系的环节之一，某学科的科研基础设施只服务于某领域的产业发展，各种科技基础设施之间缺乏密切的产业关联性，集群并不会带来创新网络效应。相反，如浙江新昌的轴承产业集群需要一个相应的科技基础设施平台提高创新能力，但如果这个设施被“集群”到省会杭州科学城，那么是否会对新昌县的轴承产业集群造成影响呢？给轴承产业“集群”带来的损失呢？

同样的道理，科研基础设施不能向沿海发达地区“集群”。科技基础设施是支撑创新的重要物质基础，也是引领前沿科技创新、吸引顶尖人才的重要支撑，科技基础设施“集群”会进一步加剧区域发展不平衡问题，因此，要警惕科技基础设施集群化。充分发挥大国优势，对一些战略性的基础设施特别是以大科学装置为代表的科研基础设施在内陆地区进行分散布局。大科学装置属于基础研究领域，结合内陆地区产业优势布局建设科技基础设施，能够为内陆地区集聚科技资源，培育科技基础能力，促进内陆地区的产业“集群”发展，也可为国家培育新的经济增长极。同时，在内陆地区布局建设科技基础设施能够回避大科学装置在空间过度集聚所带来的战争、自然灾害等不可预料的政治、自然等风险，使我国拥有更大的战略回旋空间。大科学装置的布局还有利于落后地区集聚科技资源，优化创新环境，培育科技基础能力，从而有利于落后地区长远科技创新战略的实施。

三、内陆地区布局区域科技创新中心的条件

总体上看，中西部和东北地区基本具备建设区域科技创新中心的条件，即使没有条件，也应当创造条件。

（一）内陆地区工业体系基本盘仍在

中华人民共和国成立初期，我国工业生产力主要布局在沿海和东北地区。20 世纪 60 年代中苏交恶，我国开启以加强国防为中心的三线建设。三线建设持续了 3 个五年计划，投入资金为 2052 亿元，占同期全国基建总投资的 39%。至 1978 年，中西部地区工业企业数量达到约 19 万家、东部地区约 15 万家，中西部地区工业固定资产原值为 1793 亿元、沿海为 1401 亿元。三线建设在内陆地区形成了若干个具有区域性乃至全国性的“增长极”，使中国工业偏向沿海的空间格局发生较大变化，为我国形成相对均衡的工业体系和完整的产业链奠定了坚实基础。至今，中西部地区仍保留着三线建设所遗留的工业基础，东北地区曾经的工业基本盘仍在。

近年来，工业基础较好的内陆地区依托产业基础和综合配套优势，承接了大量来自东部的产业转移。转移产业的结构也不断升级，从小规模走向完整产业链转移，从劳动密集型为主转向机械制造、电子信息、生物医药等资本、技术密集型行业。2013—2018 年医药行业向东北地区转移，带动东北地区医药产值占全行业的比重提高了 1.84 个百分点；电子信息产业转移分别提高中部、西部地区的电子行业产值 5.12 个、3.77 个百分点。与此同时，外资加速向中国内陆地区布局，商务部数据显示，2021 年前三季度，我国东部、中部、西部地区实际使用外资分别增长 19.8%、29.0% 和 4.1%，中部地区吸收外资正步入加速车道。

（二）部分内陆地区创新基础日益巩固

中西部地区拥有全国 82% 的国土面积、53.7% 的人口、43% 的 GDP。三线建设使科研机构和高等院校大量迁入，中西部地区具有了雄厚的科技力量和先进的科技装备，逐渐成为国家战略科技、国防工业和重大装备所在地，创新资源富集。《中国区域科技创新评价报告 2020》显示，中西部地区的安徽、江西、河南、宁夏、贵州等地科技实力快速提升。

目前，中部、西北、东北分别已经形成了以武汉、西安、沈阳等城市为核心的区域创新高地，值得重点关注。2019 年，西安科技研发强度（5.17%）居中西部之首，仅次于北京和上海，技术输出合同成交额与地区生产总值之比高达 12%，仅次于北京，是我国西部地区重要的技术输出地。沈阳和大连获得国家科技奖励总数居全国第 9 位，“海翼”号深海滑翔机、国产首艘航母、全球首艘 30.8 万吨超大型智能原油船、跨音速风洞主压缩机等一批大国重器在沈阳、大连问世。

（三）数字经济时代赋予内陆发展新机遇

数字技术、现代化交通技术的发展，国内构建统一大市场的交易成本大大降低，这为区域创新中心向中西部和东北地区的布局提供了技术条件，以弥补区位劣势。《中国数字化产业带报告 2021》显示，由于数字经济的发展，传统的“胡焕庸线”正向内陆弯曲，不断扩大覆盖范围，也就是说，胡焕庸所论证的自然地理对经济发展的约束，在数字经济时代已经被削弱。

中西部地区将高质量数字基础设施建设作为新时期谋篇布局的起点。2020 年四季度，全国纳入省级重点投资计划的“新基建”项目中，东部地区 406 项、中部地区 373 项、西部地区 216 项。同时，内陆地区也在不断拥抱数字经济发展红利，《中国数字经济发展白皮书 2021》显示，从增速看，贵州、重庆数字经济增速列全国前两名，2020 年增速均超过 15%，湖南、四川、江西、广西、山西等地数字经济增速均超过 10%。从占 GDP 比重看，湖北、辽宁、重庆等地产业数字化规模占 GDP 比重均超过 30%，位于全国前列。数字经济发展为内陆地区在新的赛道上实现突破带来了巨大机遇。

四、加强区域科技创新中心的顶层设计和系统布局

加强区域科技创新中心总体规划研究和部署，借鉴美国区域技术中心的设计思路，建立由国家部委牵头的工作协调机制，在党中央、国务院领导下，全面、系统部署区域科技创新中心建设。

（一）开展区域科技创新中心的试点培育

区域科技创新中心的遴选与布局是当前最紧迫的任务。建议对我国区域科技创新中心按照功能尺度及创新能级进行分类，分阶段、分层次培育区域科技创新中心。在中西部和东北地区，挑选创新资源集聚度高、创新能力较强、产业优势突出、技术发展与国家战略目标高度重合的城市，进行区域科技创新中心试点建设。目前，中部、西北、东北地区分别已经形成了以武汉、西安、沈阳等城市为核心的区域创新高地，值得重点关注。未来，可以研究考虑在具有重要战略价值的城市布局，如郑州、长沙、太原、呼和浩特、乌鲁木齐、兰州、昆明、哈尔滨、长春等。

（二）体系化布局科技创新资源

把科技资源布局作为区域科技创新中心布局的重要抓手。优先支持国家实验室、综合性国家科学中心等国家重大科技创新平台在内陆地区区域科技创新中心的布局，对国家重点实验室、国家技术创新中心、国家重大科技项目等创新资源进行“一揽子”支持，打造内陆地区的科技资源集聚高地。

（三）推动产业链、创新链一体化布局

新时期应当从新的战略高度，推动中西部与东部地区共建协同生产的分工体系，建立中国城市科技创新网络，形成具有根基的自足的科技基础，确保产业链、供应链安全稳定，着力提升科技创新和进口替代力度，增强核心控制力，这是抵御外部不可预测风险的重要一环。对此，在中西部和东北地区的科技创新中心布局中，布局方式应从碎片化向体系化转变，包括完整的创新链和产业链布局，加强上下游企业之间技术经济的关联性，增强区域间产业的协同性，提高产业链与创新链、资金链、人才链的嵌入紧密度，与东部地区协同高水平参与国内创新链、产业链重塑，建立中国内部完整的科技创新网络，形成具有根基的自足的科技基础，确保产业链、供应链安全稳定。

（四）加强对内陆区域科技创新中心的支持政策和力度

一是可以考虑适当提高中央政府开支（财政赤字）的方式，借鉴三线建设经验，推动中西部和东北地区建设若干个区域科技创新中心[①]。二是叠加重大战略。推动国家中心城市、都市圈、城市群等国家区域战略在区域科技创新中心叠加；国家自主创新示范区、国家自由贸易试验区、全面创新改革试验区等政策优先在区域科技创新中心布局和试点，打造国家战略叠加高地。三是开展先行先试。赋予区域创新中心“监管沙箱”地位，允许其在人才、科技金融、成果转移转化等方面先行先试。

① 贾根良．国内大循环：经济发展新战略与政策选择 [M]. 北京：中国人民大学出版社，2020.

第十三章

探索以都市圈为载体的科技创新中心建设

2014 年至今，我国先后布局了北京、上海、粤港澳三大国际科技创新中心，以及成渝、武汉、西安具有全国影响力的科技创新中心，均是以单体城市或城市群为载体布局建设的，在都市圈范围内布局科技创新中心的战略安排尚属空白，有必要积极探索以都市圈为载体的区域科技创新中心布局。

一、都市圈作为布局区域科技创新中心载体的必要性

都市圈是城市群内部以超大特大城市或辐射带动功能强的大城市为中心、以 1 小时通勤圈为基本范围的城镇化空间形态。无论是从城市空间发展规律、产业空间组织特点，还是从我国区域创新布局的独特性看，都市圈已成为我国区域科技创新中心布局的重要载体。

（一）都市圈是我国城市创新空间发展的必然选择

2020 年，我国城市化率达到 64.72%，高于 56.2% 的全球平均水平[①]，已形成了 19 个城市群、34 个都市圈的空间格局[②]。其中，都市圈面积占全国总面积的 24%，都市圈人口占全国总人口的 59%，都市圈 GDP 占全国 GDP 的 77.8%，已成为区域发

① 《2020 年世界城市报告》研究表明，未来 10 年，世界将进一步城市化，城市人口占全球人口的比例将从目前的 56.2% 达到 2030 年的 60.4%。

② 尹稚，袁昕，卢庆强，等. 中国都市圈发展报告 2018[M]. 北京：清华大学出版社，2019。

展的重要载体。《国家新型城镇化规划（2014—2020 年）》《国家发展改革委关于培育发展现代化都市圈的指导意见》明确强调，要培育发展一批现代化都市圈，形成区域竞争新优势。与大尺度空间范围不同，都市圈具有空间邻近、制度邻近等优势，尤其随着现代交通和通信的发展，都市圈内的创新要素也逐渐突破单一地域，实现了更高水平、更低成本的自由流动。未来区域竞争不再是单个中心城市的竞争，而是都市圈之间的竞争。

（二）都市圈已成为创新资源聚集、产业集群的重要载体

都市圈聚集了城市群绝大部分的科技和产业资源，圈内中心城市通过持续吸附人才和资本技术率先发展壮大，形成规模经济和较高的产业集聚，集聚效应不断凸显。当中心城市发展到一定程度，投资者为追求更高的收益回报，会将研发、服务等高附加值创新活动留在中心城市，而逐步将制造及一般性服务业等中低价值创新活动向周边城市转移，由此产生辐射和一体化效应①。例如，在上海大都市圈②，上海在批发和零售业，交通运输、仓储和邮政业，信息传输、计算机服务和软件业，金融业，租赁和商务服务业，科学研究、技术服务和地质勘查业 6 个生产性服务业均具有专业化功能，2016 年，6 个生产性服务业的区位商较 2003 年分别提高 67.6%、28.7%、52.2%、48.0%、36.0% 和 20.1%。相反，紧邻上海的“苏锡常”由于承接了大量上海转移出的制造业，制造业专业化功能进一步加强，相比 2003 年，2016 年三市制造业区位商分别提高 29.5%、29.5% 和 10.5%③。

（三）都市圈反映了我国区域创新布局的独特性

三线建设作为 20 世纪影响我国生产力区域布局的重要战略决策，在中西部地区形成了若干个区域性乃至全国性的“增长极”，深刻改变了我国工业化进程和城市格局，为在这些地区以都市圈为载体布局区域科技创新中心奠定了有利条件。具有代

① 中国城市和小城镇改革发展中心——合肥工业大学课题组．培育发展现代化都市圈 [N]. 经济日报（智库报告），2021-10-12（4）.

② 《上海市城市总体规划（2017—2035 年）》提出上海主动融入长三角区域协同发展，构建上海大都市圈，打造具有全球影响力的世界级城市群。上海大都市圈包括上海、苏州、无锡、常州、南通、嘉兴、宁波、舟山、湖州。

③ 马燕坤，张雪领．中国城市群产业分工的影响因素及发展对策 [J]. 区域经济评论，2019（6）：106–116.

表性的有郑州都市圈和武汉都市圈，从城市层面看，武汉与郑州作为中部地区的两大省会城市，聚集了大量创新资源，2021 年，GDP 分别达到 1.77 万亿元、1.27 万亿元，武汉 GDP 约是郑州 GDP 的 1.4 倍。然而，从都市圈层面看，2021 年，武汉都市圈①、郑州都市圈②的 GDP 总量分别为 3.01 万亿元、3.5 万亿元，郑州都市圈 GDP 总量约是武汉都市圈 GDP 总量的 1.2 倍，列中部都市圈首位。同时，郑州都市圈内部经济水平基尼系数仅为 0.398，呈现“多中心”发展特征。相比之下，武汉都市圈内部城市间的经济水平基尼系数达到 0.567，呈现“一核独大”。这与三线建设时期，国家在洛阳、新乡、平顶山、焦作等地进行的生产力布局息息相关，为这些“圈”内城市的工业发展奠定了坚实基础，而武汉周边城市不具备这些条件。

二、以都市圈为载体创建区域科技创新中心的意义

基于上述分析，以都市圈为载体布局区域科技创新中心已成为顺应城市空间演变、产业空间组织规律、我国区域创新布局特殊性的必然要求，对于构建我国自主安全可控的产业创新网络、推动新型城镇化建设、探索突破区域边界壁垒的城市协同创新的新路径均具有重要意义。

（一）有利于构建我国自主安全可控的产业创新网络

都市圈作为承载产业链重组的重要载体，在都市圈布局建设区域科技创新中心，有利于围绕圈内产业链系统布局创新链，促进强链补链延链，对于构建我国自主安全可控的产业创新网络至关重要。一方面，有利于推动圈内产业链专业化和高端化发展，与国内相关优势区域合力构建我国一体化的内循环产业创新网络，占领世界产业创新制高点、掌控技术话语权，打破过去外循环导致的沿海地区与内陆地区产业“脱钩”的局面，塑造我国产业一体化的巨大竞争优势；另一方面，有利于推动圈内产业链延伸，在更大范围有序转移和合理分布价值链不同环节的产业，进一

① 武汉都市圈包括武汉、黄石、鄂州、黄冈、孝感、咸宁、仙桃、天门、潜江 9 个城市，占地面积 5.78 万平方千米。2021 年，武汉都市圈 GDP 总量为 3.01 万亿元。

② 郑州都市圈包括郑州、济源、漯河、开封、平顶山、新乡、许昌、洛阳、焦作 9 个城市，占地面积 5.88 万平方千米。2021 年，郑州都市圈 GDP 总量为 3.5 万亿元。

步深化城市间的产业链分工①，增强都市圈整体“迂回生产”能力。

（二）有利于促进新型城镇化高质量发展

都市圈是我国城镇化总体格局中承上启下的关键环节。处于萌芽期和发育期的都市圈通常包含着大量的县域和农村地区，2021 年赛迪百强县榜单数据显示，百强县在都市圈内分布数量多、呈现集聚化的特征。以都市圈为载体构建区域科技创新中心，一方面能够系统兼顾县域、乡村科技创新能力的提升，通过产业扩散、技术溢出、人才流动等效应，推动圈内广大县域、乡村地区对接城市地区产业资源、科技资源，形成“乡村—县域—中心城市—都市圈”纵向一体化的创新体系，推动城乡高质量融合发展；另一方面，有助于中心城市与周边中小城市构建多中心区域创新网络，增强中小城市的产业承接能力，缓解过去单一城市“中心化”发展方式所带来的“拥挤效应”“虹吸效应”，加速推动圈内中心城市空间向外部延伸，实现大城市高质量的减量发展。

（三）有利于探索城市协同创新的新路径

都市圈是由城市间紧密的社会经济联系驱动，由下而上演变而成的空间形态，是最易于探索区域创新合作机制的试验田②。都市圈建设区域科技创新中心，通过开展体制机制改革试验，有利于破除“中心城市首位度”的行政性资源配置力量，清除扭曲城市结构性不均衡发展的体制机制障碍，推动城市间科技创新要素流动、科技成果转移转化、创新资源共建共享，打造以都市圈为载体的城市协同创新新体制，为全国区域科技协调发展、创新资源优化布局和城市创新网络构建探索新路径。

三、以都市圈为载体创建区域科技创新中心的相关建议

目前，我国对都市圈的研究多集中在城市规划角度，基于地理距离的判断标准来界定都市圈空间范围，将打造“交通圈”“生活圈”“产业圈”等作为都市圈建设的重要任务，有待以区域科技创新中心建设为契机，将都市圈研究由城市规划领域拓

① 魏后凯 . 大都市区新型产业分工与冲突管理：基于产业链分工的视角 [J]. 中国工业经济，2007（2）：28–34.

② 大都市圈加速扩围　构建经济发展主战场 [N]. 经济参考报，2020-08-26.

展到科技创新领域。

（一）加强对全国都市圈创新情况的全面摸底

加强对我国都市圈科技创新情况的摸底，全面调研都市圈一体化布局区域科技创新中心的现实基础。一是从总量及结构视角加强对都市圈内部创新资源布局的全面摸底，包括创新资源的领域、空间分布等，厘清都市圈的创新优势与短板。二是从关系视角重点对圈内城市间的创新联系、产业联系进行全面梳理，明确创新链产业链的空间联系、上下游关联程度等，为在都市圈内一体化布局建设区域科技创新中心提供支撑。

（二）分类推进不同都市圈建设区域科技创新中心

我国都市圈之间发展差距较大，需要根据都市圈创新清零的全面摸底结果，系统评估各个都市圈建设区域科技创新中心的可行性，分阶段布局一批区域科技创新中心。目前，根据我国都市圈的经济实力及圈内中心城市对周边城市的带动作用，可以将都市圈分为成熟型（长三角都市连绵区、珠三角都市连绵区等）、发展型（首都都市圈、西安都市圈、郑州都市圈等）、培育型（福州都市圈、重庆都市圈等）3类。未来，应进一步分类研究3类都市圈的科技创新功能，重点厘清不同类型都市圈内中心城市与周边城市的定位及任务，全面提升都市圈科技创新一体化程度。

（三）探索建立都市圈科技创新的统筹协调机制

在对都市圈科技创新全面摸底的基础上，探索建立圈内科技创新活动的统筹协调机制，理顺都市圈一体化布局区域科技创新中心的体制机制。一是探索建立都市圈内部协同推进区域科技创新中心建设的工作机制，加强跨区域部门间的合作与协调，在落实任务、改革保障等方面实现联动，有效集成更多资源支撑区域科技创新中心建设，提升都市圈科技创新一体化布局水平。二是加强都市圈内高新区、自创区等创新平台的统筹与协调，促进都市圈创新资源的有机整合，集成创新资源，进行“一揽子”支持，打造科技资源集聚高地。

|第十四章|

中美国际科技创新中心的比较

党的二十大报告指出，统筹推进国际科技创新中心、区域科技创新中心建设。《中华人民共和国国民经济和社会发展第十四个五年规划和2035年远景目标纲要》中也明确支持北京、上海、粤港澳大湾区形成国际科技创新中心。国际科技创新中心建设是中国应对世界百年未有之大变局的关键变量。充分了解中美国际科技创新中心发展现状与问题，对加快打造国际科技创新中心有一定参考价值。本章根据权威指数排名分析比较中美国际科技创新中心的优劣势及差距，并分析造成差距的原因，提出相关思考建议。

一、从中美对比看我国国际科技创新中心建设现状

（一）中国科技创新中心指数排名呈上升趋势，但城市出现频次和名次均落后于美国

国际上对区域创新发展的评价方面主要有《技术创新中心报告》《全球创新城市指数报告》《全球创新指数报告》《全球创业生态系统报告》《世界城市名册》《国际科技创新中心指数》《全球城市指数报告》七大权威评价报告，这些报告中的指数客观反映了国际科技创新中心的核心竞争力，从各报告排名前十位的城市或地区出现次数看（表14–1），中美两国城市或地区出现次数最多，分别出现16次和24次，中国的北京、上海、中国香港、粤港澳大湾区在权威评价指数前十位的总出现次数少于美国的纽约、旧金山、波士顿、洛杉矶、西雅图、芝加哥等的总出现次数。这些指数反映出我国国际科技创新中心建设取得了阶段性成绩，在强化原创力和驱动力、推动科技和产业深度

表 14-1　2021 年国际科技创新中心城市或地区排名

排名	《技术创新中心报告》	《全球创新城市指数报告》	《全球创新指数报告》	《全球创业生态系统报告》	《世界城市名册》	《国际科技创新中心指数》	《全球城市指数报告》
1	新加坡	东京	东京－横滨	旧金山 *	伦敦	旧金山－圣何塞 *	纽约 *
2	纽约 *	波士顿 *	深圳－香港－广州▲	纽约 *	纽约 *	纽约 *	伦敦
3	特拉维夫	纽约 *	北京▲	伦敦	中国香港▲	伦敦	巴黎
4	北京▲	悉尼	首尔	北京▲	新加坡	北京▲	东京
5	伦敦	新加坡	旧金山－圣何塞 *	波士顿 *	上海▲	波士顿 *	洛杉矶 *
6	上海▲	达拉斯－沃斯堡 *	大阪－神户－京都	洛杉矶 *	北京▲	东京	北京▲
7	东京	首尔	波士顿－剑桥 *	特拉维夫	迪拜	粤港澳大湾区▲	中国香港▲
8	班加罗尔	休斯敦 *	上海▲	上海▲	巴黎	巴黎	芝加哥 *
9	中国香港▲	芝加哥 *	纽约 *	东京	东京	西雅图－塔科马－贝尔维尤 *	新加坡
10	奥斯汀西雅图 *	巴黎	巴黎	西雅图 *	悉尼	巴尔的摩－华盛顿 *	上海▲
北京	4（5）	19（26）	3（4）	4（4）	6（4）	4（5）	6（9）
上海	6（7）	15（33）	8（17）	8（8）	5（6）	14（17）	9（19）
深圳		26（53）	2（2）	19（22）	46（55）	7（25）	72（79）
中国香港	9（10）	49	2	31	3（3）	7（22）	7
广州		51	2	40	34（27）	7	60

注：括号内表示前一年的排名。* 表示美国国际科技中心，▲表示中国国际科技创新中心。

①《技术创新中心报告》（*TIH*）由毕马威发布，侧重于从科技产业生态系统、创新孵化器、加速器、风险投资、新兴技术商业化等方面评价领先的技术创新中心。

②《全球创新城市指数报告》（*GICI*）由澳大利亚商业数据公司 2thinknow 发布。

③《全球创新指数报告》（*GII*）由世界知识产权组织、康奈尔大学、欧洲工商管理学院联合发布，集中反映世界最大科技集群 100 强。

④《全球创业生态系统报告》（*GSER*）由美国创新政策咨询公司基因创业（Startup Genome）发布。

⑤《世界城市名册》由全球著名城市评级机构——全球化与世界城市研究网络（Globalization and World Cities Study Group and Net work，GaWC）发布，侧重于从金融商务服务的全球连通性方面评价全球高端生产服务网络中的地位及其融入度。

⑥《国际科技创新中心指数》（*GIHI*）由清华大学产业发展与环境治理研究中心和自然科研团队联合发布。

⑦《全球城市指数报告》（*GCI*）由美国科尔尼管理咨询公司发布，侧重于综合评价全球最具竞争力的城市。

融合发展方面成效突出，但与美国的旧金山、纽约经常占据前三相比，我国的国际科技创新中心排名相对靠后。

（二）我国的国家实验室成立时间较短、数量少

国际科技创新中心通常拥有众多世界一流研究机构、高校和科学基础设施，引领全球前沿技术创新，迸发出巨大“磁力”。国家实验室是一个国家科研体系的引领者，关系基础前沿研究、重大科技任务攻关和国际科技制高点抢占。美国旧金山湾区拥有 SLAC 国家加速器实验室、劳伦斯伯克利国家实验室、劳伦斯利弗莫尔国家实验室、桑迪亚国家实验室，纽约集聚了布鲁克海文国家实验室、国际空间站美国国家实验室，芝加哥则拥有费米国家实验室、阿贡国家实验室，西雅图所在的华盛顿州拥有太平洋西北国家实验室，休斯敦所在的得克萨斯州拥有加尔维斯顿国家实验室，这些国家实验室大多建立在第二次世界大战时期，至今已有 70 多年的时间。我国真正意义上的国家实验室数量少，大部分实验室建立时间短，尚未形成更多有国际影响力的重大成果，对全球高层次人才的吸引能力有限。

（三）我国全球知名高校数量少，排名普遍靠后

从知名高校来看，根据全球领先的高等教育评价机构软科发布的“2022 软科世界大学学术排名”，在排名前 100 的大学中（表 14–2），美国主要的国际科技创新中心有 13 所高校入围，排名基本靠前，如旧金山湾区的斯坦福大学（2）①、加州大学伯克利分校（5）等，波士顿的哈佛大学（1）、麻省理工学院（3）等；我国三大国际科技创新中心有 7 所高校入围前 100 所，排名较靠后，北京有清华大学（26）、北京大学（34），上海有上海交通大学（54）、复旦大学（67），粤港澳大湾区有中山大学（79）、香港大学（97）。落后的主要原因是我国获诺贝尔奖、菲尔兹奖的校友和教师数、高被引科学家数，以及在 *Nature*、*Science* 等国际期刊上发表的论文数较美国少。

① 括号中的数字是排名。

表 14-2　“2022 软科世界大学学术排名”（ARWU）中美国际科技创新中心大学分布情况

地区	具体大学
旧金山湾区	斯坦福大学（2）、加州大学伯克利分校（5）、加州大学旧金山分校（19）
波士顿	哈佛大学（1）、麻省理工学院（3）
纽约	哥伦比亚大学（6）、康奈尔大学（10）、纽约大学（17）、洛克菲勒大学（44）
芝加哥	芝加哥大学（10）
休斯敦	得克萨斯大学西南医学中心（52）、得克萨斯大学安德森癌症中心（71）
西雅图	华盛顿大学 - 西雅图（17）
北京	清华大学（26）、北京大学（34）
上海	上海交通大学（54）、复旦大学（67）
粤港澳大湾区	中山大学（79）、香港大学（97）

注：软科的排名数据全部采用国际可比的客观指标和第三方数据，包括获诺贝尔奖和菲尔兹奖的校友和教师数、高被引科学家数、在 *Nature* 和 *Science* 等国际期刊上发表的论文数、被 SCIE 和 SSCI 收录的论文数、教师人均学术表现等；括号内数据为全球排名。

（四）我国高质量科学成果产出地较为聚集，但平均水平较低

自然指数（Nature Index）是一种衡量学术机构产业质量和影响力的指标，该指数采用 83 种（2023 年增加到 145 种）高质量自然科学期刊上发表的科研论文数量和贡献份额来衡量一个机构研究成果的质量高低。就产生高质量成果的研究机构数量而言，2021 年，中国国际科技创新中心共有 149 家研究机构进入自然指数排名，美国则是 219 家；从机构集聚度看，中国国际科技创新中心聚集的研究机构数占全国被选入自然指数机构总数的比例是 29.3%，美国是 43.5%。北京是中国高质量研究成果的集聚地，占三大国际科技创新中心的 55%；旧金山湾区是美国高质量研究成果的集聚地，占美国国际科技创新中心的 33.8%。从这些机构产生的高质量研究成果看，北京的贡献值平均贡献份额为 57.1，已经高于旧金山湾区（48.8），主要与中国科学院有关，中国科学院已经连续十年在自然指数排名中保持首位，2022 年份额为 1888.67，是第 5 名位于旧金山湾区的斯坦福大学（637.25）的近 3 倍。但是，美国的贡献份额和均值均高于我国，主要原因是粤港澳地区缺少知名高校，导致整体高质量成果较少，相反，波士顿拥有哈佛大学、麻省理工学院，拉高了美国的整体得分。

（五）我国企业研发头部效应明显、投入强度偏低

根据《2022 年欧盟工业研发投资记分牌》，2021 年研发投入超过 100 亿欧元企业，美国有 Alphabet、脸书、微软、苹果、脸书、英特尔、强生、辉瑞 8 家，均位于硅谷、西雅图、纽约等美国科技创新中心。中国则仅有华为 1 家（195.3 亿欧元），中国企业研发头部效应明显。从 2021 年中美研发投入排名前 20 的企业来看，美国有 16 家企业位于科技创新中心，其研发投入强度平均值为 15.90%，企业平均收益率高达 31.12%。我国有 18 家企业位于三大国际科技创新中心，研发投入强度平均值为 7.60%，企业平均收益率为 6.03%，研发投入强度偏低，盈利能力不强。

（六）人才竞争力得分不高，国际高层次人才聚合效应较低

习近平总书记强调，“谁拥有一流的创新人才，谁就拥有了科技创新的优势和主导权”。国际科技创新中心通过集聚、优化配置全球高层次人才形成聚合效应，打造具有国际竞争力的高水平人才高地。欧洲工商管理学院（INSEAD）与美国波特兰研究所发布的“2021 年全球城市人才竞争力指数”（GCTCI 2021）显示（表 14–3），我国国际科技创新中心中，除粤港澳大湾区的香港人才环境竞争力较高外，其余地区竞争力普遍低于美国科技创新城市或地区。较高的人才环境竞争力得分提高了美国对全球高层次人才的吸引力。就美国而言，多年来，中国是其第一大生源国，2019 年共 6305 名中国籍博士毕业，其中科学工程学科占 91%，STEM 学科博士毕业生就业留美的比例均在 80% 左右[①]。根据北京大学国际战略研究院发布的《技术领域的中美战略竞争：分析与展望》报告，中国顶级的人工智能领域人才只有 34%留在国内，56%已移居美国。大量中国人才通过留学方式进入美国科研院所和科技企业，提升了美国科技实力。

表 14–3　国际科技创新中心人才环境竞争力排名比较

一级指标	二级指标	纽约	旧金山	波士顿	北京	上海	香港	深圳	广州
环境赋能力	人均 GDP、网速、经商便利度	11	2	12	101	104	6	97	110

① 数据来源：美国国家科学基金委博士学位获得者的年度调查 2019. https://ncses.nsf.gov/pubs/nsf21308/report/about-this-report.

续表

一级指标	二级指标	纽约	旧金山	波士顿	北京	上海	香港	深圳	广州
吸引力	福布斯全球 2000 强企业总部、外国出生人口、外国直接投资项目数	14	3	25	91	58	2	154	95
成长培养能力	主要大学、高等教育人学率、外国直接投资创造的就业机会	71	4	73	26	148	60	137	121
可持续留才能力	安全、环境质量、交通出行时间、可承受的负担	19	10	49	92	44	30	154	98
构建全球知识能力	受过高等教育人口、专利申请、机场连通性	3	6	35	87	16	1	154	81

数据来源："2021 年全球城市人才竞争力指数"（GCTCI 2021）。

二、中美国际科技创新中心存在差距的原因分析

（一）中国创新链产业链融合程度低

我国国际科技创新中心内部、国际科技创新中心与周边地区间尚未建立起有效的利益分享机制，尽管科技创新优势突出，但政策限制、产业匹配度不高等原因导致很多创新成果难以转化，如京津、京冀的产业同构度较高，在 2019 年分别达到 0.91、0.88，产业间转移与协同发展空间较小，不利于三地产业协同[①]，导致北京大量创新成果到外地产业化，对周边发展带动有限。与此同时，创新主体与企业协同合作转化机制尚不完善，产学研深度融合的前沿性和差异化创新水平不高，高校科研机构与企业的合作项目也往往缺乏稳定的成本共担、利益共享机制，导致创新链与产业链融合程度较低。美国科技创新中心，如旧金山－圣何塞坚持初级高校、科研机构与企业的相互依赖、有机结合与高效互动，形成产学研紧密合作链条。硅谷也设立了许多鼓励科研人员创新的政策和制度，为科技创新提供风险资本、低息贷款等保障，有效促进了科研成果快速转化。

（二）中国创新资源开放共享水平偏低

我国国际科技创新中心已建成若干大型资源共享平台，但大多数共享的是通用性较强、适用于低端检测的仪器设备，由于高校、科研院所成果导向与企业营利导

① 杨道玲，任可，秦强．京津冀产业协同的驱动因素研究 [J]. 宏观经济管理，2022（1）：52–59.

向不一致，后期维护、运行、管理成本问题，多头管理及市场化风险分担机制缺乏，一些重大科技基础设施、高精尖仪器设备等创新资源要素的共享不足，不仅难以带动相关技术和产业发展，而且导致大型设施设备重复投资、科研资源利用效率低。美国科技创新中心的大科学装置对公益部门免费使用，对私营部门为获得专利而进行的试验活动则按照成本收费。劳伦斯伯克利国家实验室向世界开放大型先进仪器设备，欢迎不同领域、不同背景、不同国家的科学家共同使用，不仅促进实验室产出大量科研成果，也提高了实验室的国际声誉。

（三）创新服务体系不完善、供给质量低

我国国际科技创新中心高质量的创新服务供给不足，对创新的支撑能力有限。在科技金融服务方面，北京、上海、粤港澳大湾区初创期科创企业相应的资本市场体系仍不完善，“知识产权质押融资”虽取得了一定成效，但仍面临评估难、变现难、风险控制难等一系列问题。在成果转化方面，科技服务机构平台化发展意识不强，与政府、企业、金融机构、媒体、社会机构等开展合作，获取资金、场地、技术、政策、信息等创新资源的能力不足，难以提供高质量服务。美国纽约、旧金山湾区、波士顿等地普遍拥有繁荣的中介服务市场，活跃着一大批全球知名的律师、会计、技术中介服务机构和风险投资机构，这些机构通过搭平台、建网络、促合作，形成了高效的创新服务体系、完善的科技金融支撑和包容性的外部环境，打通了国际创新网络和创业投资网络的重要环节，增强了企业的本地创新黏性。

（四）我国创新资源要素和成果流动性低

近年来，美国海外投资委员会不断更新外资审查条款，通过“定点打击”“掐尖行为”“长臂管辖”“溯及既往”对我国科技企业实施打压，还从“价值观”出发实施新制裁，构建与我国脱钩的高科技产业链，设立“民主科技联盟”等门槛排斥我国进入其主导的技术体系，导致我国企业产品或设备难以进入受限国家，减少获得前沿技术的机会。相较而言，三大国际科技创新中心受美打压影响更大，三地在基础研究合作、学术人文交流、参与国际事务组织及科技企业发展的空间均受挤压。而同时，美国在对华科技人才政策方面采取双重标准。2018年6月以来，美针对部分高科技专业的中国留学生缩短了签证有效期限，对在美华人学者开展大规模调查，排挤、打压华人科研群体。2022年2月4日，美国国会众议院通过的《2022年美国竞争法》中，特别增加条款，针对赴美创业的高科技人才实施“特许入境”签证，放宽

理工科博士学历人士的绿卡配额条款，降低留学生或华裔科技人才留美门槛。

三、对我国国际科技创新中心的建议

（一）增强基础研究优势，打造原始创新策源地

夯实我国国际科技创新中心基础研究优势，积极开展战略导向的体系化基础研究、前沿导向的探索性基础研究、市场导向的应用性基础研究，打造原始创新策源地。一是完善科技创新攻坚力量体系，强化国家实验室顶层设计，推动战略人才力量、战略科技任务一体化配置，建立目标导向、绩效管理、协同攻关、开放共享的现代管理运行新模式，打造引领全球前沿技术的研究群落，加快关键核心技术攻坚步伐。二是以高水平研究型大学建设为契机，将基础研究学科体系建设与世界科技前沿、国家战略需求紧密融合，为科技攻坚力量体系建设提供人才支撑，争取提出更多原创理论和发现。

（二）加快形成全球性企业创新高地

一是多渠道推动提升企业研发投入。持续加大对国际科技创新中心科技领军企业、科技型骨干企业基础研究投入的金融、税收优惠、知识产权保护等支持力度，鼓励政府、企业和社会组织通过设立基础研究基金和联合基金、接受社会捐赠等方式筹集研究经费。营造有利于科技型中小微企业成长的良好环境，推动创新链、产业链、资金链和人才链深度融合。二是以关键核心技术攻关重大任务为牵引，充分发挥科技领军企业“出题人”“答题人”“阅卷人”作用，对原创性、引领性科技的薄弱环节展开联合攻关，加速产学研协同和科技创新成果转化。三是加强政策集成创新，持续优化营商环境，完善创新链条，以产业链企业快速精准对接场景应用来促进产品迭代升级，为科技公司、初创企业、投资者、创业孵化器创造良好生态。

（三）加快吸引国际高端创新人才

一是最大限度地吸纳全球高层次前沿科技人才。围绕国家实验室建设，出台一批吸引全球高水平科学家的有力举措；建立国内外科技领军企业研发中心常态化搜寻机制，通过学术交流、科研合作、国际竞赛等发现、吸收和使用外国创新创业人才。建立理工科留学博士归国“直通车”机制，加快引进在美国被打压的中国籍或华

裔科技创新人才。二是多元化搭建青年创新创业人才与科技领军企业、世界500强研发型企业间的桥梁，强化高校毕业生常态化轮岗实习。三是形成国际创新创业人才孵化聚集区。围绕外国创新创业人才需求，强化国际人才社区建设，与企业建立常态化协调反馈机制，建立较高弹性的外国创新创业人才“引、留、用、融”机制。

（四）着力促进产业链创新链资金链人才链深度融合

一是建立跨区域多模式产业技术创新联盟。发挥国际科技创新中心策源地作用，支持与周边地区跨区域建设实验室、科创中心、专业科技孵化器、人才窗口等“科创飞地”。二是完善创新要素开放共享机制。推动科技资源共享平台落地落实，整合高校科研机构、各类创新基地和专业化服务机构的科技创新资源，推动重大科研基础设施、大型科研仪器、科技文献、科学数据等科技资源开放共享与自由流动。推动国际科技创新中心科技专家库共享共用，完善人才交流、合作和共享机制。三是建立健全科技创新服务体系。构建一体化科技成果转移转化服务体系，不断完善科技成果信息发布、转移、转让、授权服务体系。鼓励高校、科研机构建立专业化技术转移机构，多渠道培养技术转移经理人，提高技术转移专业服务能力。四是创新科技金融服务模式。建立跨行政区域联合授信机制，推动信贷资源统筹配置。鼓励联合设立科技创新引导基金，引导各类金融机构开发适合科技企业的金融产品，积极开展天使投资、知识产权质押、科技贷款、科技保险等业务，为创新型企业提供全生命周期服务。

（五）积极应对美西方国家打压遏制

坚持科技自立自强，三大国际科技创新中心要扛起原始创新策源地和自主创新重地建设使命。围绕潜在被打压行业制定支持目录，建立若干个以高水平研究型高校、央企、头部民营硬科技企业为核心，科技初创、专精特新和“小巨人”制造业企业为外围的产业集群，采用重点项目支持、研发补贴、税收减免、“揭榜挂帅”项目优先等方式，主攻关键前沿技术。统筹政府、企业、科研机构、中介、智库、协会等力量，针对美及其联盟制定相应策略，建立企业海外投资、知识产权保护和国别审查数据库，及时为赴外企业提供法律、政策咨询、风险提示，分享成功经验。

|第十五章|

美国区域技术和创新中心计划的启示

我国区域科技创新按照“3+X+Y”的整体布局，初步完成了北京、上海、粤港澳国际科技创新中心（3）和成渝、武汉、西安具有全国影响力的科技创新中心（X）的布局，目前对于区域科技创新中心（Y）的布局仍未形成共识。近年来，美国科技创新呈现出从国家层面下沉到区域层面、以地方为基础布局的新动向。我们认真研究了美国区域技术和创新中心计划，分析发现其包含美国高技术本土化的战略意图、去集中化的区域科技布局思路、全方位覆盖—全政府资助—全过程管理的运行机制，以此为鉴拓宽思路，为我国区域科技创新中心布局与建设提出几点建议。

一、美国实施区域技术和创新中心计划，若干个区域技术和创新中心在区域层面承载高新技术及其产业本土化的战略愿景

近年来，美国一直以确保自身国家安全和经济需要为由，推动高新技术本土化，遏制中国高科技发展。2022 年 8 月，拜登政府签署了《芯片和科学法案》（以下简称《法案》），《法案》确定实施区域技术和创新中心计划，在全国建立若干区域技术和创新中心。该计划遵循了 2021 年 6 月美国参议院的《美国创新与竞争法案》和 2022 年 2 月众议院的《美国竞争法案》中关于区域科技创新的思路。2023 年 10 月，拜登政府针对 8 个具体关键领域，公布了 31 个区域技术和创新中心，将计划变成落地实施的现实。美国实施区域技术和创新中心计划（RTIH 计划）的意图在于，从区域层面确保高新技术领域的研发活动留在美国、创新活动留在美国、生产活动留在美国、就业岗位留在美国。遍布全国各地的区域技术和创新中心，承接原来美国在全球范围内开展的科学研究和创新活动，发展和壮大新兴产业，实现美国高新技术和产业的本土化。

每一个区域技术和创新中心明确聚焦某一事关国家安全和经济的关键领域，开展先进技术研发、应用与产业化活动，确保美国在关键领域的未来全球领导力。联邦政府在2023—2027年，聚焦一系列特定关键技术领域，提供100亿美元预算，直接投资于具有资产、资源、能力和潜力的地区，解决新兴技术与区域挑战（或国家挑战）的交叉问题，用大约10年时间，将区域技术和创新中心转变为具有全球竞争力的创新中心。作为牵头机构，美国商务部将根据全球技术发展趋势、美国相关行业投入情况，以及美国应对关键技术领域的潜在竞争与安全挑战等情况，每年更新一次技术清单，但始终聚焦于半导体、清洁能源、关键矿产、生物技术、精准医疗、人工智能、量子科技、材料科技等前沿技术领域。2023年10月公布的区域技术和创新中心涉及安全自主系统（3个）、量子技术（2个）、医药和医疗器械（6个）、生物技术（5个）、清洁能源（5个）、关键矿产（2个）、半导体制造（4个）、未来材料制造（4个）等领域。

区域技术和创新中心主要承担构建技术生态系统、形成经济增长动能、供给国家需要的技术等主要功能。一是区域技术和创新中心利用现有人才、资源和资产构建技术生态系统，加速关键技术和新兴技术成熟并产业化，力求在未来10年内成为该技术方向上的全球领导者。二是区域技术和创新中心围绕明确的技术领域，建设必要基础设施，开展测试新技术和部署相关技术活动，将创新转化为经济增长。三是区域技术和创新中心要增强社区的技术适应能力以保持技术优势，提供服务国家安全和经济的重要技术。

二、采取“去集中化”的区域布局思路，将不被关注的非技术领先地区纳入资助范围，以提高区域平衡性

美国过去的经济增长和就业机会主要集中在沿海城市。布鲁金斯学会发布的数据显示，美国创新产业高度集中于沿海地带的纽约—纽瓦克—泽西市等20个“超级都市区”，这些都市区拥有全美国61%的创新产业工作岗位、2/3的创新产业产出（2017年）。美国80%的风险投资资金集聚在旧金山湾区、东北部和南加州地区。美国政府意识到，技术生态系统过度集中造成了区域发展不平衡，而单纯依靠市场自我调节很难解决。美国实施的RTIH计划打破仅关注沿海地区和技术领先地区的困局，更加重视非技术领先地区乃至全国各个地区和社区。RTIH计划推行“全国技术创新区域分化”理念，将“有前途但表现不佳的地区”纳入重点发展范畴，利用尚未充分

发挥潜力的地区资源，推动所有区域融入国家创新体系。

区域技术和创新中心是区域科技创新枢纽，设立区域技术和创新中心就是对相应地区的有力支持。2023 年 10 月，拜登政府从全部的 370 多份申请中确定 31 个区域技术和创新中心，覆盖 49 个州和 4 个大区，代表了区域分布的多样性。31 个区域技术和创新中心中近 3/4 惠及小型社区和农村社区，超过 3/4 是历史上服务不足的社区。区域技术和创新中心遍布全国各地，通过刺激私营部门投资、创造高薪就业机会，增强区域创新活力（表 15–1）。

表 15–1　美国区域技术和创新中心区域分布

考虑因素	区域技术和创新中心分布结果	占全部中心情况
州政府、部落政府	6 个（包括部落政府）	1/5
城市与农村	22 个（小型社区和农村社区显著受益）	2/3
先进技术与非技术领先地区	4 个（煤炭社区）	1/8
劳动力培育与劳工组织参与	12 个（劳工组织大力参与）	1/3
是否有原有资金资助	14 个（历史上获得联邦研究资金水平较低的州）	1/3
地区与人口规模	4 个（总部设在人口较少的州）	1/8

实施基于技术的区域经济发展战略，区域技术和创新中心承担着促进区域经济增长、创造就业岗位和培养未来劳动力的责任，将促进区域发展的平衡性。一方面，区域技术和创新中心有整合和利用科教资源的能力，开展跨组织合作，创办和发展更多创新型企业，为地区经济创造价值，确保所有人享有由此带来的经济效益，推动地区经济增长；另一方面，区域技术和创新中心提供良好的就业机会，吸引更多劳动力和人才加入，同时，可以制订改善区域内中小学与高等教育的计划，打造未来的劳动力队伍，创造新就业岗位。

三、建立全方位覆盖—全政府资助—全过程管理的机制，保障区域技术和创新中心可持续运行

1. 采取指定和择优审查授权两类方式遴选，确保区域全方位覆盖

申请区域技术和创新中心的前提是跨组织成立符合条件的联合体（eligible consortia，EC）。EC 需要满足两类条件：一是必备条件，即必须包含高等院校，政府

部门或政府分支机构，相关技术、创新和制造领域的企业，聚焦于科学、技术、创新和企业家的经济发展组织，劳工组织或劳动力培训组织等 5 类机构，每一类可以是一家或多家；二是参考条件，主要为提升区域创新能力的加分项，如非营利经济实体和地区组织、风险投资开发组织、金融机构和投资基金、基础教育和职业技术教育机构、联邦实验室、制造业推广中心、美国制造业研究所和国家级创新中心等，这些有利于形成多主体协同的区域创新生态。

遴选区域技术和创新中心有两种方式：一种是政府指定，主要从区域平衡角度考虑，选择处于小型社区和农村社区、人口较少地区、临近大都市而服务不足的社区、STEM 代表性不足的地区、生产发展高度依赖煤炭石油天然气的地区，以及有获得国家科学基金会激励竞争性研究基金支持的 EC；另一种是竞争性择优审查，政府部门从申请中筛选出不少于 60 个 EC，签订授予拨款和合作协议，择优审查除了考虑国家安全、区域发展和就业培训等因素，还要考虑联邦财政支持结束后，该 EC 是否有持续促进区域发展的可能性。

2. 实施全政府战略，支持区域技术和创新中心开展各类活动

RTIH 计划通过联邦政府各个部门和州政府共同参与，实施全政府战略（all of government strategy），支持区域技术和创新中心开展活动。联邦政府在 2023—2027 财年共拨款 100 亿美元，分为战略发展拨款（strategy development grant，SDG）和战略执行拨款（strategy implementation grant，SIG）。2023—2027 年战略发展拨款预算为 0.5 亿美元，2023—2024 年战略执行拨款预算为 29.5 亿美元，2025—2027 年战略执行拨款预算为 70 亿美元。为满足区域技术和创新中心在全球范围内的竞争需要，联邦政府动用全部资源为其提供资金、技术援助和规划、获得区域技术和创新中心独家品牌、知识产权技术援助、吸引外国直接投资、出口市场准入援助等一系列支持，并在实施阶段获得财政部、交通部、农业部、国防部[①]、能源部[②]、商务部[③]等各部门的支持。

其中，战略发展拨款主要用于制定区域技术战略规划及协调区域发展，联邦政府经费拨款上限一般不能超过总成本的 80%。战略执行拨款主要用于技术、基础设施、劳动力培训、商业化和就业等方面的具体实施，每个区域技术和创新中心在战

① 能源部拨款 2.38 亿美元支持 8 个技术中心，关注电磁战、战术边缘和物联网的安全计算、人工智能硬件、5G 和 6G 无线、量子和其他跨越式技术。

② 能源部拨款 70 亿美元支持 7 个氢中心，建立跨越多个州的清洁能源网络。

③ 商务部“再竞争”的试点计划将投入 2 亿美元用于贫困社区，提高黄金年龄人群就业率。

略执行拨款的初始执行期（不超过 2 年）和后续执行期（联邦政府资助截止前）获得的拨款总额分别不得超过其运行总成本的 90% 和 75%。同时，无论是战略发展拨款还是战略执行拨款，小型农村社区获得联邦政府经费拨款的上限比例均达 90%，印第安部落则均为 100%。

3. 按照技术、商业化、就业等综合评价标准，开展区域技术和创新中心执行情况的全过程绩效评估

绩效评价指标重点关注专利授予、商业形成、技术扩散、就业创造等方面，并制定具体评价标准，评估经费使用的有效性。首先，获得资助的 EC 在 120 天内提交一份不少于 2 年的区域技术和创新中心行动计划报告。其次，在获得后续执行期拨款之前，每 2 年开展一次评估，直到联邦政府资助结束，以确保区域技术和创新中心运行符合绩效目标要求。执行期内提交中期报告和最终报告，每次提交的报告要详细说明接受联邦资金资助开展的具体活动，包括供应链弹性提升、关键技术研发、劳动力培训、就业机会创造、企业家培育、商业化等情况。同时报告要描述区域技术和创新中心实施过程中遇到的障碍及解决方案；技术创新成果在区域内共享的广泛性和有效性，技术创新、经济增长和共享机会的影响效应等。每年秘书处向国会递交关于计划总体执行情况的年度报告。

四、对我国区域科技创新中心的启示与建议

在全球高新技术产业链和供应链重构的背景下，美国 RTIH 计划的进展和效果仍需要持续跟踪。但值得注意的是，美国区域科技创新布局新动向中，发挥地方优势构建技术生态，分散布局区域科技创新活动，明确产学研联合体申请、多部门分阶段资助、闭环式运行管理的机制等做法，为我国区域科技创新中心如何系统谋划与统筹布局，以及具体怎么选、怎么建和怎么管，拓宽了思路。

1. 把握区域科技创新中心的功能定位，锻造有韧性的国民经济循环体系

要突出区域科技创新中心作为构建“双循环”新发展格局关键抓手的战略功能，明确其更好服务科技强国战略、更高效激发区域创新潜能的双重定位。一方面，要以实现国家科技高水平自立自强为指引，聚焦关键核心技术的攻关与突破，推动区域科技创新中心成为科技强国战略和地方条件基础高效结合的承载地；另一方面，要以科技创新为核心，推动区域科技创新中心引领现代化产业体系构建，锻造强大而有韧性的国民经济循环体系，带动区域高质量发展，推动实现全体人民共同富裕。

2. 构建重点领域的技术生态系统，切实形成新质生产力

打造有竞争力的技术生态系统是区域科技创新中心的根本。区域科技创新中心不仅要完成当前国家某个领域的重大科技攻关任务，更要挖掘技术价值潜能，有效支撑区域高质量发展。要从国家全局、区域整体视角，加快前沿性、颠覆性、战略性关键技术供给，围绕量子信息、航空航天、集成电路、生物医药、智能制造等领域，整合现有较为分散的工业和信息化部的制造业创新中心、国家发展改革委的产业创新中心、科技部的国家技术创新中心，形成区域科技创新中心体系化布局。明确技术攻关及技术群突破的方向，加快“政产学研金服用”协同创新，推动教育、科技、人才融合发力，形成具有竞争力的区域技术生态体系，切实将科技创新转化为高质量发展的新质生产力。

3. 增强区域多样性和代表性，促进区域协调发展

实现区域协调发展是实现中国式现代化的应有之义，要避免科技资源过度集中加剧区域不平衡，适当在中部、西部、东北及欠发达地区开展试点，促进区域共享创新成果。一是布局在技术基础好、产业特色突出的地区，既要服务国家（或区域）战略，又要强化辐射带动效应。二是布局在技术领域特色明显、产业发展弱的地区，发挥科技引领作用，激发创新活力。三是布局在产业特色突出、非技术领先的地区，挖掘潜力，带动更多地区高质量发展。同时，对中部地区、西部地区、东北地区、欠发达地区可采取指定方式并适当给予倾斜性支持。

4. 建立可执行、可持续的闭环运行机制，确保财政经费转化为创新价值

建立遴选授权、运行管理、绩效评估的闭环运行机制值得借鉴的美国经验。区域科技创新中心需要依靠制度化、可持续的运行机制，从根本上化解我国较为分散、“切豆腐”式的科研攻关，所造成的技术紧密度小、产业关联弱、协作互动少、经济价值溢出少等问题。一是在筛选方式上采取联合体申请机制，明确必备条件和参考条件，促进多主体高效协同创新。二是经费支持上实施多元投入机制，明确中央财政与地方财政、科技部门与其他部门的职责分工及资助经费比例，建立可持续的多部门、多主体的协作关系。三是建立绩效评估机制，采取“技术攻关—技术生态—产业创新—经济社会价值”多维评估方法，注重对于科研基础设施共享、劳动力技能提升、产业经济价值创造方面的实际效果，增加将科研转化为生产力的考核，切实提高财政资金的使用效率。